图解 空调器维修快速入门

张 彤　武鹏程　主编

TUJIE
KONGTIAOQI
WEIXIU KUAISU RUMEN

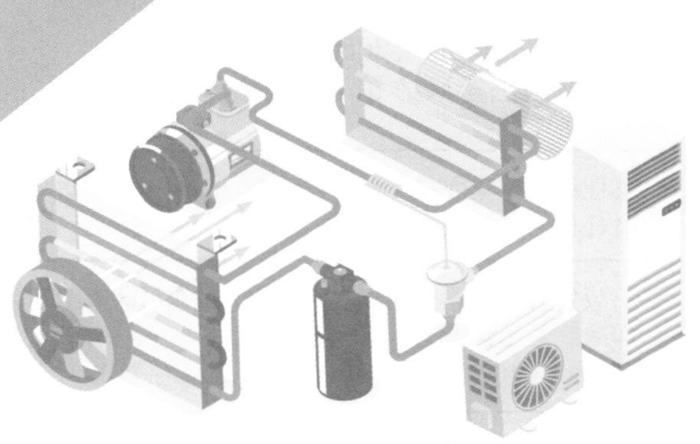

·北京·

内 容 简 介

本书采用双色图解的方式，结合大量现场维修图片，详细介绍了空调器的维修知识和维修技能。主要内容包括空调器维修的基础知识，维修工具及检修技能，空调器电控系统的电路识读，空调器的安装和移机，空调器关键元器件的检测代换，空调器制冷系统、电控系统等典型故障检修案例，并附有不同品牌温度传感器的温度、阻值及电压对照表和典型空调器故障代码等维修资料供参考。本书内容实用，重点突出，维修知识与维修实践相结合，同时对关键知识和维修检测操作附视频讲解，帮助读者快速入门，全面掌握空调器维修技能，达到学以致用的目的。

本书适合空调器维修人员学习使用，也可作为职业院校、培训学校相关专业教材。

图书在版编目（CIP）数据

图解空调器维修快速入门 / 张彤，武鹏程主编. 北京 ：化学工业出版社，2024. 11. -- ISBN 978-7-122-46462-0

Ⅰ. TM925. 120. 7-64

中国国家版本馆 CIP 数据核字第 2024G9L733 号

责任编辑：李军亮　徐卿华　　文字编辑：徐　秀　师明远
责任校对：李雨函　　装帧设计：王晓宇

出版发行：化学工业出版社（北京市东城区青年湖南街13号　邮政编码100011）
印　　装：河北延风印务有限公司
787mm×1092mm　1/16　印张13½　字数328千字　2025年2月北京第1版第1次印刷

购书咨询：010-64518888　　售后服务：010-64518899
网　　址：http：//www.cip.com.cn
凡购买本书，如有缺损质量问题，本社销售中心负责调换。

定　　价：88.00元

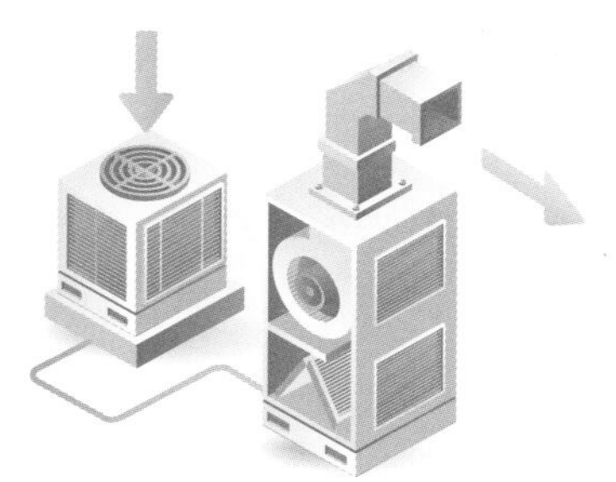

前言

PREFACE

随着社会经济的发展，空调作为现代生活中不可或缺的一部分，已经进入到千家万户。空调成为我们调节室内温度的得力助手，承载着提升生活品质的重要使命。然而，随着时间的推移，许多空调设备逐渐进入了维修更换期，加之新型产品不断更迭，对于空调维修从业人员也提出了更高的要求。

空调维修涉及的知识面比较广泛，从基本的管路维修到复杂的电子电路维修，每一个环节都需要从业者具备扎实的专业知识和丰富的实践经验。对于初学者而言，这无疑是一个巨大的挑战，而对于已经从事这一行业的维修人员来说，不断学习和更新知识也是不可或缺的一部分。

为了帮助广大从业者更好地学习空调维修技术，我们精心编写了本书。本书从初学者的角度出发，依托常年在一线工作的维修师傅的丰富经验，内容由浅入深，引导读者快速入门并逐步掌握空调维修知识和实操技能。

本书在编写过程中注重理论与实践相结合，采用双色图解和实物操作演示的方式，结合大量现场维修图片，详细讲解空调器的维修过程。通过本书的学习，读者可以深入了解空调器的结构原理、故障分析与检修方法，掌握空调器维修的实用技能。

在内容方面，本书第 1、2 章首先介绍了空调器维修的基础知识，帮助读者建立起对空调器的基本认识，了解空调器的故障检修流程和检修方法。第 3 章详细介绍空调器室内机和室外机的电气控制系统，剖析电子电路的工作过程，让读者能够清晰地了解电路的运行逻辑。对于重要的元件，还单独讲解了它们的作用和特性，使读者能够更深入地理解电子电路的工作原理。第 4、5 章介绍了空调的移机、安装以及空调器中关键元器件的检测代换等维修操作技巧。通过这些实操技能的讲解，读者可以更加熟练地掌握空调维修技能，提高维修效率和质量。第 6 ～ 8 章介绍了制冷系统、电控系统等典型故障检修案例，以故障现象为引子，详细讲解造成该故障的原因及检修操作步骤。这些实例不仅能帮助读者更好地理解维修知识，还能提供解决实际问题的思路和方法，帮助读者举一反三，解决空调实际维修问题。

为了帮助读者更好地理解和掌握空调器的维修技能，本书还配备了小视频辅助讲解演示。读者只需用手机扫描书中的二维码即可观看学习，加深理解并提升学习效果。

本书由张彤和武鹏程主编，参与本书编写的还有郑亭亭、郑玉洁、赵兴平、武寅、赵海风等。由于编者水平有限，书中难免存在不足与疏漏之处，恳请读者批评指正，以便我们不断改进和完善。

编者

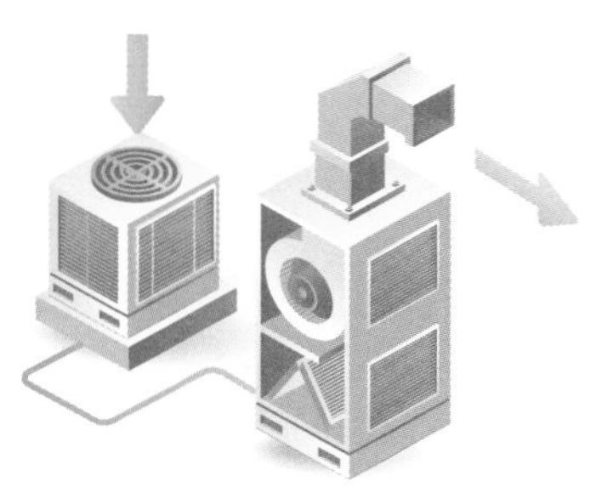

目录 CONTENTS

第 1 章
空调器维修的基础知识
001

1.1 认识空调器 …… 002
1.1.1 从外观认识空调器 …… 002
1.1.2 从工作频率认识空调器 …… 003
1.1.3 从型号命名认识空调器 …… 004
1.1.4 俗称的"X 匹"空调器释义 …… 005
1.2 空调器的工作原理 …… 006
1.2.1 空调器的构成 …… 006
1.2.2 空调器的工作过程 …… 009
1.2.3 空调器制冷 / 制热工作原理 …… 010
1.2.4 通风系统工作原理 …… 011
1.2.5 除湿 / 化霜工作原理 …… 013
1.3 变频空调器的工作原理 …… 013
1.3.1 变频空调器的工作过程 …… 013
1.3.2 变频空调器的节电原理 …… 014
1.3.3 变频空调器的分类 …… 015

第 2 章
空调器维修工具及检修技能
017

2.1 空调器的维修工具 …… 018
2.1.1 基本维修工具 …… 018
2.1.2 专用维修工具 …… 021
2.1.3 空调检修仪表 …… 040
2.2 空调器的检修技能 …… 044
2.2.1 空调器的故障检修流程 …… 044

2.2.2 制冷系统的故障检修 045
2.2.3 制热系统的故障检修 049
2.2.4 通风系统的故障检修 052
2.2.5 电气系统的故障检修 052

第 3 章
空调器电控系统的电路识读

055

3.1 壁挂式空调器电控系统 056
3.1.1 室内机电控系统组成 056
3.1.2 室外机电控系统组成 058
3.2 室内机单元电路 058
3.2.1 电源电路 060
3.2.2 CPU 及其三要素电路 062
3.2.3 应急开关电路和遥控器信号电路 064
3.2.4 传感器电路 064
3.2.5 指示灯电路 066
3.2.6 蜂鸣器电路 067
3.2.7 步进电机电路 067
3.2.8 主控继电器电路 068
3.2.9 过零检测电路 068
3.2.10 室内风机驱动电路 069
3.2.11 霍尔反馈电路 069
3.2.12 空调内外机通信电路 069
3.3 室外机电路 071
3.3.1 直流 300V 电压形成电路 074
3.3.2 开关电源电路 075
3.3.3 室外机 CPU 及其三要素电路 077
3.3.4 存储器电路 078
3.3.5 传感器电路 079
3.3.6 压缩机顶盖温度开关电路 080
3.3.7 电压检测电路 081
3.3.8 电流检测电路 082
3.3.9 模块保护电路 082

3.3.10 指示灯电路 …… 083
3.3.11 主控继电器电路 …… 084
3.3.12 室外风机电路 …… 084
3.3.13 四通阀线圈电路 …… 085

第 4 章

空调器的安装和移机

087

4.1 空调器的安装 …… 088
4.1.1 安装前的检查 …… 088
4.1.2 空调安装位置的选择 …… 090
4.1.3 壁挂式空调的安装 …… 092
4.1.4 柜式空调的安装 …… 101
4.1.5 通电试机 …… 106
4.2 空调器的移机 …… 109
4.2.1 制冷剂的回收 …… 109
4.2.2 机组的拆卸 …… 110

第 5 章

空调器关键元器件的检测代换

113

5.1 电动机的检测代换 …… 114
5.1.1 直流电动机的安装位置与结构组成 …… 114
5.1.2 直流电动机的检测 …… 115
5.2 电加热器、保护继电器和滤波电容的检测代换 …… 117
5.2.1 电加热器 …… 117
5.2.2 保护继电器 …… 118
5.2.3 滤波电容 …… 119
5.3 压缩机的检测代换 …… 120
5.3.1 压缩机的结构与工作原理 …… 120
5.3.2 压缩机的检测代换 …… 125
5.4 电磁四通阀的检测代换 …… 126
5.4.1 电磁四通阀的结构与工作原理 …… 126
5.4.2 电磁四通阀的检测 …… 129
5.5 干燥过滤器、毛细管、单向阀的检测代换 …… 130

5.5.1 干燥过滤器……130
5.5.2 毛细管……131
5.5.3 单向阀……131
5.6 电子膨胀阀的检测代换……133
5.6.1 电子膨胀阀的结构与工作原理……133
5.6.2 电子膨胀阀的检测……134

第 6 章
空调器制冷系统故障检修
137

6.1 元件损坏导致制冷效果差故障检修……138
6.1.1 空调器制冷效率低……138
6.1.2 空调器只能制冷而不能制热……139
6.1.3 无论制冷或制热，室外风机均不转……142
6.2 缺氟导致制冷效果差故障检修……144
6.2.1 制冷剂不足，空调不制冷……144
6.2.2 空调器制冷正常，但冷气不足……145
6.2.3 柜式空调器制冷效果差，并且室内热交换器结冰……148
6.3 内部元件脏堵导致制冷效果差故障检修……149
6.3.1 空调器运转正常，但无冷气吹出……149
6.3.2 室外机被堵，空调不启动……152
6.3.3 空调器没有冷风……153

第 7 章
空调器漏水、噪声大故障检修
157

7.1 空调器漏水故障检修……158
7.1.1 空调器室内机管路在穿墙孔处漏水……158
7.1.2 空调器制冷 3h 左右开始漏水……158
7.1.3 室内机漏水，排水管不排水……159
7.1.4 室内机两侧漏水……160
7.2 空调器噪声大故障检修……161
7.2.1 壁挂式空调器室内机刚启动时噪声大……161
7.2.2 室内机轴承噪声大……162

7.2.3 空调器室内机噪声较大……163
7.2.4 柜式空调器导风板不工作……165

第8章
空调器电控系统故障检修
169

8.1 室内机电控系统故障检修……170
8.1.1 变压器损坏，整机不工作……170
8.1.2 整机不工作……172
8.1.3 空调器不停机……174
8.1.4 滤波电容器损坏，空调器保护性停机并闪烁报警……176
8.1.5 整流二极管损坏，空调器时而运行，时而停机……176
8.2 室外机电控系统故障检修……178
8.2.1 空调器在制热模式时不制热……178
8.2.2 连接线进水，空调器运行不定……180
8.2.3 电阻损坏，压缩机不运行……180
8.2.4 风扇和压缩机时而运转、时而不转……181
8.2.5 空调器保护性停机并显示 E1……183
8.2.6 交流接触器触点炭化，压缩机不运行……185

附录1
不同品牌温度传感器温度、阻值和电压对照表
189

附录2
典型空调器故障代码
195

第 1 章
空调器维修的基础知识

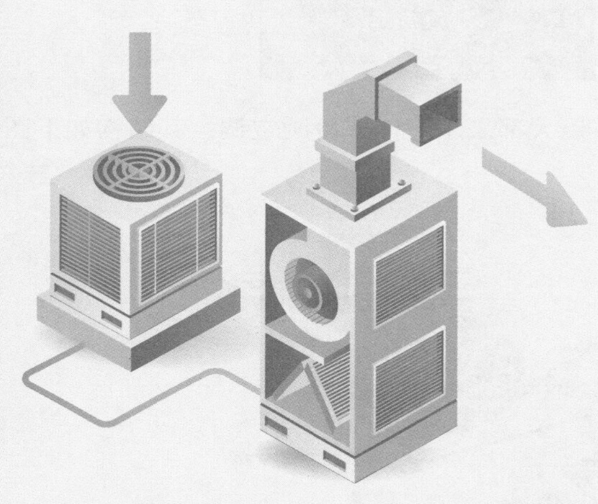

1.1　认识空调器

1.2　空调器的工作原理

1.3　变频空调器的工作原理

1.1 认识空调器

1.1.1 从外观认识空调器

空调器应用如今越来越普遍，如安装在汽车内的汽车空调，安装在房间里的家用空调，还有安装在商场、工厂的中央空调等。

（1）汽车空调

不同品牌的汽车，空调器的分布略有不同，但大都采用一体式冷暖空调，其结构如下图所示。

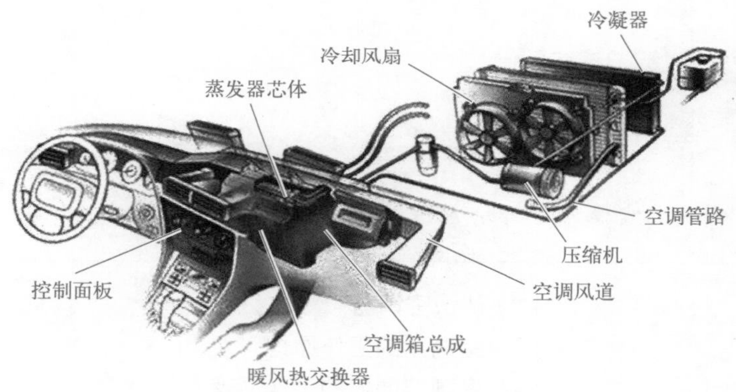

（2）普通家用空调

家用空调比较常见的有壁挂式和立式，这种空调一般都需要室内机与室外机配合使用，如下图所示。

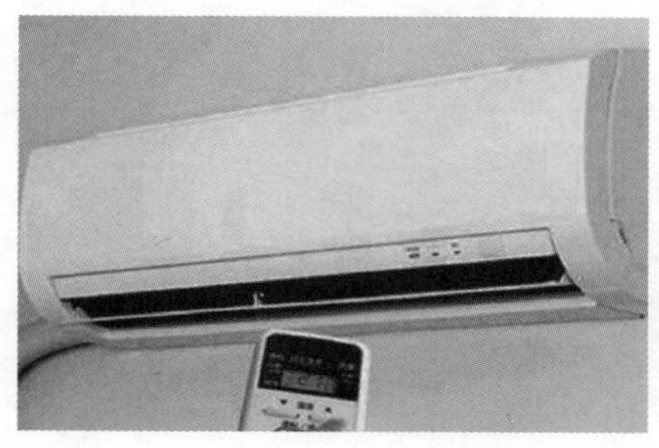

（3）中央空调

中央空调一般由一台室外机连接多个室内机组成，室内机可以单独控制，以达到空气调节的目的。中央空调一般有家用中央空调和商用中央空调之分。家用中央空调常见的有风管机、一拖多机组、冷热水机等。

① 风管机　如下图所示。

② 一拖多机组　如下图所示。

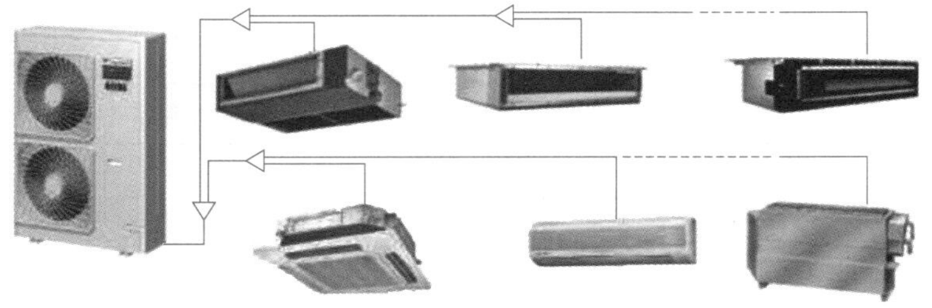

③ 冷热水机　家用冷热水机可以分为定频和变频两种，虽然多数地方与一拖多机组类似，但由于增加了冷热水管，若是遇到温差很大的情况，则会有比较严重的漏水隐患。

1.1.2　从工作频率认识空调器

如今，随着人们环保意识的不断提高，变频空调应运而生，而与之相对的则是原来的老式空调器，即定频空调。

（1）定频空调

定频空调是指以固定频率工作的空调设备，其压缩机在额定转速下工作。随着技术的不断提升，如今的定频空调做工良好、性能稳定，应用仍然较多。

（2）变频空调

变频空调与定频空调相比，只是压缩机的运行方式不同，变频空调是一种通过变频压缩机实现制冷或制热的空调设备。定频空调压缩机供电由市电直接供给，电压为交流 220V，而变频空调的压缩机则由供电模块提供，模块输出三相交流电，电压在 30 ～ 220V 之间。

1.1.3 从型号命名认识空调器

常见的国产空调器的型号如下：

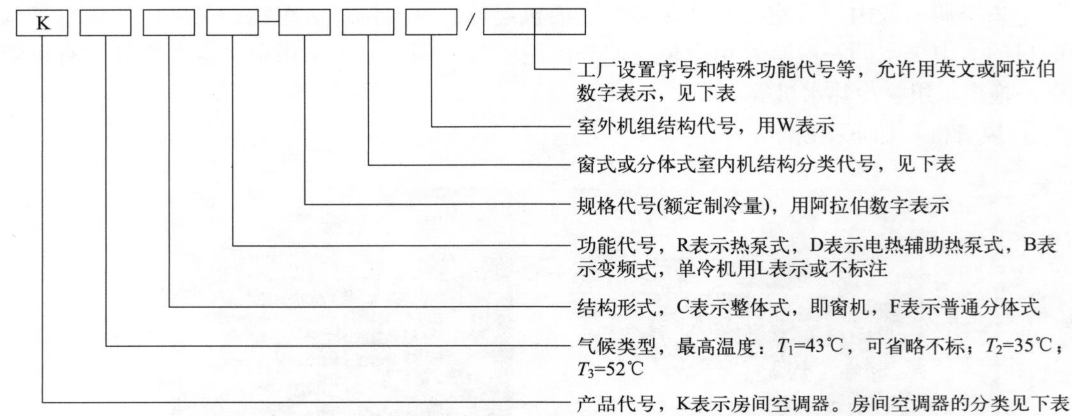

房间空调器的分类及结构类型代号

代号	C	F	W	L	G	T	D	Q
含义	窗式空调器	分体式空调器	分体式空调器室外机	柜式 / 落地式	壁挂式	台式	吊顶式	嵌入式
				分体式空调器室内机				

空调器的功能代号

功能代号	S		—	M	H	R1	R2
含义	三相电源		低静压风管	中静压风管	高静压风管	制冷剂为 R407c	制冷剂为 R410a
功能代号	BP	BDP	Y	J	Q	X	F
含义	变频	直流变频	氧吧	高压静电集尘	加湿功能	换新风	负离子

注：特殊代号由工厂自行规定，因此本表仅作参考。

目前，我国市场上的空调器种类繁多，产品不断更新换代，以下为一些典型的空调器型号。

- 格力 KFR-32GW 型，表示该空调器是热泵、壁挂分体式空调器，其制冷量为 3200W。
- 春兰 KFD-70LW 型，表示该空调器是电热、落地分体式空调器，其制冷量为 7000W。
- 海信 KFR-26GW/BP 型，表示该空调器是热泵、壁挂分体式变频空调器，其制冷量为

2600W。

● 长虹 KFR-28GW/BP 型，表示该空调器是热泵、壁挂分体式变频空调器，其制冷量为 2800W。

1.1.4 俗称的“X 匹”空调器释义

在讲述常说的几匹空调器前，先看两个空调器的铭牌：

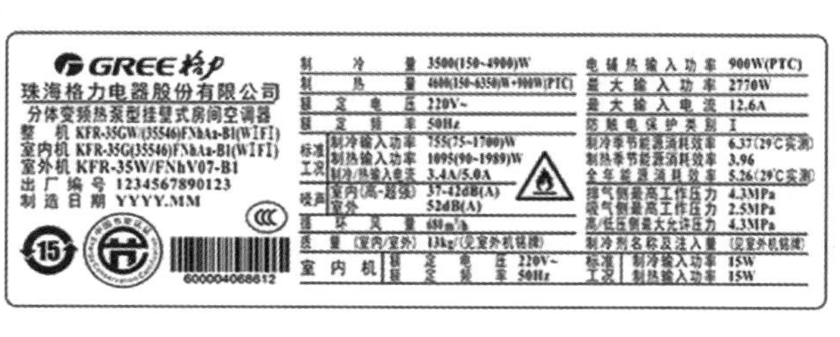

从空调器的铭牌上能看出空调器的主要参数有如下几个。

（1）额定功率

空调器的额定功率也称为输入电功率、耗电功率，是指空调器在工作时所消耗的电功率，单位是瓦（W）或千瓦（kW）。

（2）制冷量

空调器工作在制冷状态时，每小时从室内吸收的热量为空调器制冷量，单位是 W。

虽然制冷量的单位 W 与空调器额定功率的单位 W 相同，但两者的含义却截然不同。比如，有一台空调器的制冷量为 2800W，而它的输入电功率却不足 1000W。

另外，有的维修人员将“匹”用作制冷量的单位。该单位是一个俗称单位，是由功率的单位“马力”转变来的，现在已被废除。一般将制冷量低于 2200W 的空调器称为小 1 匹，超过 2600W 的空调器则称为大 1 匹。

（3）制热量

空调器工作在制热状态时，每小时为室内提供的热量为空调器的制热量，单位也是 W。由于空调器铭牌上标注的制热量是在室内温度为 21℃，室外干球温度为 7℃、湿球温度为 6℃时测得的，所以当用户所在地区环境温度低于室外测定值，或室内温度高于室内温度测定值，空调器的制热量会相应降低。

所谓干球温度是指利用温度计测量空气温度时，它的球部在干燥状态下测得的温度值。所谓湿球温度是指利用温度计测量空气温度时，它的球部在包裹潮湿的棉纱状态下测得的温度值。

（4）循环风量

循环风量是指空调器在新风门（进风门）和排风门完全关闭的情况下，每小时流过蒸发器的风量，也就是为室内提供的风量。循环风量通常用 G 表示，单位是 m^3/h。

（5）除湿量

除湿量是指空调器工作在制冷状态时，室内的湿空气每小时被蒸发器凝结的冷凝水量，也就是每小时从室内抽出的水量。除湿量通常用 d 表示，单位是 kg/h 或 L/h。

（6）性能系数

空调器的性能系数也称能效比或制冷系数，是指空调器单位额定功率时的制冷量，即能量与制冷效率的比率。能效比通常用EER表示，它是“Energy and Efficiency Rate”的缩写。

（7）噪声指标

噪声指标是指空调器运行时产生噪声的大小，单位是分贝（dB）。

提示：

由于整体式空调器的压缩机、散热风扇都安装在室内，所以噪声大一些，为 54dB 左右。分体式空调器将压缩机、散热风扇安装在室外，所以噪声小一些，一般为 43dB 左右。而变频空调器因采用直流无刷电动机，并且具有软启动功能，所以噪声更低。

（8）环境温度

空调器的工作环境温度也是一项重要参数。冷风型（单冷型）为 -18 ～ 43℃，环境温度过高时不能正常工作；热泵型为 5 ～ 43℃，低于 0℃时不能正常工作；电加热型≤ 43℃；热泵辅助电加热型为 -5 ～ 43℃。

（9）定频空调中的“匹”

定频空调中的“匹”，是指空调的功率（输入功率）。严格意义上的 1 匹，等于 735W。匹现在一般指一个大概值（只在口语中表达，不需要太准确），比如 800W（600 ～ 1000W）左右的空调，称为 1 匹。接近 600W 的为小 1 匹；接近 1000W 的为 1 匹；接近 800W 的为正 1 匹。再往后，接近 1200W 的为 1.5 匹，后面还有大 1.5 匹、2 匹等。

（10）变频空调中的“匹”

由于变频空调输入功率的不确定，变频空调中的“匹”，就用来指代制冷量：一般将 2300W 制冷量的空调，称为“1 匹”。3600W 就是 1.5 匹，也有大 1 匹、小 1 匹，和定频空调的叫法一样。

1.2 空调器的工作原理

1.2.1 空调器的构成

市场上的空调以分体式空调器最为常见，接下来我们以分体式空调器为例讲述空调器的组成。

（1）分体壁挂式空调器室内机

分体壁挂式空调器室内机的结构如下图所示，包括显示屏、吸气窗、吸气格栅、导风板、垂直和水平风向叶片及配管孔等。

为适应家庭装饰性的美观及制造工艺的进步，厂家对空调器的外形做了许多改进，下图所示为吸气窗和吸气格栅不同设计风格的分体壁挂式空调器室内机。

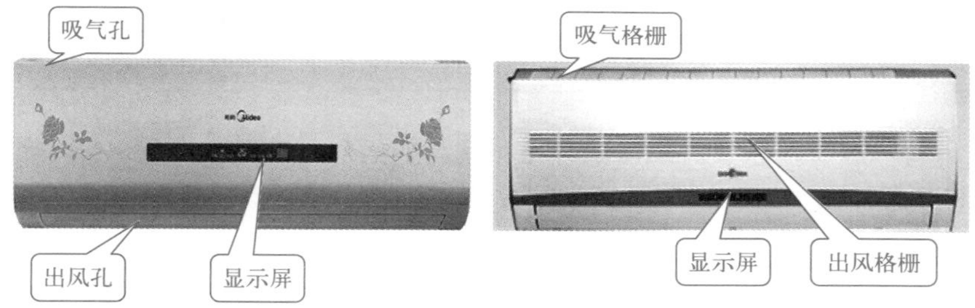

从外观上看空调器室内机组成部件有以上几种，但实际上其组成零部件还有很多，如下图所示。

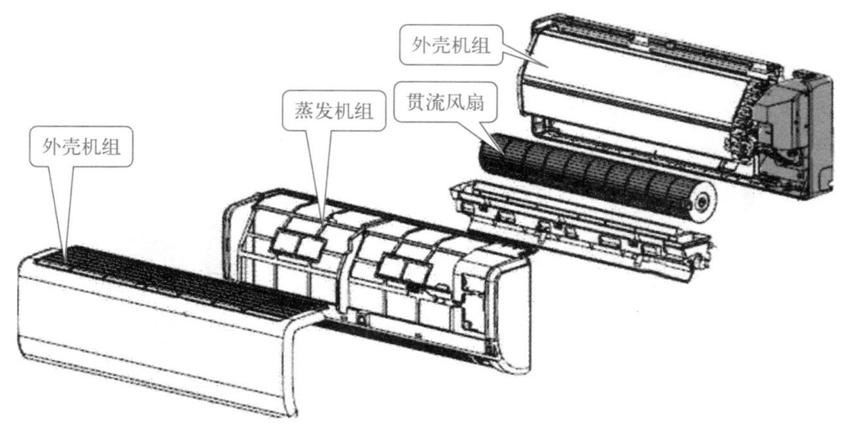

（2）分体柜式空调器室内机

分体柜式空调器室内机结构如下图所示，包括显示屏、显示 / 操作面板、导风板、吸气格栅等，电气部分则安装在内部。

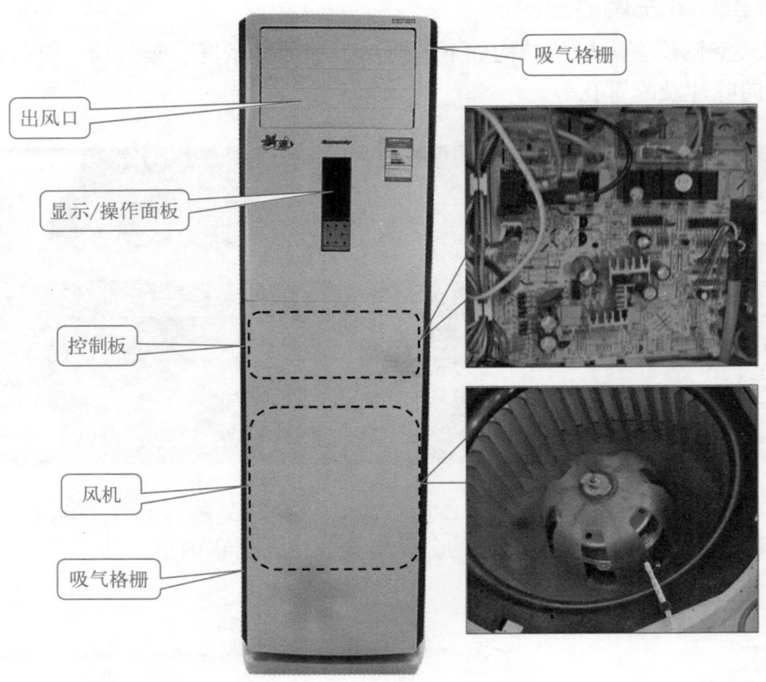

分体柜式空调器室内机与分体壁挂式空调器室内机相比，除了增加了一个风机之外，它的控制电路也相对复杂一些，如下图所示。

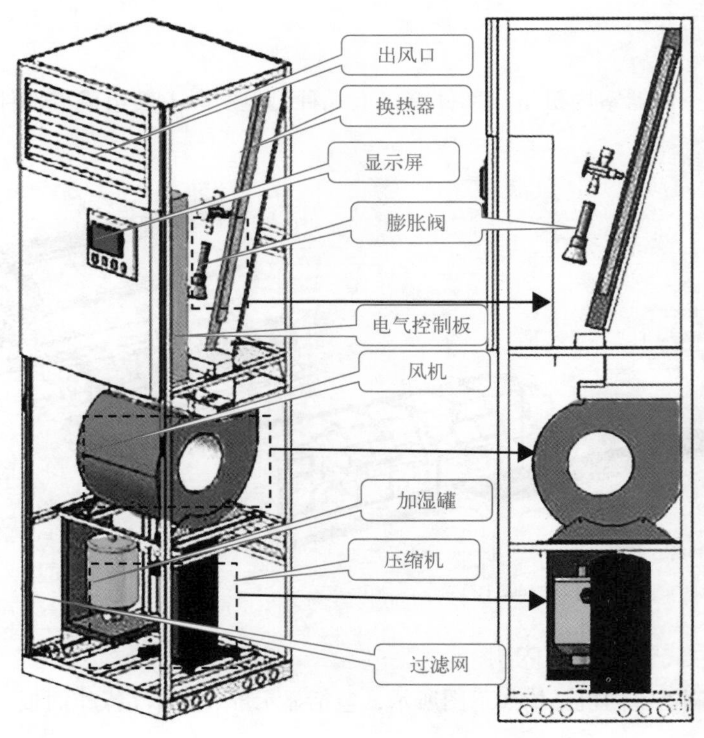

（3）分体式空调器室外机

不管是壁挂式空调器还是柜式空调器，除了个别型号的室外机略有区别，大部分室外机外形结构基本相同，如下图所示。

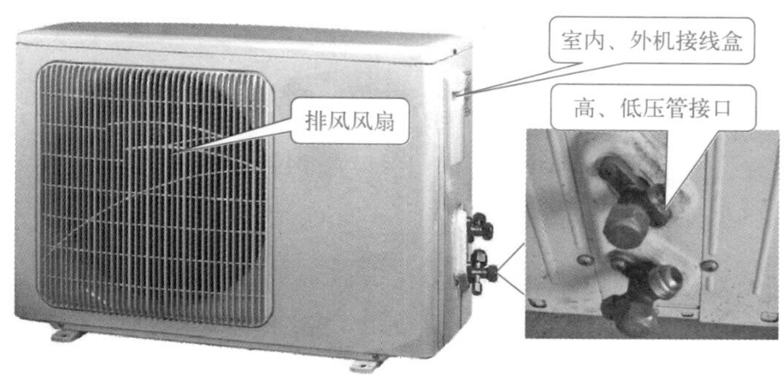

将室外机的机壳打开后，就可以看到其内部结构，如下图所示。从内部结构可以看出该空调器是单冷型还是冷暖型，有四通阀的室外机为冷暖型空调器。

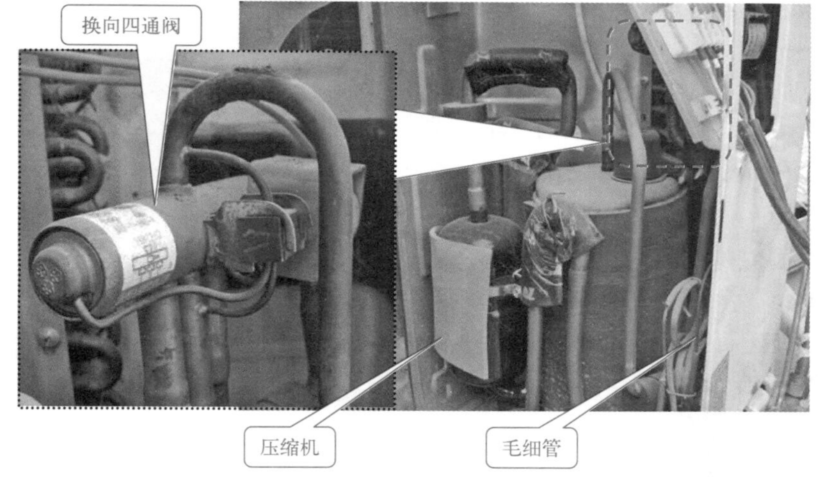

1.2.2　空调器的工作过程

空调器通电，一般都有电源指示灯显示。按下空调器面板上或遥控器上的电源开关键，空调器接收到信号后，发出蜂鸣声（较为高档的空调器会发出悦耳的音乐），其工作框图如下图所示。

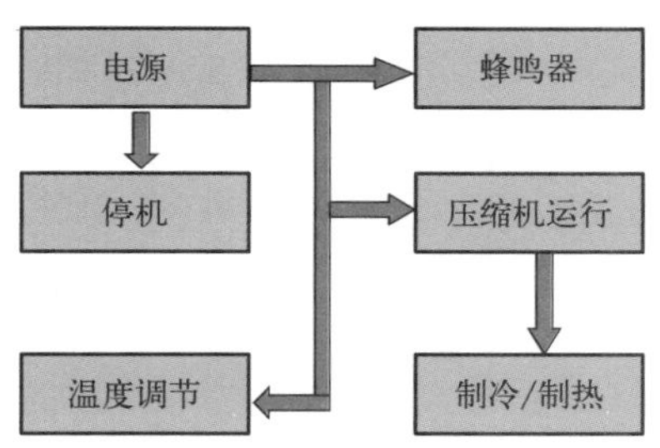

根据季节和环境温度，选择合适的工作模式，空调器接收到信号后，发出蜂鸣声。制冷时室内风机同时运转，制热时室内风机开始不运转，室外四通阀换向。

按温度设定的两个按键，设定空调器工作的温度。制冷状态最低设定温度为 16℃，制热状态最高设定温度为 30℃。技术人员进行试机时，可进行工作状态调试，而实际使用时则不用将温度设定到顶点。

经过 3 min 延时（有的空调器不需延时），压缩机运转，同时室外风机运转。制冷时就开始吹出冷风，制热时再等几秒室内风机开始运转吹出热风。当达到设定温度时，压缩机停机，制冷状态室内风机继续运转，制热状态室内风机延时几秒停止。等待温度控制自动开机运行和停机。

提示：

空调器的压缩机开停受设定温度和环境温度控制。环境温度等于设定温度时，压缩机并不停机，压缩机的开停温度是设定温度 ±1℃。例如，控制设定温度为 26℃，则制冷时压缩机的停机温度为 25℃，当温度回升到 27℃时，压缩机开机；制热时压缩机停机温度为 27℃，当温度下降到 25℃时，压缩机开机。

1.2.3　空调器制冷 / 制热工作原理

空调器制冷 / 制热过程有不同的工作方式，其中热泵型最为复杂，电加热辅助热泵型较为简单，其制冷 / 制热过程如下。

（1）热泵型

热泵型空调器跟单冷式空调器相比，最大的区别是安装了四通阀。通过四通阀改变制冷剂的走向，可对室内、外机的热交换器的功能进行切换，实现制冷、制热功能。

① 制冷过程　下图所示为典型热泵型空调器的制冷系统原理图，图中的箭头（→）表示制冷剂的流动方向。

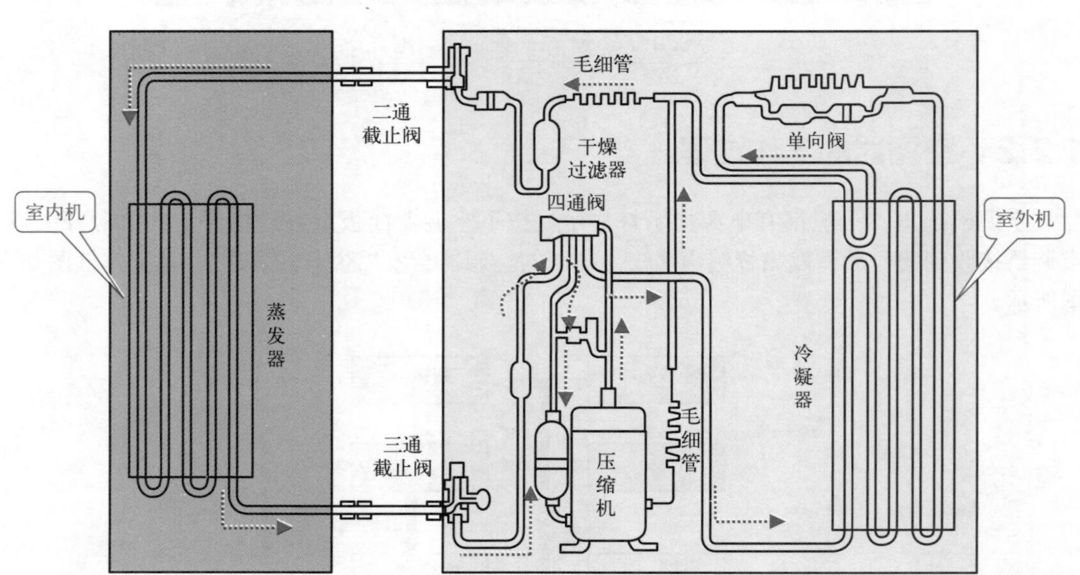

该机工作在制冷状态时，低温、低压的制冷剂经压缩机压缩成高温、高压的过热气体→四通阀切换→室外热交换器冷凝散热→单向阀传输→毛细管节流降压→过滤器滤除水分和杂质→二通截止阀传输→室内热交换器吸热汽化→三通截止阀传输→四通阀返回压缩机，从而完成一个制冷循环。重复以上循环过程，空调器就可以将室内的热量转移到室外，实现了室内降温的目的。

② 制热过程　下图所示是典型热泵型空调器的制热系统原理图，图中的箭头（--→）表示制冷剂的流动方向。

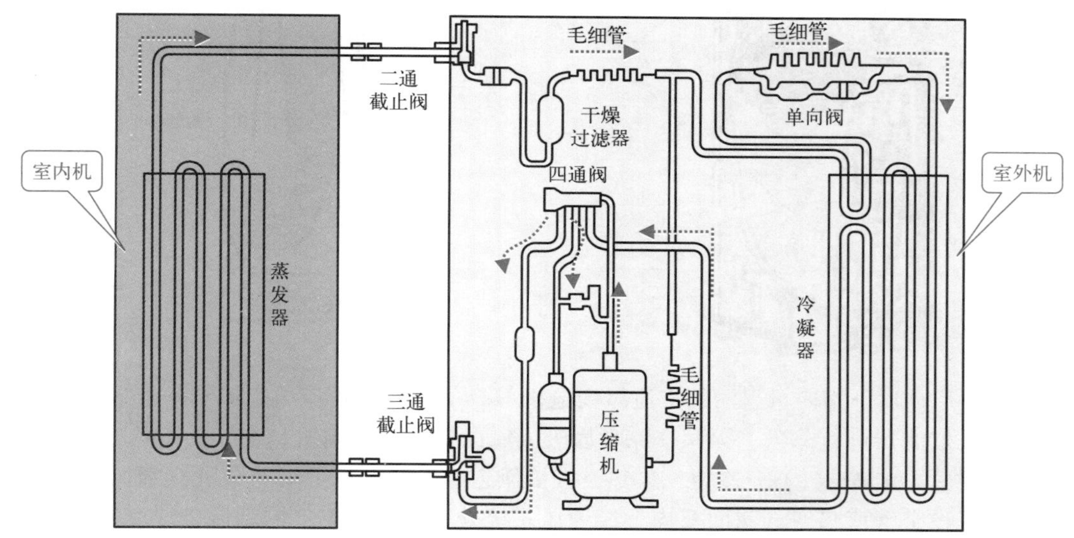

该机工作在制热状态时，低温、低压的制冷剂经压缩机压缩成高温、高压的过热气体→四通阀切换→三通截止阀传输→室内热交换器冷凝散热→二通截止阀传输→干燥过滤器滤除水分和杂质→毛细管节流降压→室外热交换器吸热汽化→四通阀返回压缩机，从而完成一个制热循环。重复以上过程，将室外的热量转移到室内，实现了室内升温的目的。

③ 除湿控制　空调器中安装双向电磁阀用于除湿控制，一般安装在压缩机排气管路和吸气管路两端。该电磁阀关闭时，热交换器满负荷工作，空调器处于正常的制冷、制热状态。

当该电磁阀打开时，压缩机输出的一部分制冷剂直接通过它返回，只有一部分制冷剂通过热交换器进行吸热或散热，从而满足除湿工作的需要。

（2）电加热辅助热泵型

由于热泵型空调器只有在环境温度高于 5 ℃时才能正常工作，为了使空调器在环境温度低于 5 ℃时也能够正常工作，电加热辅助热泵型空调器在热泵空调器的基础上安装了电加热器。这样，在环境温度低于 5 ℃时，电加热器开始工作，它对吸入的冷风先进行加热，这样热交换器不易结霜，提高了制热效果。

1.2.4　通风系统工作原理

空调器的通风因其结构不同而略有不同，本节对壁挂式和柜式空调器分别讲述。

（1）壁挂式空调器

分体壁挂式空调器的通风系统主要由进出风格栅、轴流风扇、贯流风扇、空气过滤网、风扇电机和风道组成。

① 室内机通风系统　壁挂式空调器的室内机通风系统有上出风和下出风两种，如下图所示。

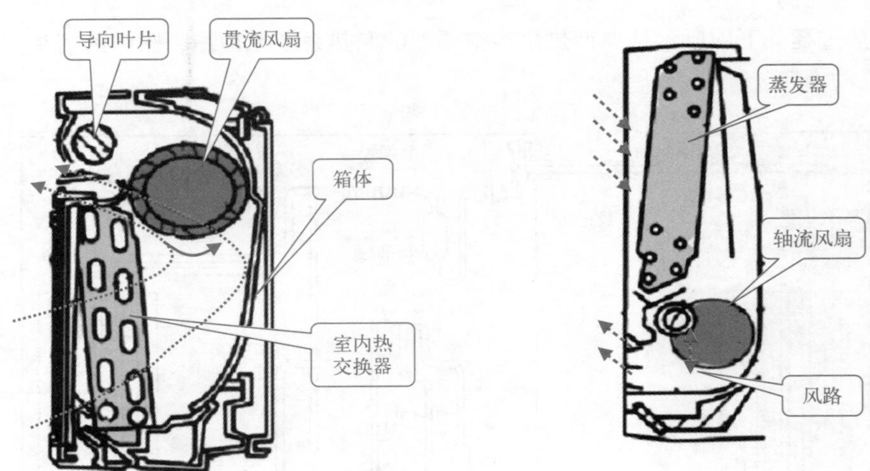

空调器启动后→室内机里面的贯流风扇电机（塑壳）驱动贯流风扇运转→将室内的热空气通过空气过滤器进行除尘、灭菌、除臭后吸入室内机→被室内机热交换器吸热（或散热）后成为冷空气（或热空气）→冷空气或热空气沿风道经导风电机带动的导风（摇风）装置和出风格栅将冷空气或热空气吹向室内→经通风系统处理后室内空气的温度、湿度发生变化，且变得清新舒适。

② 室外机通风系统　壁挂式空调器的室外机通风系统如下图所示。

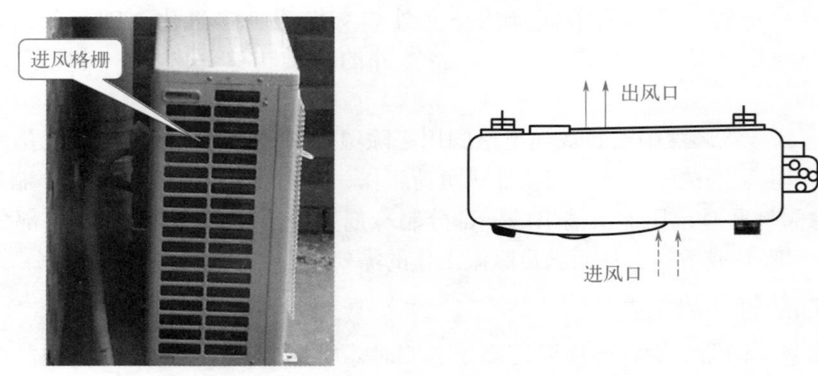

空调器启动后→室外机里面的轴流风扇电机（铁壳）驱动轴流风扇开始旋转→将室外的空气从进风口吸入室外机→并吹向冷凝器为其散热（或在制热状态下吸热），热空气（或冷空气）通过出风口排出→使室外热交换器完成热量交换，从而实现室外通风系统的功能。

（2）分体柜式空调器的通风系统

分体柜式空调器室外机通风系统与壁挂式室外机通风系统相同，下面仅介绍室内机的通风系统。

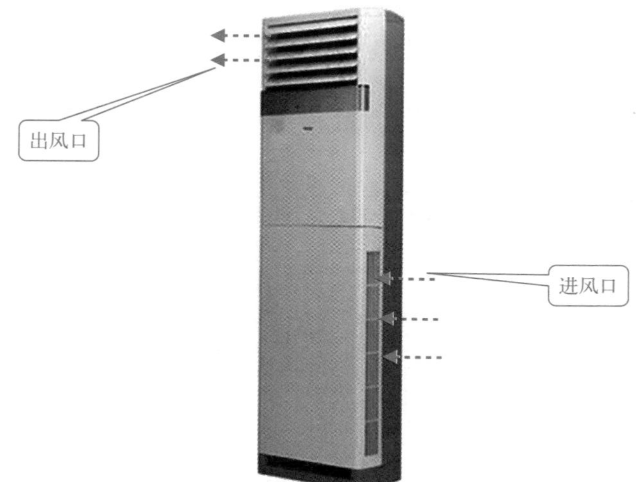

如图所示，空调器工作后→室内机里面的铁壳风扇电机驱动离心风扇开始运转→将室内的空气从面板下部的进风口吸入室内机→被吸入的空气首先通过空气过滤器净化→利用室内机的热交换器进行热交换而成为冷空气或热空气→冷空气或热空气沿风道经上面的出风口吹向室内→经通风系统处理后室内空气的温度、湿度发生变化，且变得清新舒适。

1.2.5　除湿 / 化霜工作原理

（1）化霜过程

现在大部分空调器采用的除霜方式就是让空调器由制热方式转入制冷方式，利用室外热交换器的散热功能进行化霜，化霜过程如下。

首先让压缩机、风扇电机停转→随后通过四通阀切换制冷剂的流向，让空调器工作在制冷状态（但室外、室内风扇电机不转）→利用压缩机排出来的高温、高压制冷剂进入室外热交换器→通过汽化散热的方式将其表面的霜融化，实现除霜的目的。

（2）除湿过程

当空调器工作在制冷状态时，若室内热交换器的表面温度低于室内空气露点时，室内热空气流过热交换器表面，在它的表面上凝结成大量的冷凝水，使室内空气的湿度下降。为了避免除湿导致室内环境温度波动过大，可以降低室内风扇的转速，并使压缩机间歇运行，这样不仅实现了除湿的目的，而且提高了舒适性。

1.3　变频空调器的工作原理

1.3.1　变频空调器的工作过程

变频空调的外形与普通空调的外形没有特殊区别，它们的不同主要体现在工作原理上，变频空调的原理框图如下图所示。

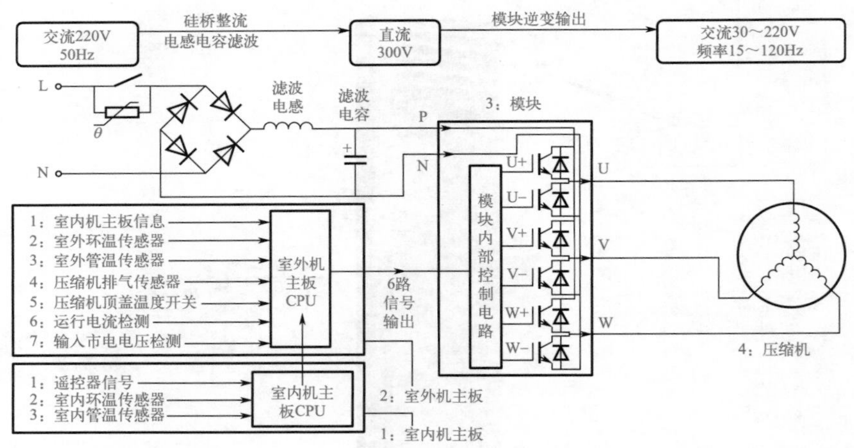

变频空调器的工作过程如下。

室内机主板 CPU 接收遥控器发送的设定模式和设定温度，与室内环温传感器温度相比较，如达到开机条件，控制室内机主控继电器触点闭合，向室外机供电；室内机主板 CPU 同时根据室内管温传感器温度信号，结合内置的运行程序计算出压缩机的目标运行频率，通过通信电路传送至室外机主板 CPU，室外机主板 CPU 再根据室外环温传感器、室外管温传感器、压缩机排气传感器、市电电压等信号，综合室内机主板 CPU 传送的信息，得出压缩机的实际运行频率，输出 6 路控制信号至 IPM 模块。

IPM 模块是将直流 300V 转换为频率和电压均可调的三相变频装置，内含 6 只大功率 IGBT 开关管，构成三相上下桥式驱动电路，室外机主板 CPU 输出的控制信号使每只 IGBT 导通 180°，且同一桥臂的 2 只 IGBT 有一只导通时，另一只必须关断，否则会造成直流 300V 直接短路。且相邻两相的 IGBT 导通相位差在 120°，在任意 360° 内都有 3 只 IGBT 开关管导通以接通三相负载。在 IGBT 导通与截止的过程中，输出频率可以变化的三相模拟交流电，且在一个周期内，如 IGBT 导通时间长而截止时间短，则输出的三相交流电的电压相应就会升高，从而达到频率和电压均可调的目的。IPM 模块输出的三相模拟交流电，加在压缩机的三相感应电动机，压缩机运行，系统工作在制冷或制热模式。如果室内温度与设定温度的差值较大，室内机主板 CPU 处理后送至室外机主板 CPU，输出控制信号使 IPM 模块内部的 IGBT 导通时间长而截止时间短，从而输出频率和电压均相对较高的三相模拟交流电加至压缩机，压缩机转速加快，单位制冷量也随之加大，达到快速制冷的目的；反之，当房间温度与设定温度的差值较小时，室外机主板 CPU 输出的控制信号，使得 IPM 模块输出较低的频率和电压，压缩机转速变慢，制冷量降低。

1.3.2 变频空调器的节电原理

普通的交流变频空调器和典型的定频空调器相比，只是压缩机的运行方式不同。

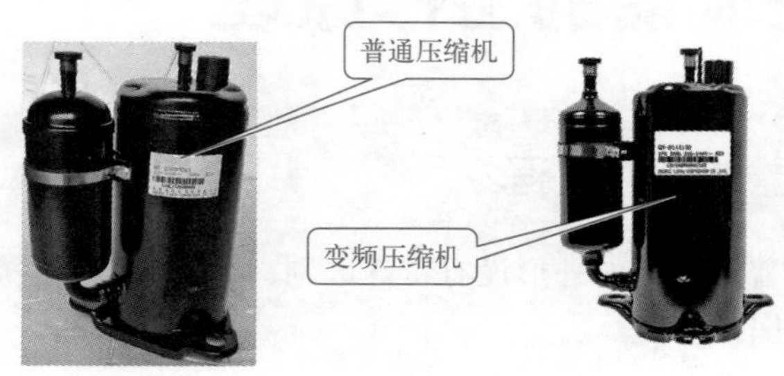

（1）定频空调器

定频空调器压缩机供电由市电直接提供，电压为交流 220V，频率为 50Hz，理论转速为 3000r/min，运行时由于阻力等原因，实际转速约为 2900r/min，因此制冷量也是固定不变的。

（2）变频空调器

变频空调器压缩机的供电由模块提供，模块输出的模拟三相交流电，频率可以在 15 ～ 120Hz 之间变化，电压可以在 30 ～ 220V 之间变化，压缩机转速可以在 1500 ～ 9000r/min 的范围内变化。压缩机转速升高时，制冷量随之加大，制冷效果明显，制冷模式下房间温度迅速下降，相对应此时空调器耗电量也随之上升；当房间内温度下降到设定温度附近时，电控系统控制压缩机转速降低，制冷量下降，维持房间温度，相对应此时耗电量也随之下降，从而达到节电的目的。

1.3.3　变频空调器的分类

变频空调器按照其压缩机供电情况可以分为交流变频空调器、直流变频空调器和全直流变频空调器三种。

（1）交流变频空调器

交流变频空调器是最早上市的变频空调器，也是目前市场上拥有量最大的类型，其室内风机和室外风机均使用的是交流异步电动机，由 220V 市电直接启动，制冷剂为 R22，使用常见的毛细管作为节流部件，其外形如下图所示。

（2）直流变频空调器

直流变频空调器外观上与交流变频空调器类似，但它使用的是无刷直流电动机作为压缩机，早先使用的是 R22 制冷剂，现在则使用新型的 R410A 型制冷剂，其节流部件使用的仍旧是毛细管。

（3）全直流变频空调器

全直流变频是目前最新型的空调变频技术，全直流变频空调的室内风机和室外风机均使用直流无刷电动机，供电为直流 300V 电压，当然也包括压缩机。制冷剂通常使用的是 R410A 型，节流部分多数使用毛细管，少数品牌的机器使用的是电子膨胀阀或二者相结合的方式。

第 2 章
空调器维修工具及检修技能

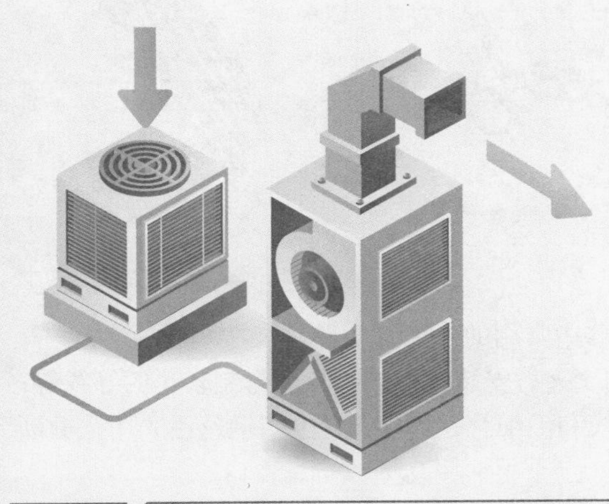

2.1 空调器的维修工具

2.2 空调器的检修技能

2.1 空调器的维修工具

2.1.1 基本维修工具

（1）扳手

检修、安装空调器时一般需要活络扳手、开口扳手、梅花扳手和内六角扳手，满足松动和紧固各种螺母的需要。常见的扳手实物外形如下图所示。

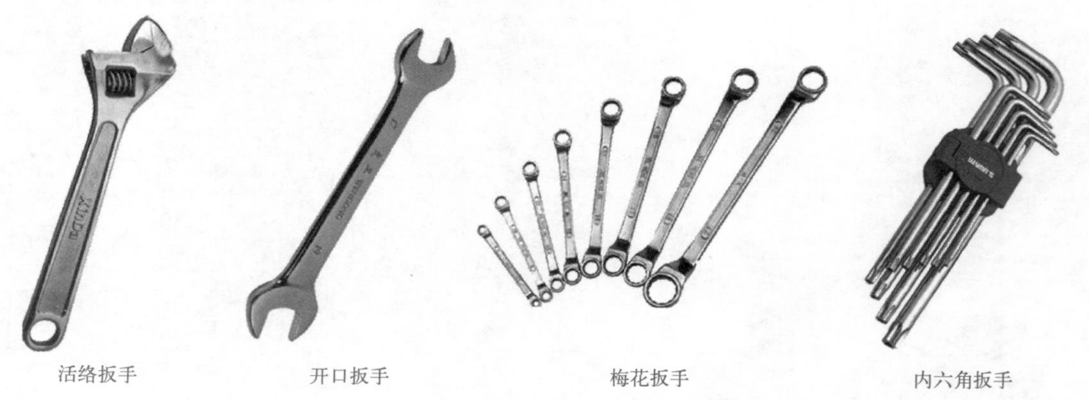

活络扳手　开口扳手　梅花扳手　内六角扳手

（2）钳类

钳子也是检修中不可缺少的工具，空调器维修中常用的有如下几种。

① 尖嘴钳、偏嘴钳、克丝钳　尖嘴钳主要用于夹持安装较小的垫片和弯制较小的导线等；偏嘴钳（也叫斜口钳、偏口钳）可以用来剪切导线和毛细管；克丝钳（也叫钢丝钳）用来剪断毛细管、电源线等。它们的实物外形如下图所示。

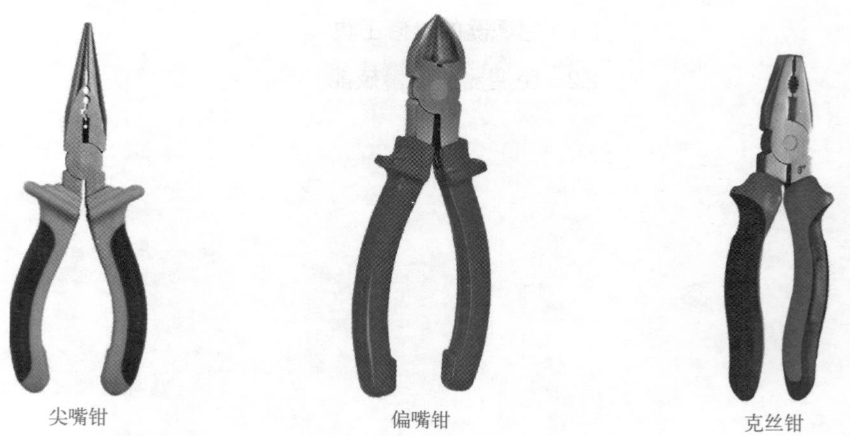

尖嘴钳　偏嘴钳　克丝钳

② 剥线钳　剥线钳也叫拔丝钳，它主要用来剥去导线塑料皮。它有 0.5mm、0.8mm、1mm 等不同的规格，以满足不同线径导线的需要。剥线钳的实物外形如下图所示。

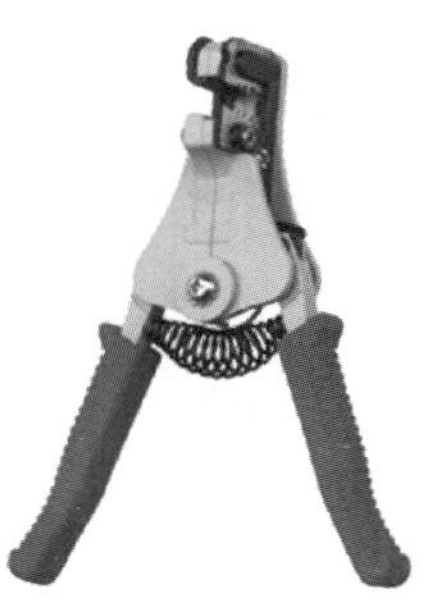

（3）电烙铁及辅助工具和材料

电烙铁是用于锡焊的专用工具，它有内加热和外加热两种，其外形如下图所示。电烙铁的电功率通常在 10 ～ 300W 之间，空调器维修一般采用 30W 规格的电烙铁。如果有条件的话，在焊接电脑板的元件时也可使用变压器式电烙铁。

内加热式　　外加热式

提示：

由于变压器式电烙铁具有输出电压低（1V 左右）、大电流、加热快、不漏电等优点，因此越来越广泛地被应用在家用电器、通信器材等维修工作中。

① 松香　松香是用于辅助焊接的辅料。为了避免焊接新的器件或导线时出现虚焊的现象，需将它们的引脚或接头部位蘸上松香，再镀上焊锡进行焊接。塑料盒装的松香实物如下图所示。

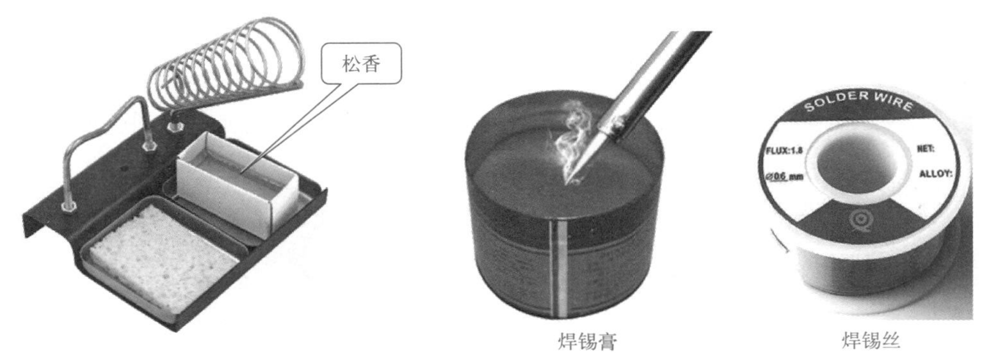

焊锡膏　　焊锡丝

② 焊锡　焊锡是用于焊接电子元件、电源电路线的材料。目前生产的焊锡丝都已经内置了松香，所以焊接时不必再使用松香。

小提示：

焊接时的焊点大小要合适，过大浪费材料，过小容易脱焊，并且焊点要圆滑，不能有毛刺。另外，焊接时间也不要过长，以免烫坏焊接的元件或电路板。

③ 吸锡器　吸锡器是专门用来吸取电路板上焊锡的工具。当需要拆卸集成电路、变压器、晶体管等元件时，由于它们引脚较多或焊锡较多，所以在用电烙铁将所要拆卸元件引脚上的焊锡熔化后，再用吸锡器将焊锡吸掉。吸锡器的实物外形如下图所示。

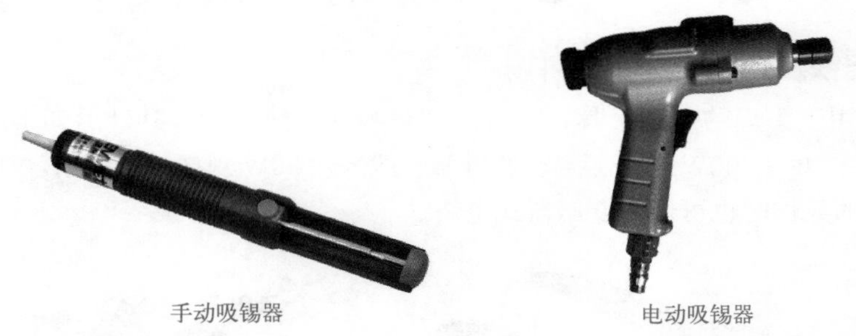

手动吸锡器　　电动吸锡器

（4）螺丝刀

维修、安装空调器时一般需要准备大、中、小三种规格的十字形和一字形带磁螺丝刀（也叫改锥），以便维修时能松动和紧固各种圆头和平头螺钉。常见的螺丝刀实物外形如下图所示。

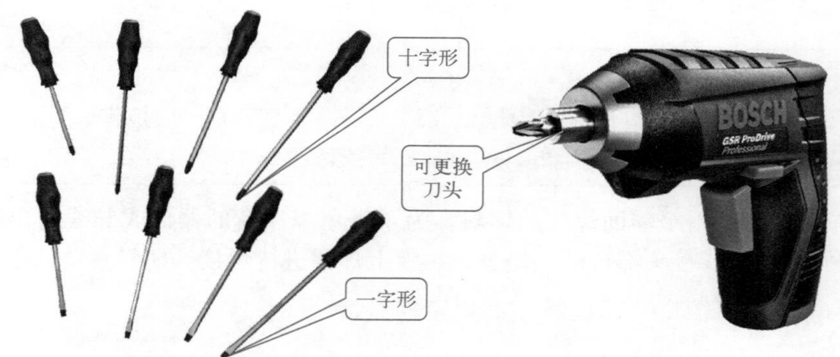

（5）毛刷

毛刷主要用于清扫灰尘或查漏时用它蘸洗涤剂水。毛刷的实物外形如下图所示。

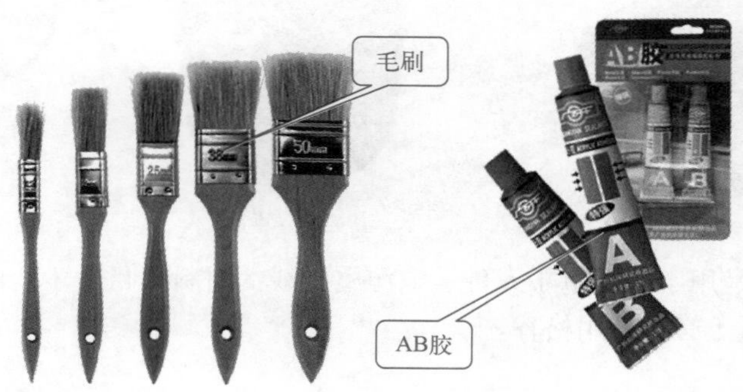

(6) AB 胶

AB 胶主要用于外壳、线路板的粘接，也可用于蒸发器的修补。常见的 AB 胶实物外形如图所示。

(7) 锤类

锤子是用于敲击的工具，安装、维修空调器主要有铁锤和橡胶锤两种，如下图所示。其中，铁锤主要用于强力的敲击，如在安装空调器时敲打膨胀螺栓；橡胶锤主要用于柔和的敲击，如怀疑压缩机卡缸时敲打压缩机。

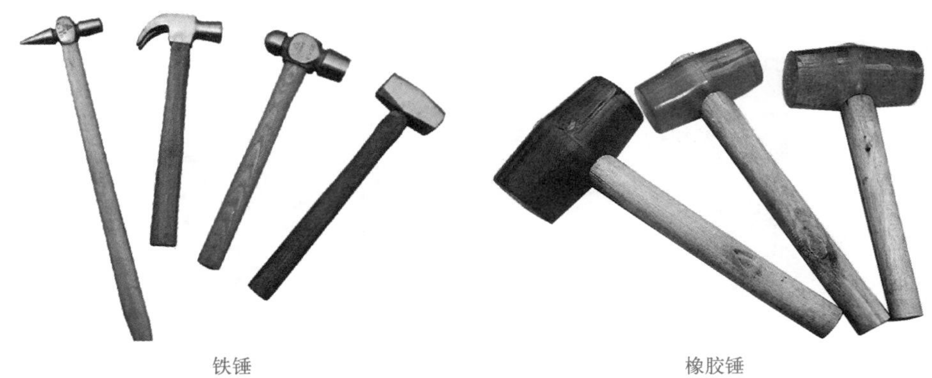

铁锤　　　　橡胶锤

没有橡胶锤时，可以在被敲击的部位上垫一块木板，然后用铁锤敲击木板即可。

2.1.2　专用维修工具

(1) 割管刀

割管刀也叫切管器，用于切 4mm、6mm、8mm、14mm 等不同直径和长度的紫铜管，常见的割管刀如下图所示。

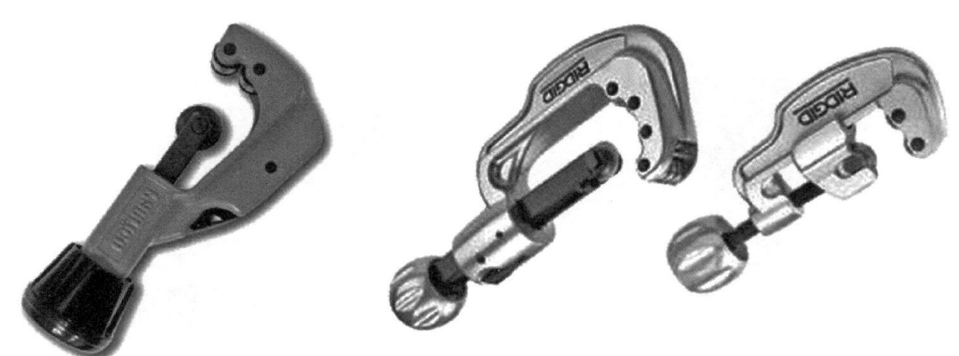

割管的操作如下。

① 把铜管夹在滚子与刀轮之间，旋动转柄至刀口顶住铜管，如下图所示。

② 将割管刀绕铜管旋转，并不断旋紧转柄，如下图所示。

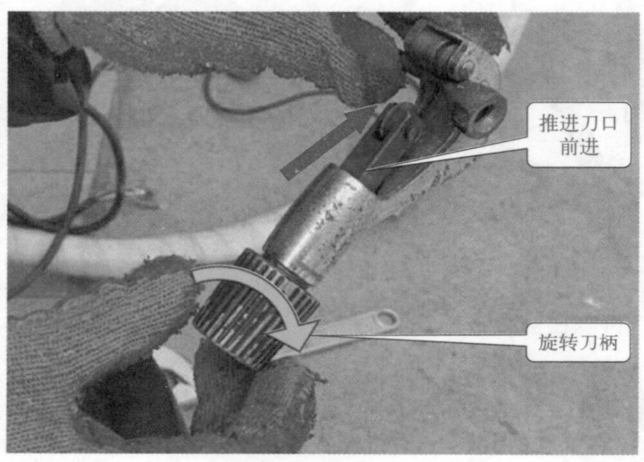

③ 当切割到接近管壁 2/3 厚度时，用钳子轻轻折断铜管，如下图所示。

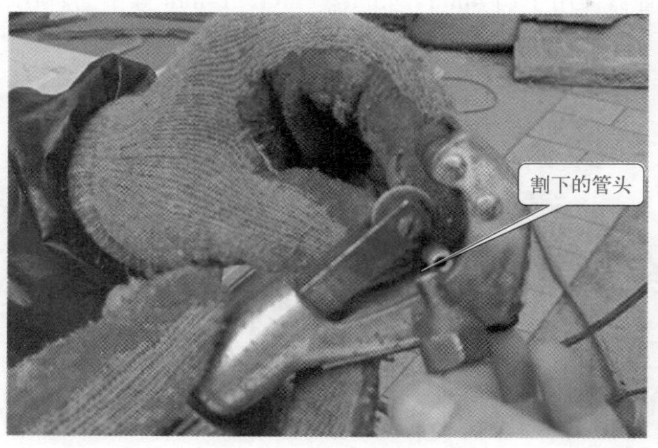

提示：
操作时一定要使刀轮与铜管垂直，并缓缓进刀，以免进刀过猛挤扁铜管。

（2）毛细管钳

毛细管钳是用来切割毛细管的，常见的毛细管钳如下图所示。

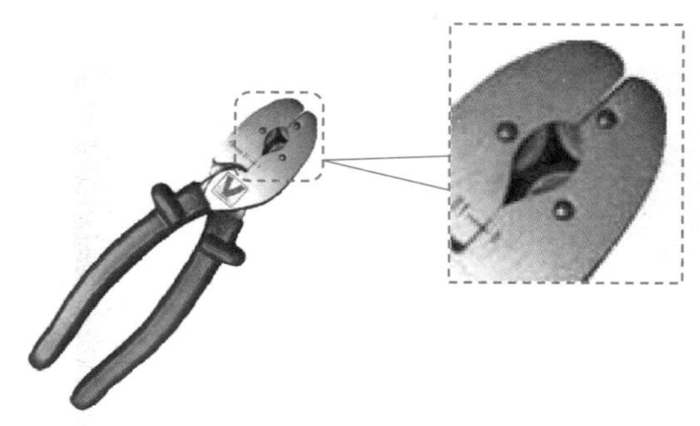

> 提示：
>
> 许多维修人员在维修时通常采用钳子或剪刀对毛细管进行切割，所以一般的维修部门可不必购买毛细管钳。

在没有配备毛细管钳时，可以直接使用偏口钳进行裁切，方法如下：在切割的毛细管部位转圈，压出一个印迹，如下图所示，右手用克丝钳夹住有印迹部位，左手轻轻上下摆动（幅度不能过大）毛细管，将毛细管折断。

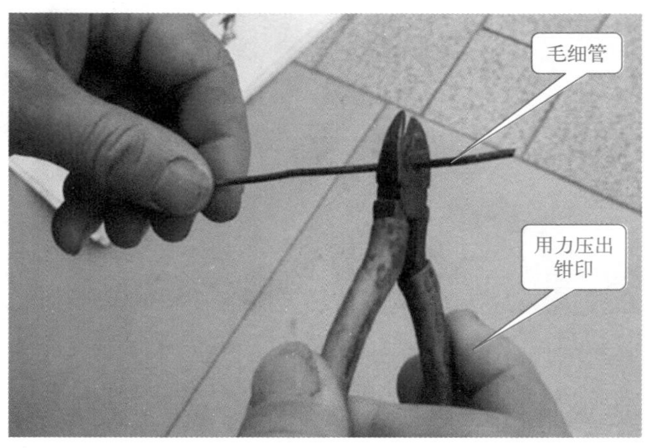

（3）弯管器

因空调使用的铜管较粗，一般用手把铜管弯制成圆弧状，圆弧的直径应大于 70mm， 或用弯管器进行弯管操作。弯管器外形如下图所示。

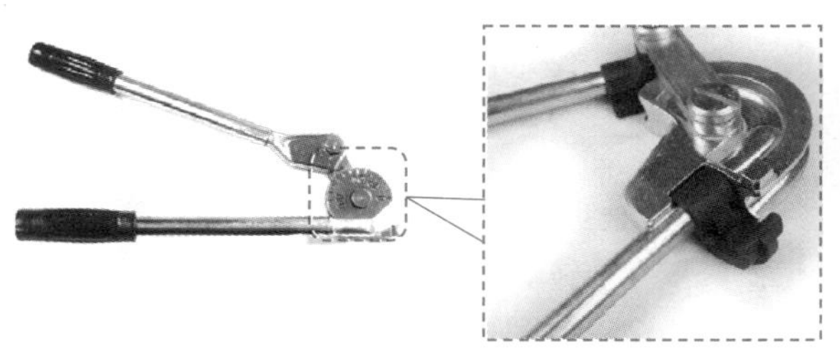

使用弯管器弯管的操作步骤如下。

① 操作时根据铜管管径配入相应弯管器内，扣牢管端后，如下图所示。

② 按预定的方向按压杆柄，使管弯曲，如下图所示。

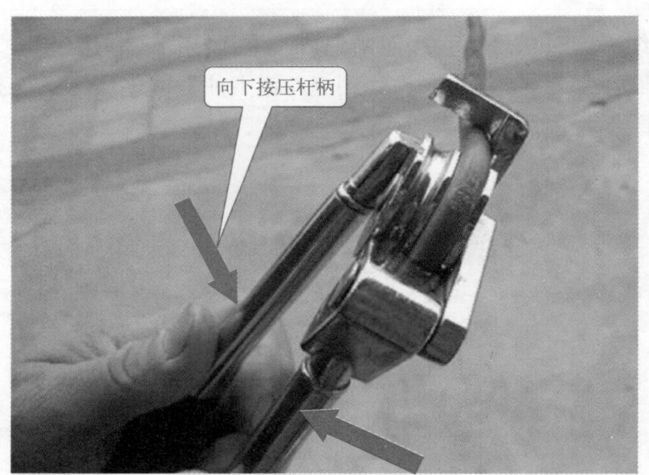

③ 弯好后，取出铜管即可，如下图所示。

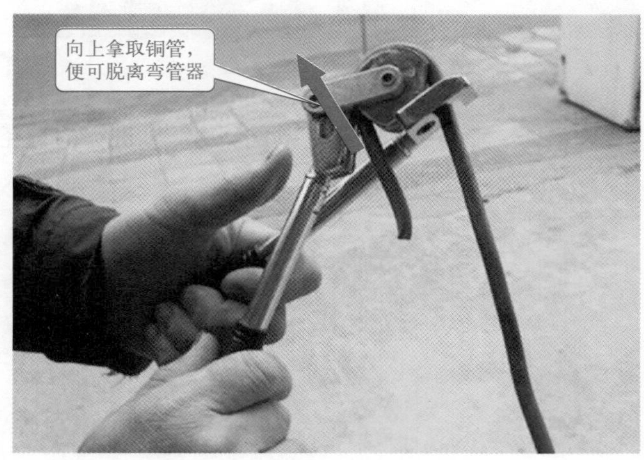

（4）胀管器和扩口器

胀管器和扩口器的功能就是将铜管的端口部分的内径胀大成杯形状或 60° 喇叭口状。其中杯形状用于相同管径的铜管插入，经这样对接后的两根铜管才能焊接牢固，并且不容易发生泄漏。60° 喇叭口状便于同压力表等设备连接。常见的胀管器和扩口器如下图所示。

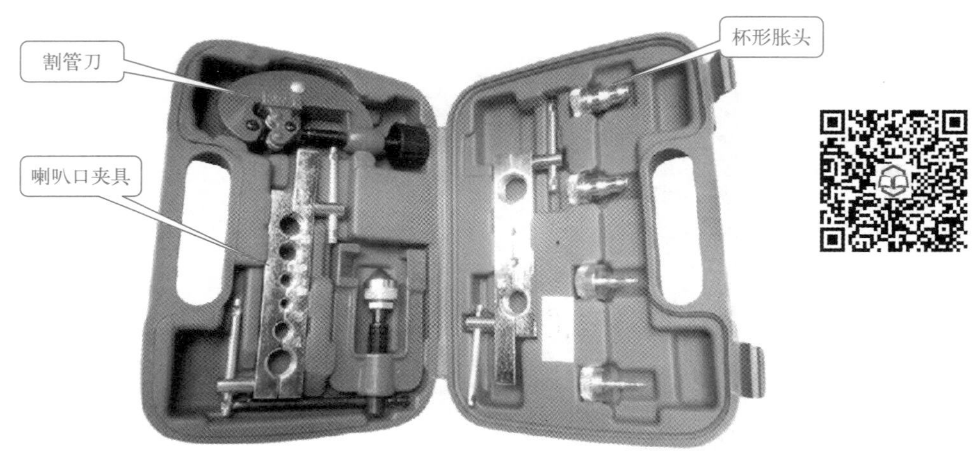

图中所示的胀管器，可根据需要将铜管口扩为杯形口或喇叭口。杯形口用于同管径之间的管道连接，喇叭口用于铜管与螺纹接头的连接。扩杯形口的方法如下。

① 根据铜管的直径，选择相应的杯形胀头安装到胀管器上，如下图所示。

② 逆时针旋转手柄松脱夹管器，如下图所示，把铜管口插入到相应孔口，铜管口预留 1.5cm，手柄恢复到原位置并顺时针旋转，以把铜管夹紧。

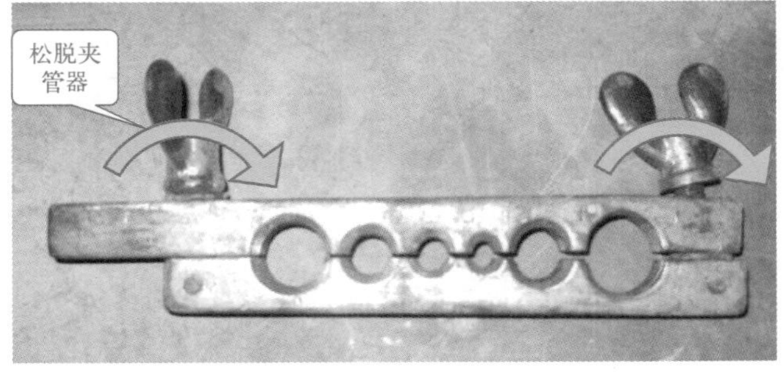

③ 用杯形胀头对准铜管口，顺时针转动胀管器，以使两侧卡槽固定住夹管器，慢慢用力旋动丝杆，直到把管口胀压成杯形状。

扩喇叭口的操作与扩杯形口类似，只是要求更高些。采用锥形胀管头，铜管的管口预留 2cm。扩好的喇叭口要均匀，大小适中，口内平直无歪斜、无划伤和凹陷。扩喇叭口的步骤如下。

① 将准备胀口的管口留出 2cm 左右，如下图所示。

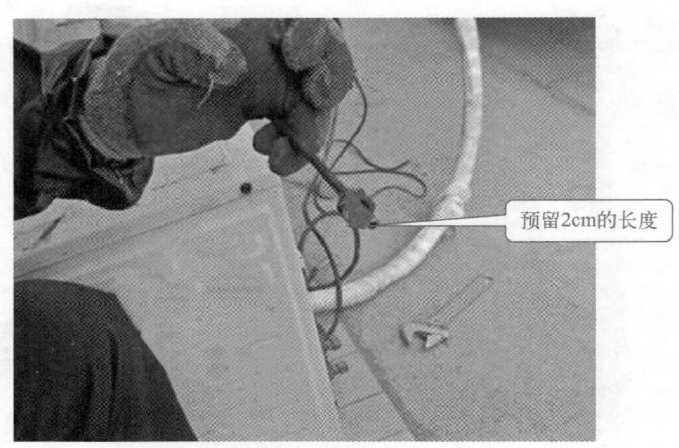

② 在夹管器中选择适合铜管粗细的孔眼，如下图所示。

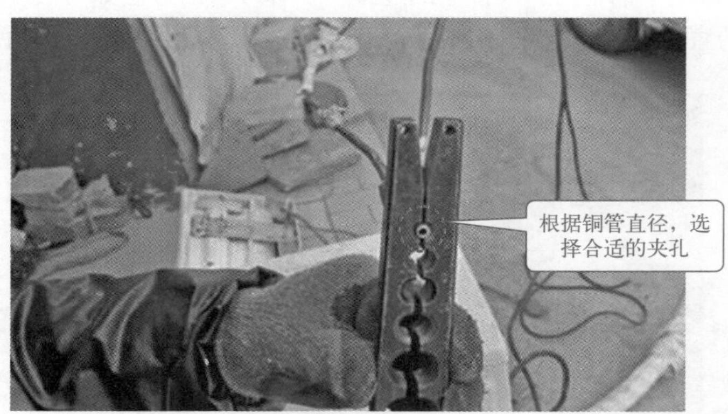

③ 将设备安装到夹具孔眼处，转动丝杆，直到胀口为止，如下图所示。

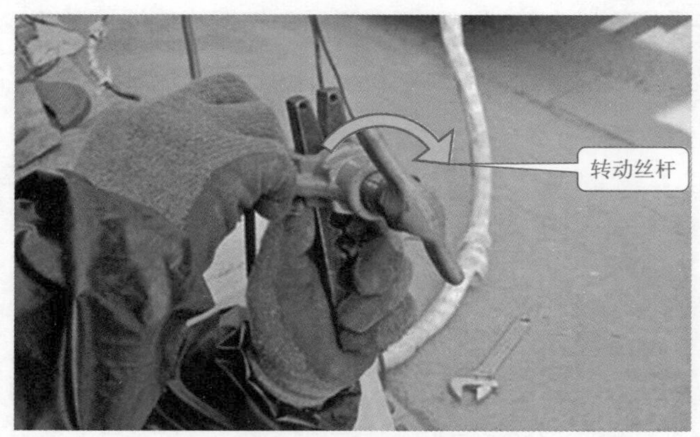

④ 取下扩口头，然后检测胀口的铜管边缘应该光滑均匀，如下图所示。

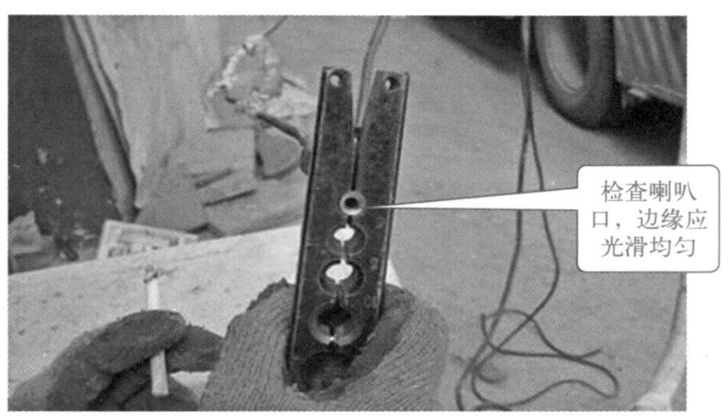

小提示：

下图为胀裂的铜管，此喇叭口无法使用。

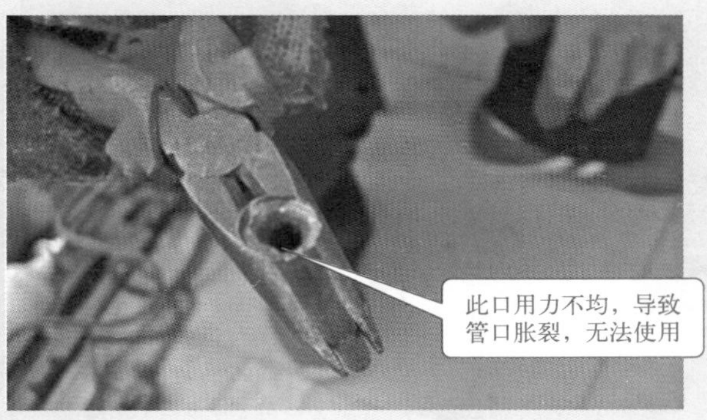

购买胀管器、扩口器时应选择公制式，而不能选择英制式的。

（5）三通维修阀

三通维修阀也叫三通修理阀，简称维修阀或修理阀，它主要的作用是将空调器的制冷系统与压力表、真空泵、制冷剂瓶、氮气瓶等维修设备进行连接，并对维修设备起切换作用。常见的三通维修阀如下图所示。

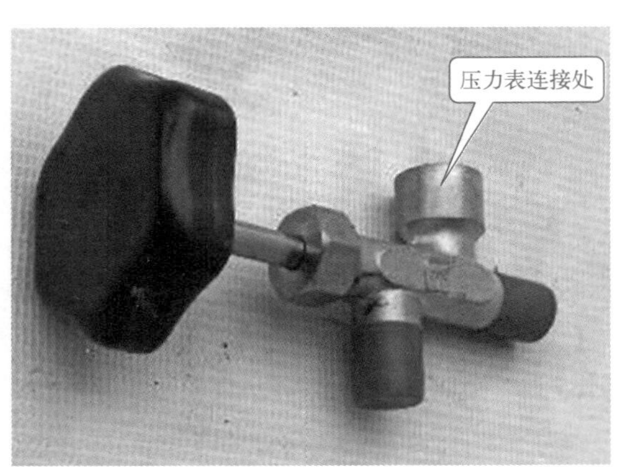

维修阀的上管口有内螺纹，可安装压力表，下管口连接真空泵等维修设备，侧管口连接制冷系统，如图所示。

转动手柄可打开或关闭阀门，并且还可以控制阀门打开的程度。阀门打开时接通的是下管口与侧管口，阀门关闭时将下管口与侧管口切断。而上管口和下管口不受阀门的控制，始终是接通的。这样，制冷系统与压力表始终相通，随时可监测系统内的压力，而通过阀门的控制可为系统加注氮气或制冷剂。

（6）压力表

压力表全称真空压力表，将它连接到压缩机工艺管口或制冷管路其他管口，就可监测制冷系统内压力的大小，便于抽真空、加注制冷剂。常见的压力表及其与三通维修阀连接如下图所示。

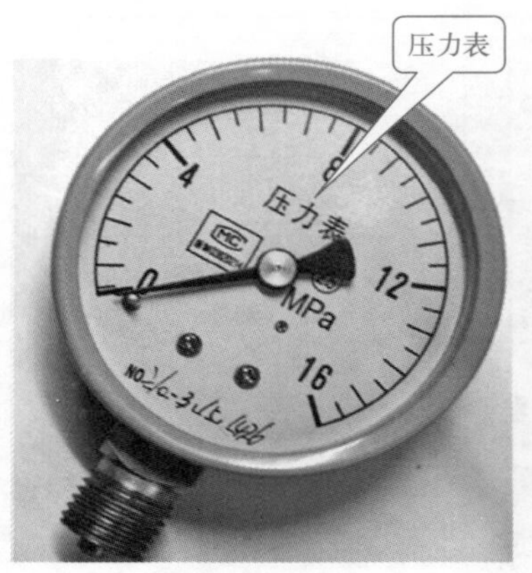

（7）加液管

空调器维修时加注制冷剂、抽真空使用的软管，通常称为加液管。维修空调器使用的加液管有两种：一种是软管两端安装的都是公制接头；另一种是一端安装的是公制接头，另一端安装的是英制接头。典型加液管如下图所示。

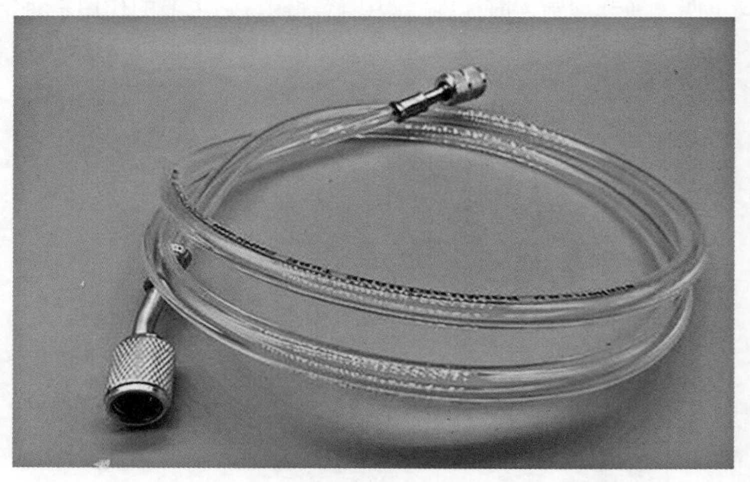

连接压力表、三通检修阀等工具，可以为空调进行检压操作，如下图所示。

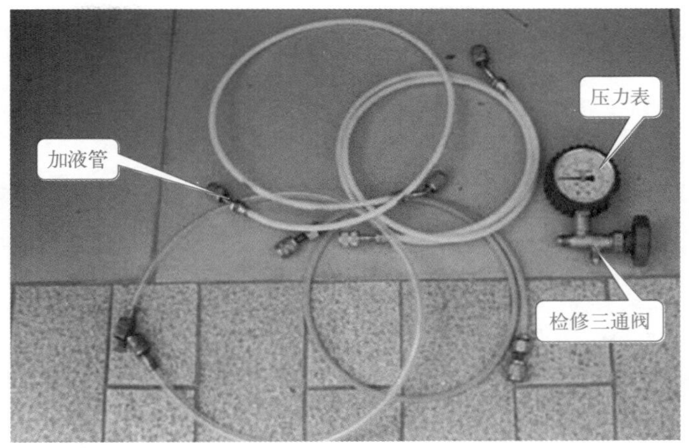

注意：连接管有公制和英制之分，其内部接口不同，如下图所示。

检压操作步骤如下。

① 顺时针旋转三通阀手柄到底以关闭阀门，如下图所示。

② 公英制加液管的公制管口连接到压力表所接三通阀的侧管口，英制管口连接到室外机三通截止阀的维修管口，使压力表与制冷系统连接，此时压力表显示的读数就是制冷系统的压力值，如下图所示。

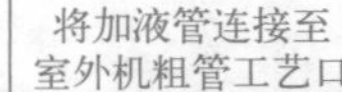

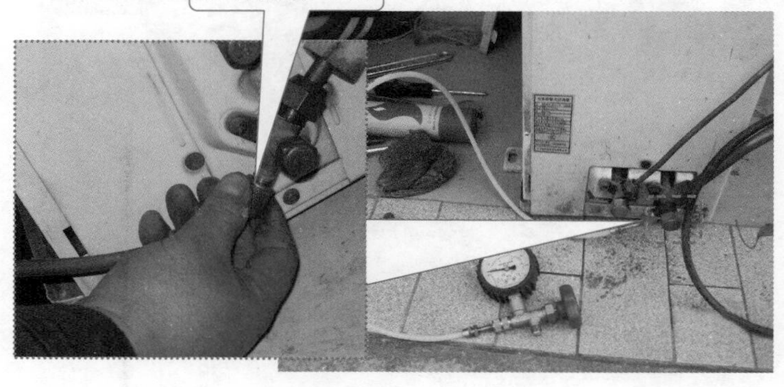

(8)复合维修阀、压力表组件

复合维修阀、压力表组件俗称复合压力表，就是将一块低压压力表、一块高压压力表、加液管组合在一起，这样在维修空调器时，更容易与空调器的室外机的截止阀、制冷剂钢瓶等连接。常见的复合维修阀、压力表组件如下图所示。

使用复合表阀可以完成为空调系统检查压力的操作，步骤如下。

① 将压力表底部护帽拧下， 如下图所示，红蓝两线与表头连接。

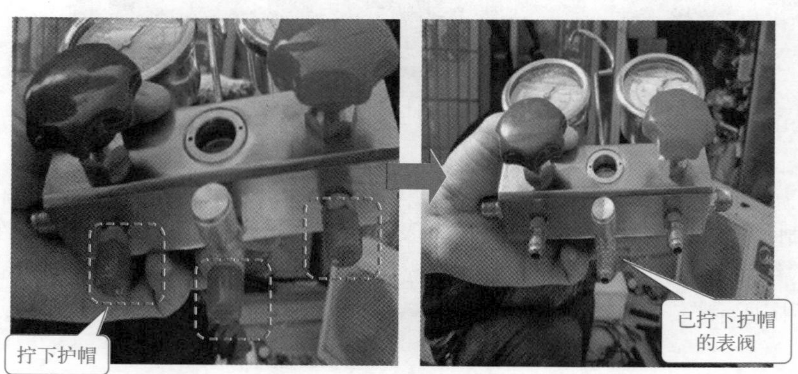

② 软管一端连接到减压阀的管口，另一端连接压力表，将复合表阀阀门关闭，如下图所示。

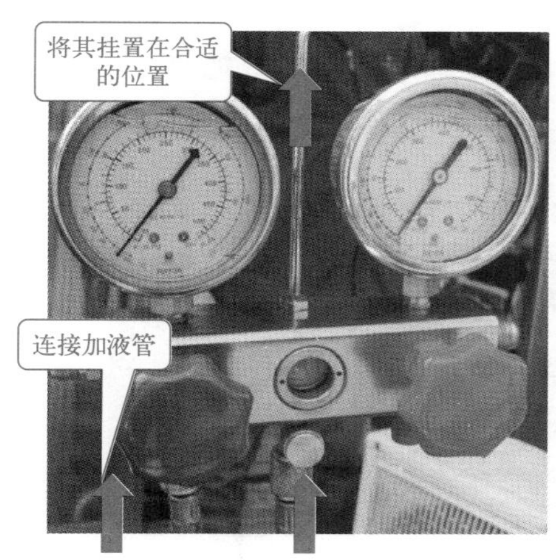

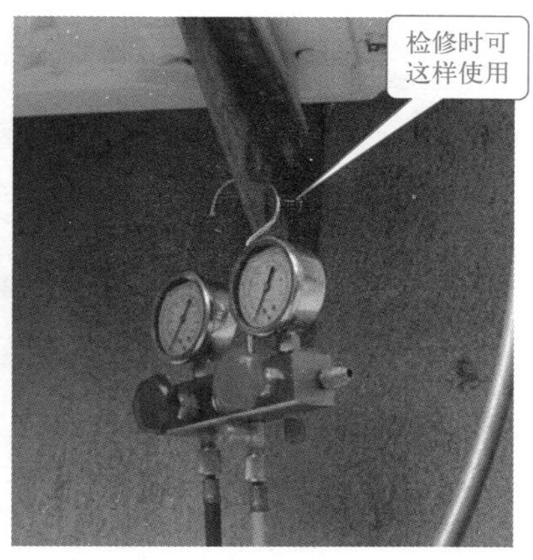

（9）真空泵

空调器的制冷系统中不允许存在不凝性气体和水分，而空气和打压用的氮气属于不凝性气体，所以为制冷系统加注制冷剂前必须进行抽真空操作。普通维修通常采用小型真空泵，它是专门用于空调器抽真空，具有抽真空速度快、效果好等优点，但其价格较高。常见的小型真空泵如下图所示。

空调器维修一般使用 2 ～ 4L/s 真空泵。使用真空泵前要检查油位，油位标注在真空泵背后，需要将其调转，正常使用的真空泵油位应高于标注的最低油位线，如下图所示。

如果油位过低，则要先对真空泵加注相应型号的真空泵油，以免损坏真空泵。

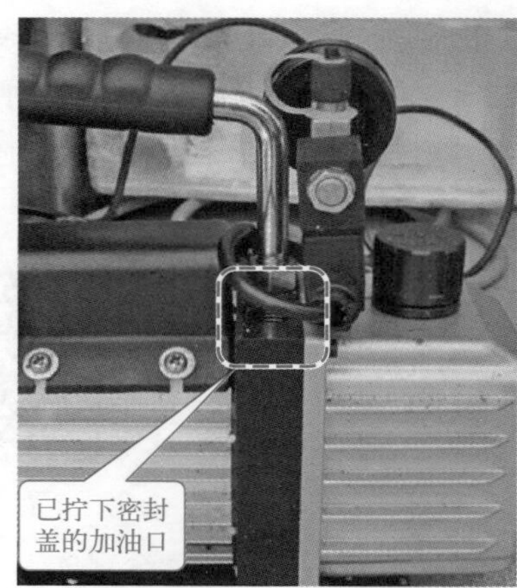

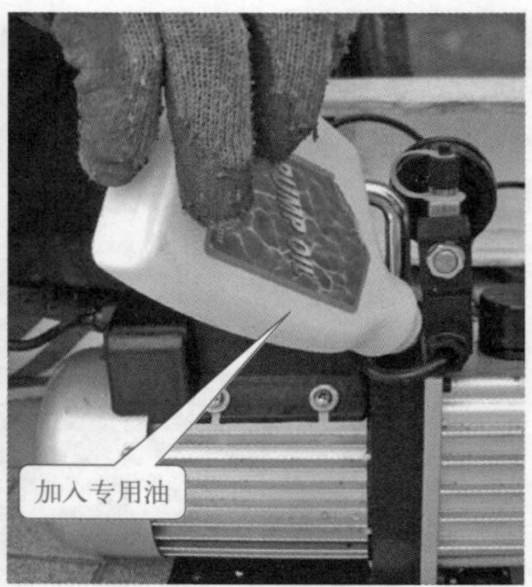

① 分体空调器整机抽真空步骤　选择合适的位置（此室外机悬挂在高处，所以需要用布条将真空泵挂起来），将真空泵固定，如下图所示。

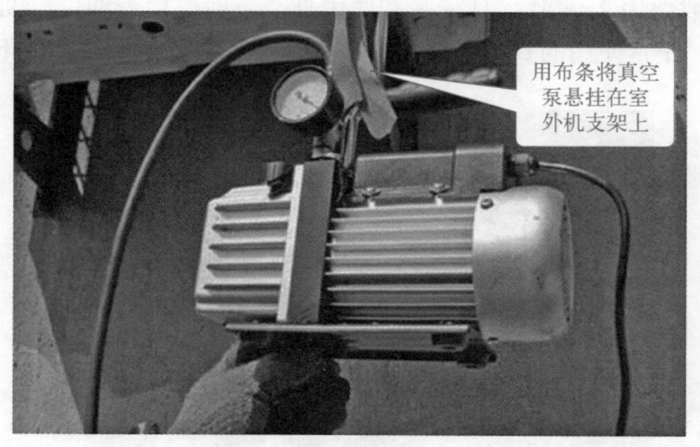

将真空泵蓝色线连接室外机三通阀，如下图所示，并拧紧室外机接头，连接好真空泵电

源，打开开关开始抽真空。

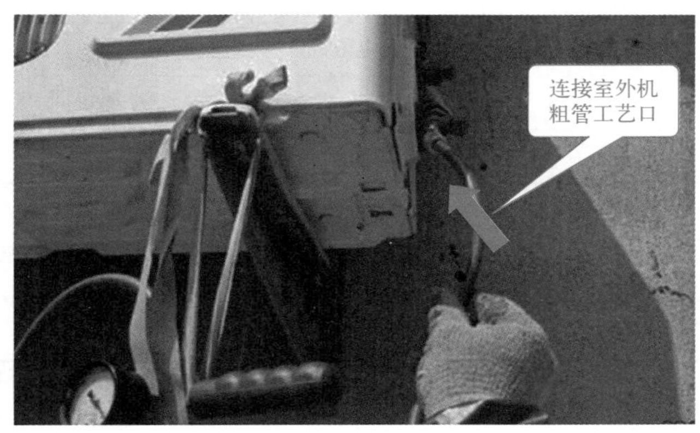

抽真空时间一般为 40min 左右。抽真空结束后关闭真空泵开关，保压半小时，观察压力表，如果有微量回升是正常的，如果变化太大，说明制冷系统有泄漏。

② 分体空调器室外机单独抽真空　这种方法适用于室外机拉回店内修复，抽真空完毕后，需要给室外机加注好制冷剂（同空调器出厂时），然后再拉到目的地安装好即可。

室外机单独抽真空方法与前面所述操作基本一样，只是真空泵接的是二通阀，抽真空的时间依然是 40min 左右，此处不再赘述。

（10）气焊设备

气焊设备主要用于制冷管路之间的连接与拆卸。常见的气焊设备有氧气 - 乙炔焊接设备、氧气 - 液化气焊接设备、便携式气焊设备三种，维修人员多采用便携式气焊设备。常见的便携式气焊设备如下图所示。

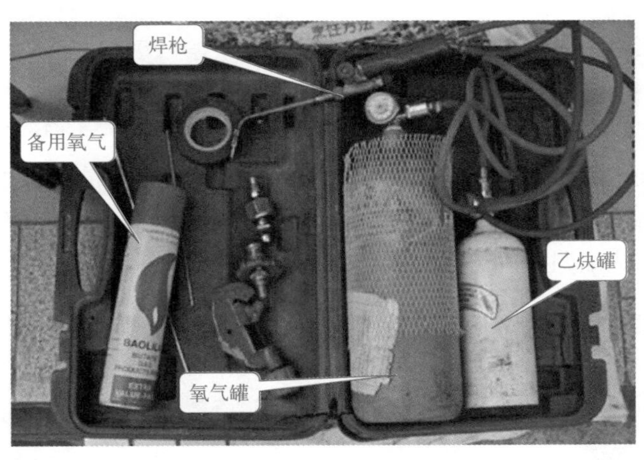

① 焊接前的准备

a. 焊条选择：空调器的管道、管件均为铜质材料，铜管与铜管之间的焊接应选择磷铜焊条。

b. 管道打磨：用零号砂布对焊接部位 1 ～ 2cm 范围打磨至呈现铜本色。

空调原有管路直接打磨即可；未安装铜管打磨时管口最好向下，以免脏物进入管路内形成脏堵。

c. 管道插接：操作时需按要求进行，否则会影响焊接强度及管道通畅。采用铜管套焊时，细管伸入粗管的合理长度和两管的间隙见下表所列。

管径	＜ 10mm	10 ～ 20mm	＞ 20mm	25 ～ 35mm
间隙 /mm	0.06 ～ 0.1	0.06 ～ 0.2	0.06 ～ 0.26	0.06 ～ 0.55
伸长度 /mm	6 ～ 10	10 ～ 15	15 以上	15 以上

d. 铜管加热温度的识别：用气焊焊接时，加热的时间不宜过长，以免结合部位氧化，同时加热要均匀。焊接时，铜受热后颜色随温度不同而变化，其颜色的变化反映了温度的高低，见下表。

颜色	白天可见	暗红	鲜红	浅红	橙色	黄色	浅黄	白色	白面有光
温度 /℃	525	600	725	830	900	1000	1080	1180	1300

e. 火焰点燃和关闭：点火焰时依次打开氧气瓶、乙炔瓶的阀门→打开焊枪上的乙炔阀→打火机置于焊嘴下部 5cm 且与焊嘴垂直点火（见下图）→点燃火焰后立即打开焊枪上的氧气阀。

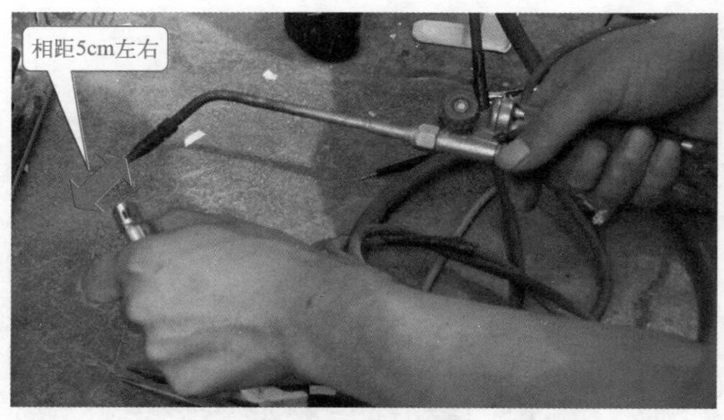

外焰点燃火焰初始，因乙炔和氧气比例不同，可能是氧化火焰或碳性火焰。如呈现碳性火焰，可减小乙炔量或增大氧气量，将火焰调整为中性；如呈现氧化火焰，可调小氧气阀门或开大乙炔阀门，将火焰调整为中性。如下图所示。

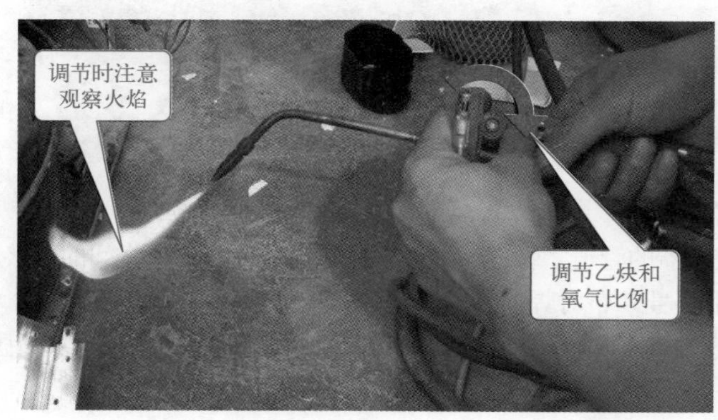

② 焊接操作　选择合适的焊条→焊接部位打磨干净→管口插接好→点燃火焰→调整火焰至中性→调整火焰长度至适中→焊接→焊接完成，关闭火焰。

在上述操作中，关于火焰的调整介绍如下。

a. 调整火焰至中性。图（c）所示中性火焰是气焊要求的火焰，火焰总体呈现紫色，分三个层次。图（a）所示碳性火焰的乙炔量大，若使用此火焰焊接，会将炭粒带入金属焊接部位，影响焊料的流动。图（b）所示氧化焰的氧气量过大，焊接时容易烧坏铜管和造成铜管变形、断裂等。

(a) 碳化焰

(b) 氧化焰

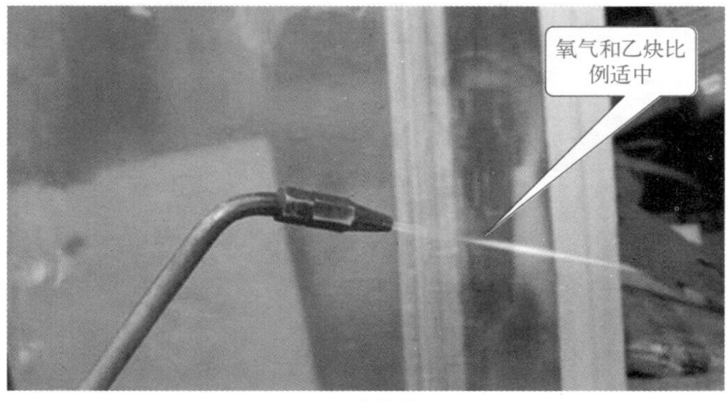

(c) 中性焰

> 提示：
> 中性火焰：有内焰、中焰、外焰。
> 氧化焰：仅有内焰、中焰。
> 碳化焰：仅有中焰、外焰，点燃火焰初始，因乙炔和氧气比例不同，可能是氧化火焰或碳性火焰。

如呈现碳性火焰，可减小乙炔量或增大氧气量以将火焰调整为中性；如呈现氧化火焰，可调小氧气阀门或开大乙炔阀门，将火焰调整为中性。

b. 调节火焰长度至适中。火焰长度也有三种：火焰过大（火焰窜动）、适中、过小。火焰过大或过小均不利于焊接，导致焊接部位铜氧化。铜管焊接要求的火焰长度为 20 ～ 30cm，毛细管焊接要求的火焰长度为 10 ～ 15cm。火焰由大调小步骤：将火焰调至中性后，先减少氧气量→出现羽状火焰→减少乙炔→调为中性火焰。

火焰由小调大步骤：在中性火焰的基础上先加大乙炔量→羽状火焰变大→加氧气量→调为中性。

c. 用中焰对粗管中部加热。

● 用中性火焰的中焰（距焰心顶部 2 ～ 3cm）对粗管口的中部加热，至粗管被加热至暗红色，如下图所示。

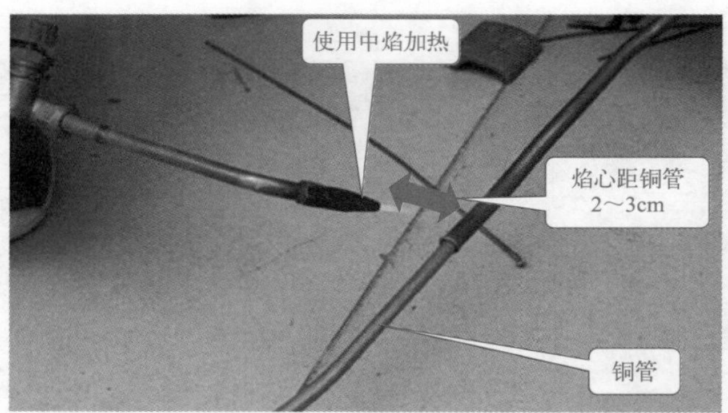

● 把焊条放置于两管口之间，加热部位随之移到两管口之间，如下图所示。

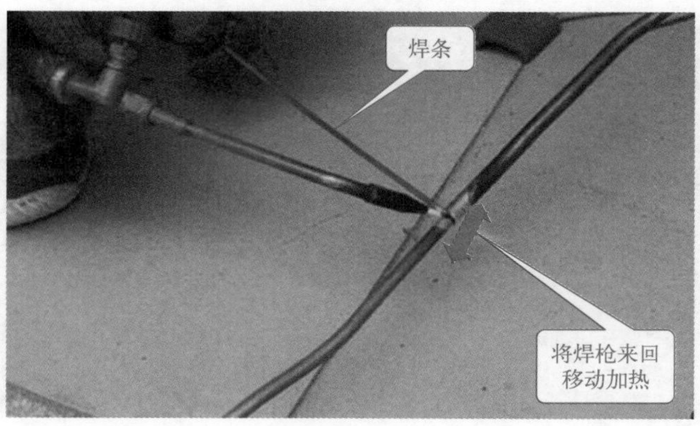

● 当焊料熔化流向两管间隙处，随之把焊条移到焊缝下部（焊条放置时也可先下后上）；

待焊接部位全部被熔化的焊锡均匀包围，且焊料覆盖接口处左右 0.8cm 以上，即可移出焊枪并关闭，如下图所示。

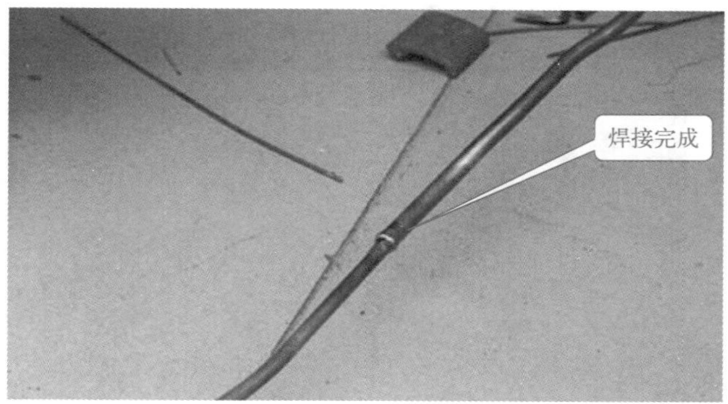

d. 焊接部位清洁及质量检测。焊接完毕，在空气中自然冷却后，用干布将焊接处擦拭干净（注意，用不带油污和水分的布）。焊接部位光滑，焊料应冒出管接头处 0.8mm 以上，内部管路畅通，下图所示为不符合要求的焊接管口。

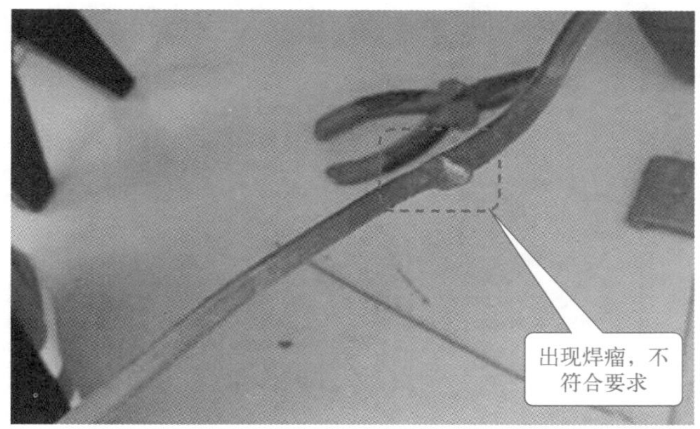

（11）制冷剂瓶

制冷剂瓶就是存储制冷剂的钢瓶。常用的制冷剂瓶的质量为 3 ～ 40kg，实物外形如下图所示。

分体机加注制冷剂步骤如下。

① 抽空后加注制冷剂　这种方法适用于真空泵已对整机抽真空后。具体操作如下。

a. 制冷剂瓶通过双公制、公英制系统、压力表与室外机三通截止阀的维修管连接，所用工具如下图所示。

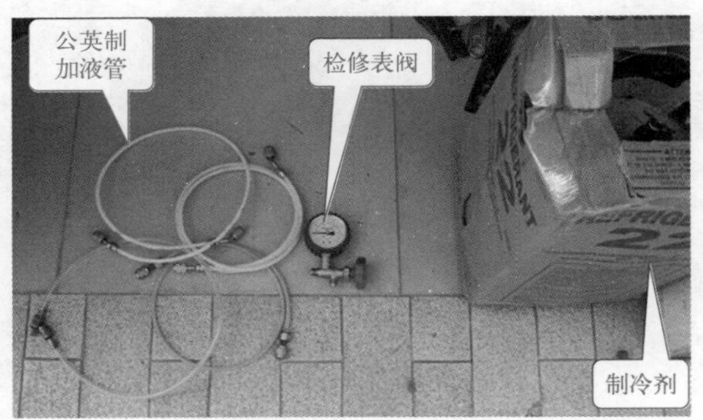

b. 将加液管一端连接至粗管工艺管口，另一端连接 R22 制冷剂，如下图所示。

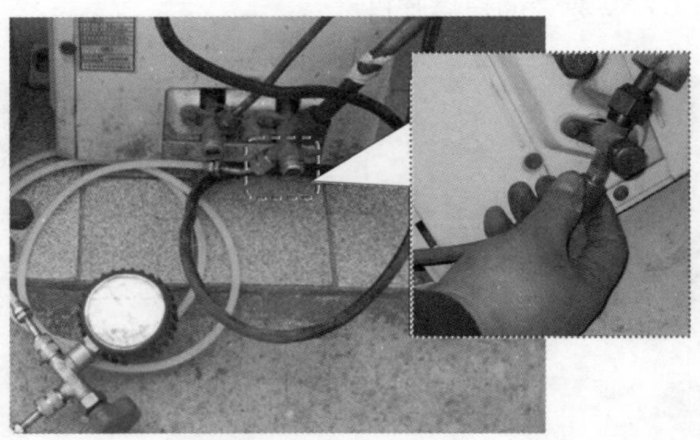

c. 将制冷剂瓶倒置，加注制冷剂至一定量，如下图所示。然后将瓶正置加至制冷剂适中，试机观察制冷（热）效果。

② 未抽真空直接加注制冷剂　此操作是利用压缩机的吸、排气功能将制冷系统的空气排出后，再加注制冷剂，按前面操作步骤进行的同时打开空调器。这种方法适用于制冷剂全部或大部分泄漏的情况，其他与前面所述方法相同，此处不再赘述。

（12）氮气瓶

氮气瓶就是存储氮气的钢瓶。氮气瓶配有减压阀、输气管，如下图所示。

> 提示：
> 氮气主要用于打压查漏和制冷系统冲洗。目前，维修人员在上门维修空调器时，大多采用空调器的自身压缩机或携带的压缩机来打压。

（13）冲击钻

冲击钻配上相应钻头可以在不同的物质上进行钻孔。相比普通电钻冲击钻的振动钻孔能力更强，更适合在混凝土、石材等上面进行钻孔。冲击钻的好处是冲击力小，避免了对易碎材料的破坏。典型的冲击钻和钻头如下图所示。

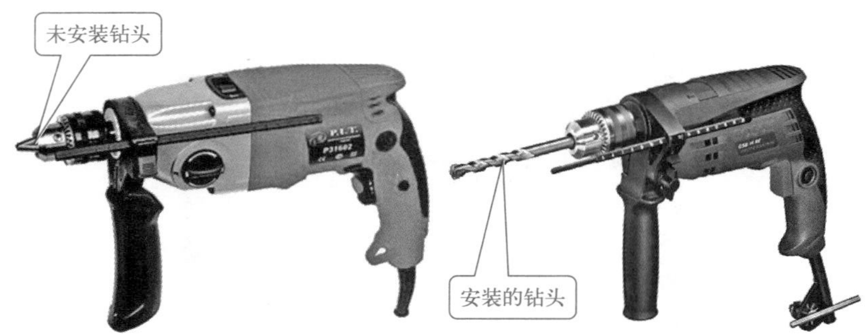

（14）水平尺

水平尺是用于安装空调器时对室内机、室外机水平度进行测量、校正的工具，确保它们安装后平稳、不倾斜，将空调器的噪声降到最低。典型的水平尺如下图所示。

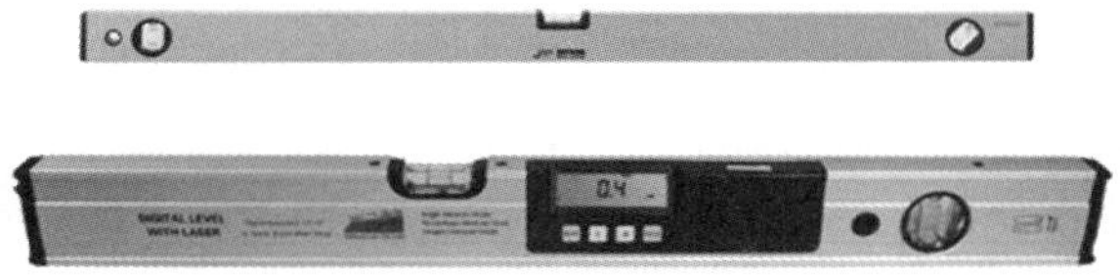

2.1.3 空调检修仪表

空调器检修仪表不多，常用的主要有万用表、电流表等。

（1）指针式万用表

指针式万用表显示数值是以指针方式来显示，其外形如下图所示。

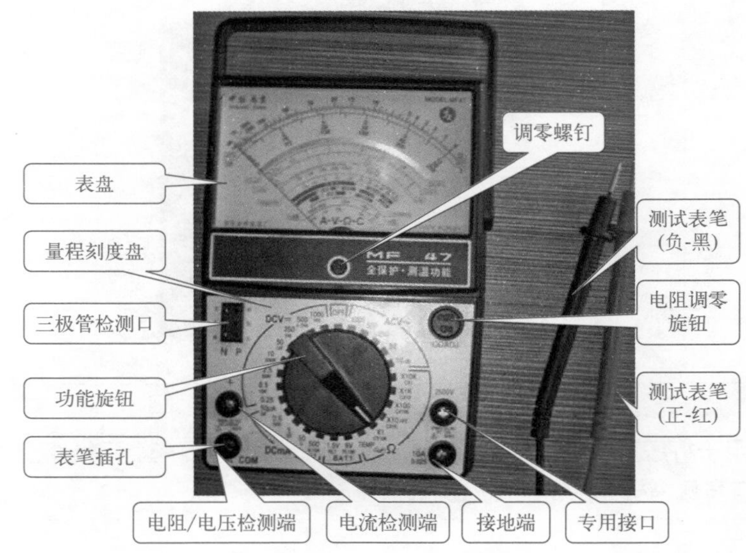

1）基本构成

① 表盘　表盘是供万用表工作时读取测量数值的。

由于万用表的功能很多，因此表盘上通常有许多刻度线和刻度值。MF47 型指针式万用表表盘如下图所示，它上面有 8 条同心的弧形刻度线，每一条刻度线上还标识出了许多刻度值。

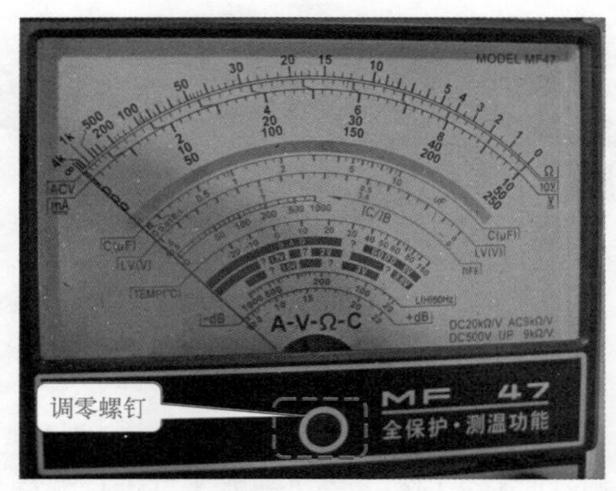

② 表头调零螺钉　如上图所示，调零螺钉位于表盘下方的中央位置，它的作用是对万用表进行机械调零。

在正常情况下，指针式万用表的表笔开路时，指针应指在左侧 0 刻度线的位置。如果不在 0 位，就必须进行机械调零，以确保测量的准确。

③ 功能开关　如下图所示，功能开关位于指针式万用表的主体位置，它由功能旋钮和量

程刻度盘两大部分构成。从图中可以看到，位于中间的旋钮就是功能旋钮，旋钮的周围是量程刻度盘，上面标有挡位及量程。

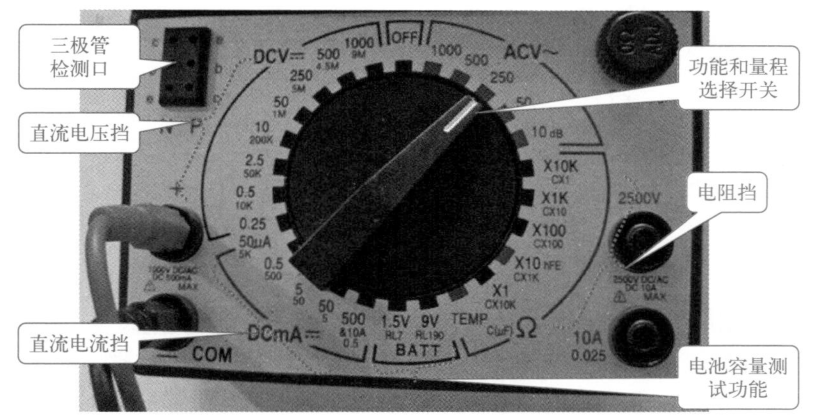

④ 三极管测量端口　三极管测量端口有两组，位于操作面板右侧，专门用来对三极管的放大倍数（h_{FE}）进行检测。

检测时，首先将万用表的功能开关旋至“h_{FE}”挡位，然后将待测三极管的 3 个引脚依次对应插入 3 个小插孔中即可。字母 c、b、e 分别表示三极管的 3 根引线的名称，即集电极、基极、发射极。

⑤ 表笔及表笔插孔　万用表有两支表笔，分别用红色和黑色标识，它们用于待测电路或元器件与万用表之间的连接。

2）基本功能的使用　测量电压、电流和电阻是万用表的基本功能，也是在电路检测、故障检修中最常用的功能。

① 测量直流电压　如下图所示，在判断三极管放大器工作是否正常时，就需要测量三极管放大器中偏置电阻上的直流电压。将表笔插入相应的插孔内，功能开关置于直流电压挡，将万用表的红表笔接到电压高的一端，黑表笔接到电压低的一端，即可测出直流电压。

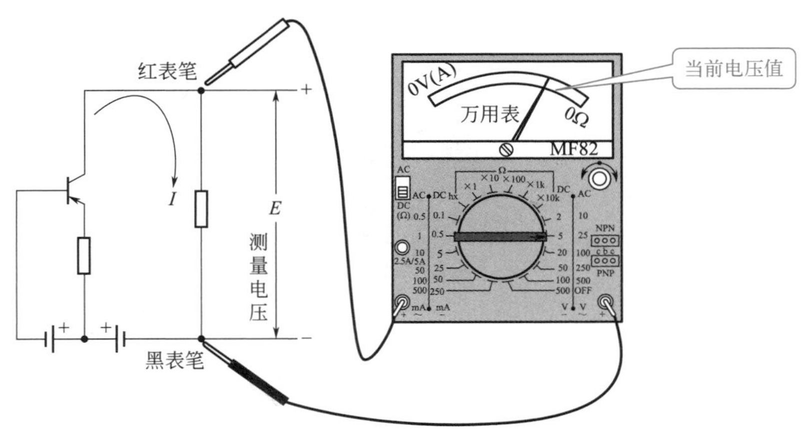

② 测量直流电流、交流电压、交流电流和电阻

a. 测量电压时，不要切断电路，而测量电流时则需要切断被测部位的电路，将万用表串接在电路之中，如下图所示。

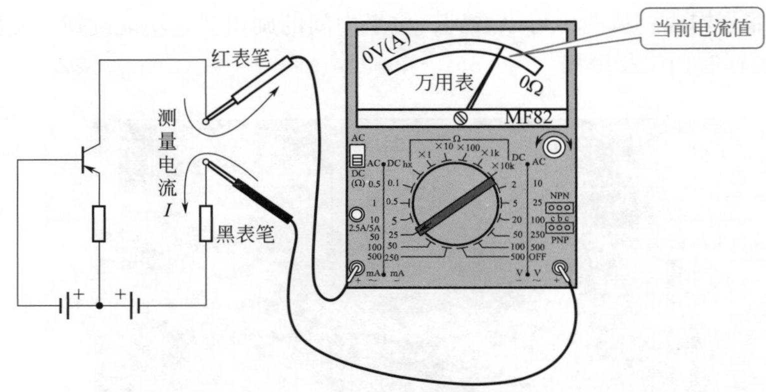

b. 用指针式万用表测量时，要注意电路是直流电路还是交流电路。如果是直流电路，则需要区分极性，即红表笔接在电压高的一端，黑表笔接在电压低的一端。数字式万用表则不需要区分极性，可直接测量。

c. 用指针式万用表测量电阻时，应先将两表笔短接看表针是否指在 0Ω 处。如不在 0Ω，需转动调零旋钮调零后，再进行实际电阻的测量。

d. 测量具有大电容电路中的电阻时，电容上的充电电荷必须放掉以后再测量，用几百欧的电阻短接电容器两端即可。

e. 测量叠加在直流电压上的交流分量时，可在表笔上串接一只 0.1μF 的电容，以便隔离直流分量。有些万用表中设有内置电容。

（2）数字式万用表

数字式万用表比指针式万用表更直观，使用也更加方便，其外形如下图所示。

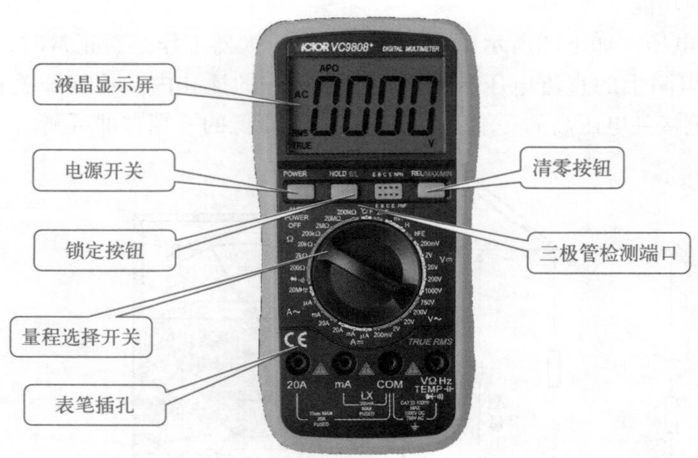

① 液晶显示屏　用来显示当前测量状态和最终测量数值。例如，若当前选择的量程为“200mV”，且在显示屏右上角显示“AC”字符，表示待测电路为交流电路，显示屏下部（小数点的下方）显示的“200”和显示屏右部显示的“mV”表示当前的量程为“200mV”，中间较大的数字即为测量的最终读数。

② 电源开关、锁定开关　其位于液晶显示屏的下方。

a. 电源开关：其上方标识有“POWER”字符，用于打开或关闭数字式万用表。

b. 锁定开关：其上方标识有“HOLD”字符，按下此按钮，仪表当前所测数值就会保持在液晶显示屏上，并出现“H”符号，直到再次按下按钮时，“H”符号消失，退出保持状态。

③ 功能开关　如下图所示，功能开关位于操作面板的主体位置，跟指针式万用表的功能开关一样，它也是由功能旋钮和刻度盘两大部分构成，其测量功能包括电压、电流、电阻、电容、电感、二极管、三极管、温度及频率等的测量。

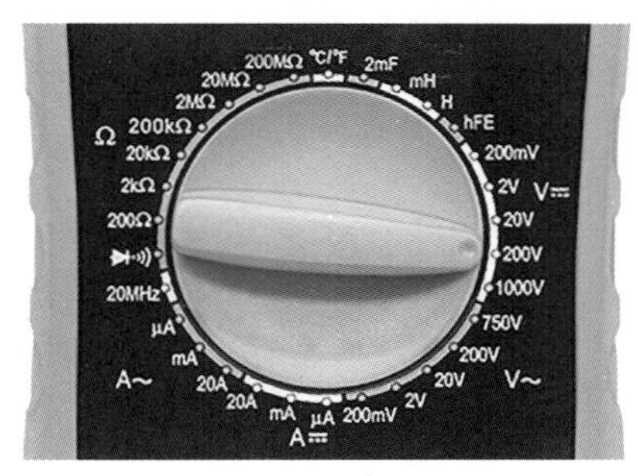

测量时，仅需旋动中间的功能旋钮，使其指示到相应的挡位及量程刻度，即可进入相应的状态。当前状态在液晶显示屏上也会有显示。例如，若要测量物体的温度，就需要把功能开关置于“℃ / ℉”处（根据自己的需要选择“℃”或者“℉”），即可进入温度测量状态。在液晶显示屏右侧会显示当前测量状态“℃”或者“℉”，中间较大的数字则为当前测量的温度值。

④ 三极管测量插口　功能面板的上方有一个略低于面板的小圆，由 8 个小孔围成一个圆形，每个孔旁都标有一个字符。它们分为两组，左半圆由左边的 4 个小孔组成，这 4 个小孔旁边分别标有“E”“B”“C”“E”，表示发射极、基极、集电极、发射极。可以发现有两个发射极插孔，在测量时，可选择其中一个与其他两个孔一起测量三极管的 3 根引线。同时在其下标有“PNP”，表示测量的为 PNP 型三极管。与其相对的右半圆是由另外 4 个小孔组成，与上面 4 个标识的含义一样，所不同的是在其下方标有“NPN”，表示这 4 个小孔是用来测量 NPN 型三极管的。

⑤ 表笔及其插孔　数字万用表也有两支表笔，分别用红色和黑色标识，它们用于待测电路或元器件与万用表之间的连接。

（3）钳形电流表

钳形电流表可以在不断线情况下检测电流，下图所示为数字式钳形表和指针式钳形表的实物外形。

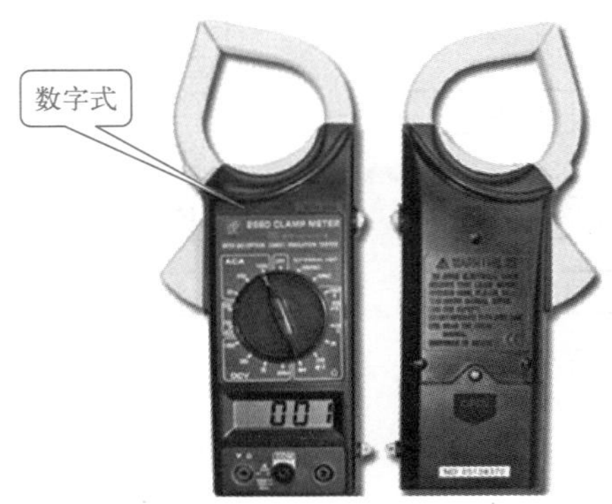

测量时钳形表只能卡住一根导线，否则将无法测量电流。如果钳形表具备测量电压的功能，那么钳形表还可以像万用表一样，对电路中的电压进行测量，因使用方法与前文的万用表类似，此处不再赘述。

2.2 空调器的检修技能

2.2.1 空调器的故障检修流程

空调器的故障虽然比较复杂，但也比较容易分类，根据故障现象，依照检修流程，就能快速判断故障原因，完成修复。空调器故障的检修流程如下图所示。

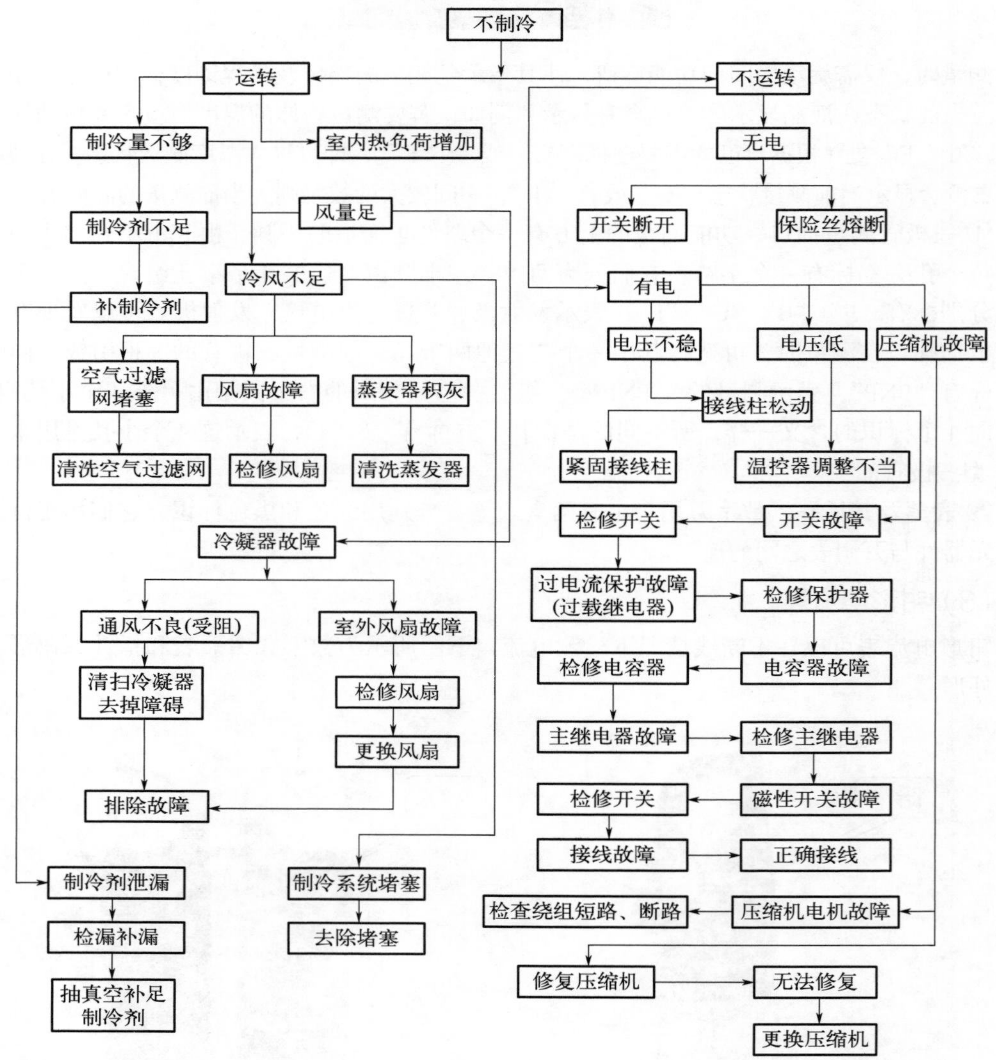

常见故障及其故障原因如下。

（1）制冷差

该故障大多是由于冷凝器（即室外热交换器）脏引起。

（2）不制冷（热）

该故障的主要原因是制冷系统泄漏。窗式空调器是高压侧（即冷凝器及连接管）泄漏，分体式空调器是室外机侧连接管口泄漏。

（3）噪声大

该故障主要是由共振引起的，少数是由风扇电机轴承有问题引起。

（4）不排水

该故障一般是排水管口堵塞引起的。

（5）压缩机不运转

窗式空调器和普通分体式空调器主要的故障原因是压缩机启动电容损坏，三相供电分体柜式空调器主要的故障原因是交流接触器损坏。

（6）压缩机保护

该故障一般是由于冷凝器脏所致，也可能是压缩机和室外风扇损坏。

2.2.2　制冷系统的故障检修

（1）通过观察检查

① 检查空调器出风口温度　空调器在正常制冷时，蒸发器温度一般在 5 ～ 7℃之间，空调器进、出风口温差在 8℃以上，因此在出风口应该有明显凉爽的感觉。

② 检查结露情况　正常情况下，往复式压缩机空调器从蒸发器、回气管到压缩机吸气管应结满露；旋转式压缩机空调器从蒸发器、回气管到气液分离器应结满露。

空调器结霜有以下几种原因：

a. 系统制冷剂不足；

b. 毛细管或膨胀阀微堵；

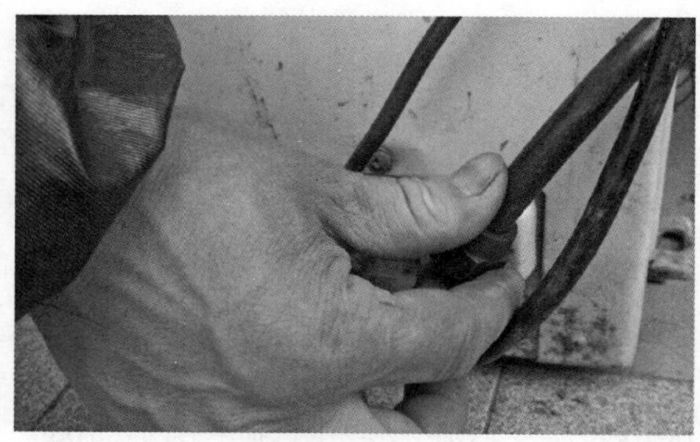

c. 冷凝器肋片积尘严重；

d. 冷凝器肋片倒塌严重；

e. 室外风扇转速太慢甚至不转；

f. 室外温度过高；

g. 压缩机效率降低，使排气量和高压压力降低。

毛细管和蒸发器结霜有以下原因：

a. 制冷剂不足；

b. 毛细管或膨胀阀微堵。

蒸发器至回气管都结霜，主要原因是蒸发器中制冷剂蒸发不充分。造成蒸发器中制冷剂蒸发不充分的原因有以下几种：

a. 蒸发器肋片上积尘严重，肋片倒塌严重；

b. 室内进、出风道堵塞，如空气过滤网积尘严重等；

c. 风扇故障，如转速太慢，甚至停转。

压缩机局部结露，一般由以下原因造成：

a. 制冷剂过量；

b. 膨胀阀阀孔开启过大。

③ 检查压缩机开、停机时间间隔　压缩机开停频繁有如下原因。

a. 温控器温差太小（正常时为 1.5 ～ 2℃）；

b. 温控器感温包太靠近蒸发器；

c. 空调器安装位置不当或有障碍物阻挡，使室内侧送风短路。

④ 检查空调器漏水情况　空调器漏水有以下原因。

a. 冷凝水盘积尘太多，排水孔堵塞；

b. 排水管被压扁或折弯等使排水管堵塞；

c. 室内低压管保温不好。

（2）通过空调器发出的声音进行检查

① 检查噪声　空调器的噪声主要来自压缩机的风扇，当风扇与箱体发生共振时，噪声变大，具体原因如下。

a. 空调器箱体安装不牢靠，固定螺钉松动；

b. 压缩机性能不好；

c. 电压不稳使压缩机不容易启动，造成热保护器频繁动作；

d. 压缩机固定螺钉松动；

e. 风扇电机性能不好；

f. 风扇扇叶变形；

g. 风扇扇叶碰擦到导线或箱体的其他部分；

h. 固定风扇扇叶螺钉松动，使扇叶与电动机轴发生相对运动；

i. 制冷系统管路之间发生碰擦。

② 听制冷剂气流声　空调器压缩机运转时，如果毛细管或膨胀阀出口处无气流声，一般是系统完全堵塞；如果毛细管或膨胀阀出口处气流声断断续续，一般是系统部分堵塞。

（3）触摸检查

① 检查系统高低压温度　冷凝器温度一般为 40 ～ 50℃，蒸发器回气管温度为 15℃左右。制冷系统正常时，用手触摸可以感觉到冷凝器发热、回气管发凉，否则说明制冷系统不正常。

② 检查排气管和压缩机温度　压缩机排气管正常温度为 70 ～ 90℃，往复式压缩机机壳温度一般是 60 ～ 90℃，旋转式压缩机机壳温度一般是 90 ～ 110℃。温度超出此范围属不正常，一般有以下几种原因：

a. 压缩机性能不好；

b. 环境温度过高；

c. 制冷系统微漏，使回气管温度过高；

d. 系统微堵，使回气过热度提高；

e. 冷凝器散热不好；

f. 制冷系统中混入空气。

③ 检查四通换向阀温度　热泵型空调器中有四通换向阀，其故障率较高。正常情况下，四通换向阀的电磁控制阀上左右两端的毛细管应该一根较热，另一根较凉，如果两根都烫手，则说明换向阀换向不完全。此时，空调器既无冷气吹出，也无热气吹出，工作电流较正常值小。造成这种情况一般有以下原因：

a. 制冷系统的制冷剂泄漏或堵塞，使换向阀的高低压压差减小，致使换向阀换向困难；

b. 换向阀活塞密封不严，发生泄漏；

c. 压缩机性能不好，排气压力低，使换向阀换向困难；

d. 换向电磁阀本身存在故障，如活塞密封不严，发生漏气等。

④ 检查压缩机和风扇电机的振动情况　用手接触压缩机，可以感觉出压缩机振动的大小。制冷正常时，压缩机的振动越小越好。用手接触风扇电机，如果振动较大，则一般为扇叶不平衡所致。

（4）闻有无烧焦的气味

空调器的电气部分，如风扇电机、继电器线圈、电源变压器及电阻等，在温度过高时都会发出烧焦的气味。此时，应马上关机，通过触摸或观察，很容易发现过热元器件。

（5）通过压力、温度等指标检测制冷系统

① 检测空调器进、出风温度　制冷时空调器出风温度为 12 ～ 16℃，进、出风温差一般为 8 ～ 14℃。如果温差小于 8℃，则属不正常。造成进、出风温差不正常的原因有：

a. 制冷剂泄漏；

b. 制冷系统有堵塞或泄漏；

c. 气路有堵塞（空调器出风口有障碍物，使出风没有经过室内循环而直接回到进风口）；

d. 新风门敞开；

e. 冷凝器散热不良；

f. 制冷剂过多。

② 测量系统高、低压压力　在检修工具的章节中我们知道了可以检测空调的压力，在空调器高、低压修理阀处连接压力表，通过测量压力的大小对系统进行检查，其连接线路如下图所示。

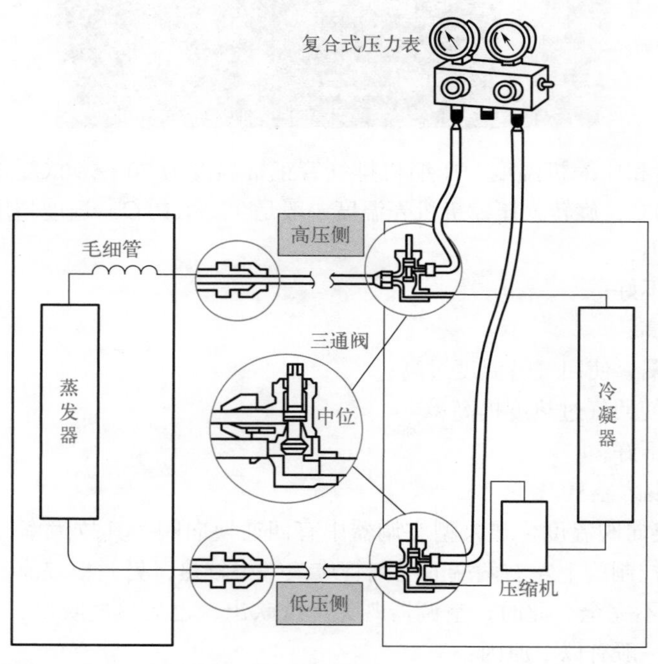

下表列出了典型温度和正常压力范围的对应关系。

制冷剂	室外温度/℃	低压系统		高压系统	
		吸气压力/MPa	蒸发温度/℃	排气压力/MPa	冷凝温度/℃
R22	30	0.47 ～ 0.5	4 ～ 6	1.25 ～ 1.4	35 ～ 40
	35	0.48 ～ 0.52	5 ～ 7	1.4 ～ 1.84	40 ～ 50
	40	0.58	10	2.2	58

造成低压压力偏高有以下原因：

a. 制冷剂充入过多；

b. 室内温度过高；

c. 室外热交换器换热效果不好（如进、出风气流短路，热交换器积尘太多，热交换器肋片倒塌等）；

d. 四通换向阀活塞密封不严，发生泄漏；

e. 压缩机效率降低；

f. 制冷系统中进入空气；

g. 膨胀阀开度过大。

造成低压压力为负压有以下原因：

a. 制冷剂泄漏严重；

b. 制冷系统堵塞严重；

c. 膨胀阀开度过小；

d. 膨胀阀感温包内部制冷剂泄漏。

造成高压压力偏高有以下原因：

a. 冷凝器积尘严重，散热不好；

b. 冷凝器进、排气口有障碍物，气流不畅通，导致进、排气流发生短路；

c. 室外风扇转速太慢，甚至不转；

d. 冷凝器肋片倒塌严重；

e. 制冷系统中进入空气；

f. 毛细管或膨胀阀部分堵塞。

造成高压压力偏低有以下原因：

a. 制冷剂泄漏；

b. 压缩机效率降低；

c. 毛细管或膨胀阀完全堵塞，使冷凝器温度降低，高压压力也相应降低。

2.2.3　制热系统的故障检修

如前文所述，冷热两用型空调器包括热泵型、热泵辅助电热型和电热型三种类型，家用空调器以前两种为主。

热泵型空调的制热系统与制冷系统基本一致，主要区别在于制冷剂气体流向相反，蒸发器转变为冷凝器，而冷凝器转变为蒸发器，气管压力由低压变为高压。一般情况下，如果制冷系统发生故障，制热时也不能正常工作。

（1）检测热泵型空调器的制热系统

热泵型空调器制热正常时，出风口温度为 36 ～ 45℃（室内风扇高速运转，室外温度为 7℃），室内机进、出风温差应大于 14℃，小于 14℃为制热不正常，当制热效果不好或不能制热时，除了工作在制冷状态下出现的故障外，还有以下几种。

① 电磁阀不能换向或换向不完全

a. 换向阀电磁线圈无电压（用万用表对电路进行测量，可以确定是否有电压）。

b. 换向阀电磁线圈烧坏（通过用万用表测量其导通与否）。

c. 四通换向阀阀体内活塞上的泄气孔堵塞。

d. 四通换向阀上的毛细管堵塞。

e. 四通换向阀与电磁导向阀相通的右气孔关闭不严。

制冷系统泄漏或压缩机性能不好，排气压力低也可以导致电磁换向阀不能换向或换向不完全。当排除系统泄漏、堵塞或压缩机故障后，一般可以确定故障在电磁换向阀。

② 节流元件工作不正常　下图所示为热泵型空调器的制热工况与制冷工况不同的工作过程。

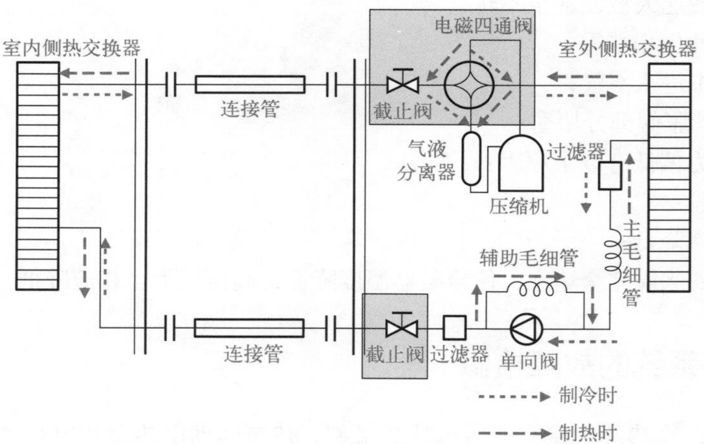

a. 制热时，为了从室外低温状态下获取更多的热量，需要室外热交换器（蒸发器）温度更低，因此要增大系统高、低压压差，在主毛细管的基础上又增加了辅助毛细管。

b. 制冷时，单向阀将辅助毛细管短路，只有主毛细管起作用。当只有辅助毛细管堵塞时，制冷可以正常进行，制热气路不通，不能制热。

有些热泵型空调器有两组毛细管和两个单向阀，空调器制冷时，只有毛细管 2 参与节流，毛细管 1 被单向阀 1 短路，如下图所示。空调器制热时只有毛细管 1 参与节流，毛细管 2 被单向阀短路。因此，当只有毛细管 1 被堵塞时，虽然空调器制冷正常，但制热时气路被堵塞，空调器无法正常工作。

③ 室外环境温度过低　热泵型空调器制热是有条件的：对于无除霜装置的热泵型空调器来说，室外温度要高于 5℃；对于有除霜装置的热泵型空调器来说，室外温度要高于 −5℃。如果室外温度过低，空调器就无法正常制热。

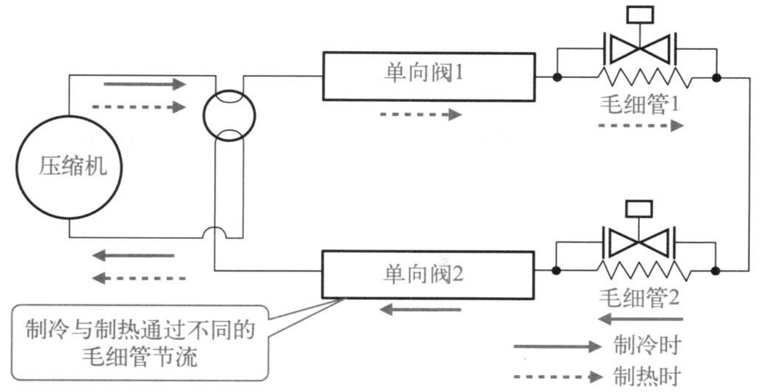

④ 化霜温度控制器出现故障　如下图所示，化霜温度控制器有液体膨胀式、热动簧片式和热控管式。无论是哪种控制器，发生参数变化、触点氧化或导线断开等故障，都会造成无法化霜，导致空调器不能正常制热。

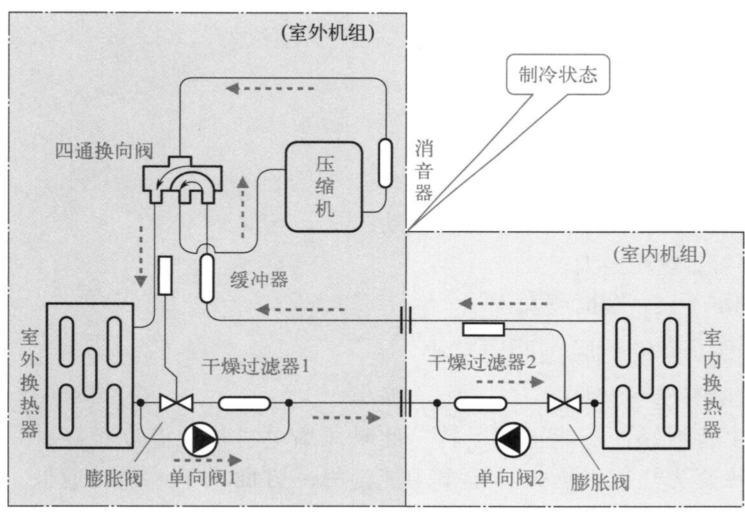

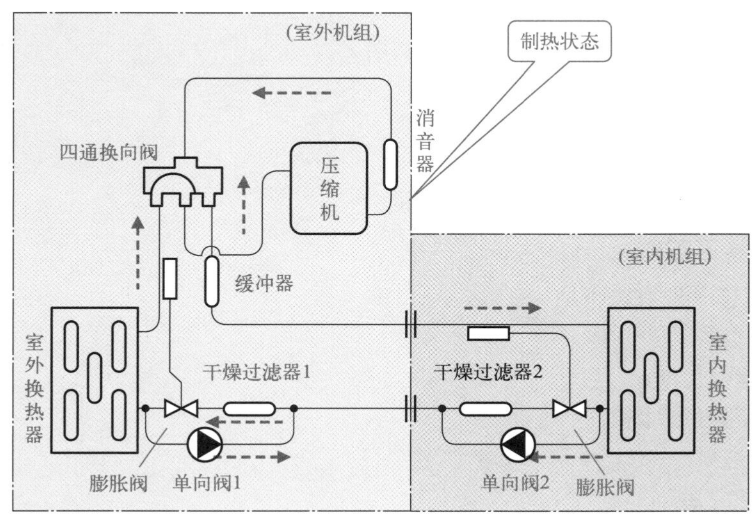

⑤ 检测热泵辅助电热型空调器的电热系统　电热器不能加热有以下原因：

a. 温度保险丝熔断；

b. 电热器开关接触不良；

c. 电热器断路。

2.2.4　通风系统的故障检修

（1）风扇电机不转

风扇电机不转有以下原因：

① 叶片卡在外壳上；

② 风扇电机轴承损坏；

③ 风扇电容损坏；

④ 选择开关接触不良；

⑤ 风扇电机线圈开路。

（2）风扇噪声大

风扇噪声大有以下原因：

① 风扇扇叶变形，运转时不平衡引起噪声；

② 风扇扇叶与电机轴连接的紧固螺钉松动；

风扇性能不好，电磁声大；

风扇电机轴承不良，摩擦声大。

（3）室内侧、室外侧风量明显减小

发生这种故障有以下原因：

风扇电机性能不好，不能正常运转，此时风扇电机往往温度过高，一方面电机将很大一部分电能转变为热能，损失了很多动能，另一方面由于风扇转速低，电机降温受到影响；

室内侧空气过滤器积尘太多，使气流无法顺利通过；

室外侧热交换器积尘太多或肋片大面积倒塌。

2.2.5　电气系统的故障检修

空调器的电气故障一般表现为以下几方面。

（1）空调器不工作

空调器不工作一般有以下原因：

① 电源无电压；

② 电源保险丝熔断；

③ 电源电压偏低或偏高；

④ 温控器故障；

⑤ 电路开路或短路。

（2）压缩机发出“嗡嗡”声而不能运转

压缩机发出“嗡嗡”声而不能运转一般有以下几种原因：

① 电压偏低；

② 启动电容器故障；

③ 电压启动继电器故障；

④ 压缩机故障，电动机绕组短路、开路，绝缘不好，卡缸、抱轴等；

⑤ 线路断开，使压缩机启动绕组或运转绕组中无电流通过。

（3）风扇电机运转而压缩机不运转

风扇电机运转而压缩机不运转一般有以下原因：

① 温控器故障；

② 压缩机启动继电器故障；

③ 压缩机热保护继电器故障；

④ 压缩机启动电容器或运转电容器故障；

⑤ 压缩机电机故障；

⑥ 压缩机线路故障。

（4）空调器冷热不能切换

出现这种情况一般有以下原因：

① 电磁四通换向阀电磁线圈烧毁；

② 除霜控制器故障；

③ 操作不当；

④ 电热式空调器的电热器故障。

（5）热泵型空调器不能正常化霜

出现这种情况一般有以下原因：

① 除霜控制器触点损坏；

② 除霜控制器失灵；

③ 除霜控制电路导线开路；

④ 除霜定时器损坏；

⑤ 除霜继电器线圈烧坏或触点损坏。

第 3 章
空调器电控系统的电路识读

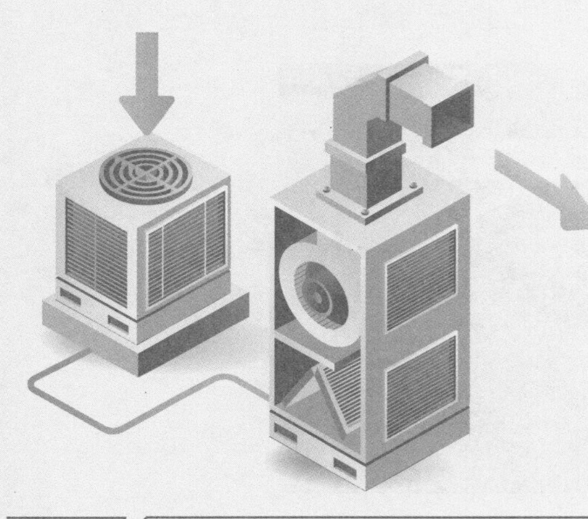

3.1 壁挂式空调器电控系统
3.2 室内机单元电路
3.3 室外机电路

3.1 壁挂式空调器电控系统

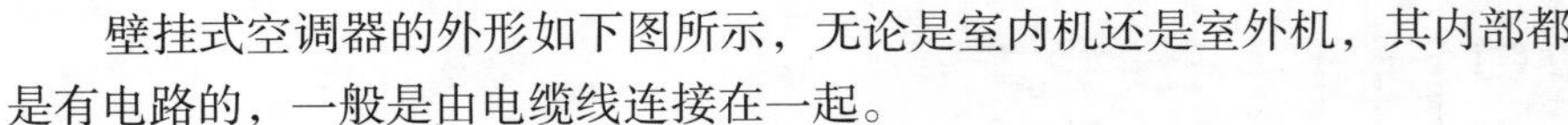

壁挂式空调器的外形如下图所示，无论是室内机还是室外机，其内部都是有电路的，一般是由电缆线连接在一起。

3.1.1 室内机电控系统组成

室内机电控系统由主板（控制基板）、室内管温传感器（蒸发器温度传感器）、显示板组件（显示基板组件）、室内风机、步进电机（风门电机）、端子板等组成。其电路框图如下所示。

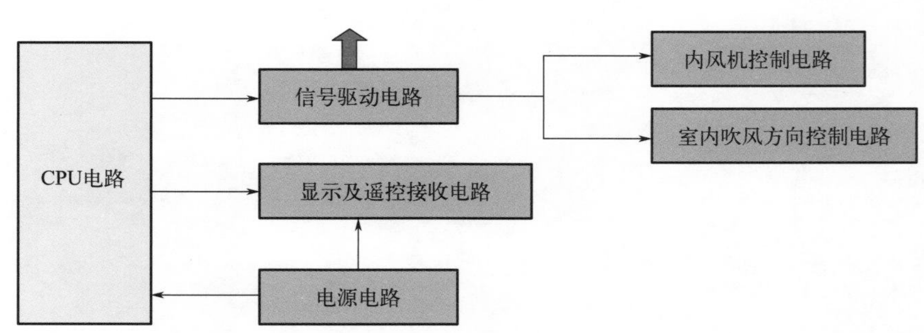

（1）CPU 电路

CPU 是中央微处理器的简称，是一块大集成电路，如下图所示，它是空调控制的核心器件。

（2）信号驱动电路

信号驱动电路的作用是将 CPU 的控制信号进行放大处理，使之能够控制空调相关功能电路工作。由于 CPU 的输出信号电压幅度较小，以及 CPU 耐电流能力低等原因，所以空调电路专设信号驱动电路，如压缩机信号、风机信号、四通阀信号等都需要驱动。

（3）内风机控制电路

内风机控制电路主要是内风机的驱动电路和相关调速控制电路，使内风机正常运转。空调的内风机一般都具备调速功能，风机调速的种类很多。

（4）室内吹风方向控制电路

挂机的室内吹风方向控制通常称为摆风控制，由直流步进电机带动摆风叶片上下摆动，控制吹风的方向。柜机的室内吹风方向控制通常称为扫风控制，由交流同步电机带动扫风叶片左右摆动，控制吹风的方向。

（5）显示及遥控接收电路

显示及遥控接收电路显示空调的工作状态，一般是一块专门的电路板，根据显示装置的不同，有的电路板较大，有的电路板较小。一般空调的遥控接收电路也装在这块电路板上。

（6）电源电路

电源电路为空调控制提供强电和弱电。强电是单相 220V 交流电或三相 380V 交流电，提供给空调强电部件使其运转；弱电是强电经过变压、整流、滤波、稳压后得到的低压直流电，供给 CPU 电路、驱动电路及其他相关控制电路使用。

3.1.2　室外机电控系统组成

空调室外机电路主要有压缩机电路、外风机电路、四通阀电路及其他功能电路。室外机工作电路比较简单，但由于工作在强电电压下，所以电路损坏率较高，是空调电路维修的重点。

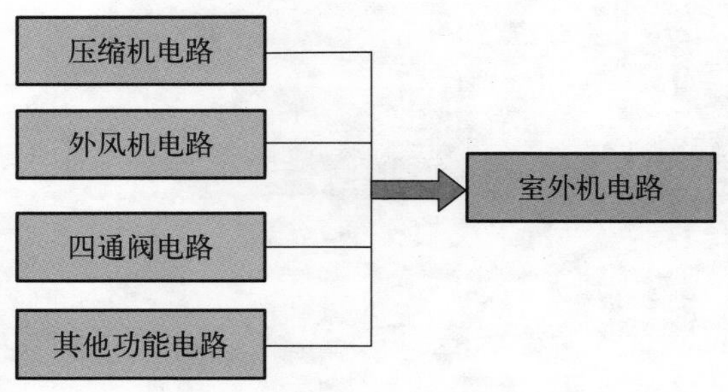

3.2　室内机单元电路

室内机电路围绕室内机 CPU 展开，室内机单元电路框图和主板电路如下所示（已将室内机电路图简化）：

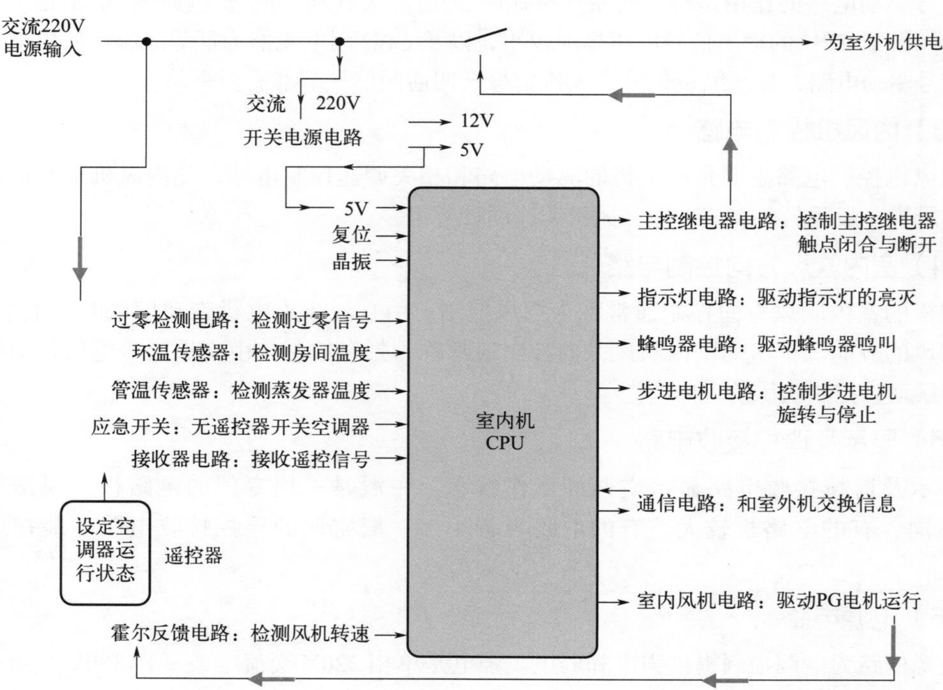

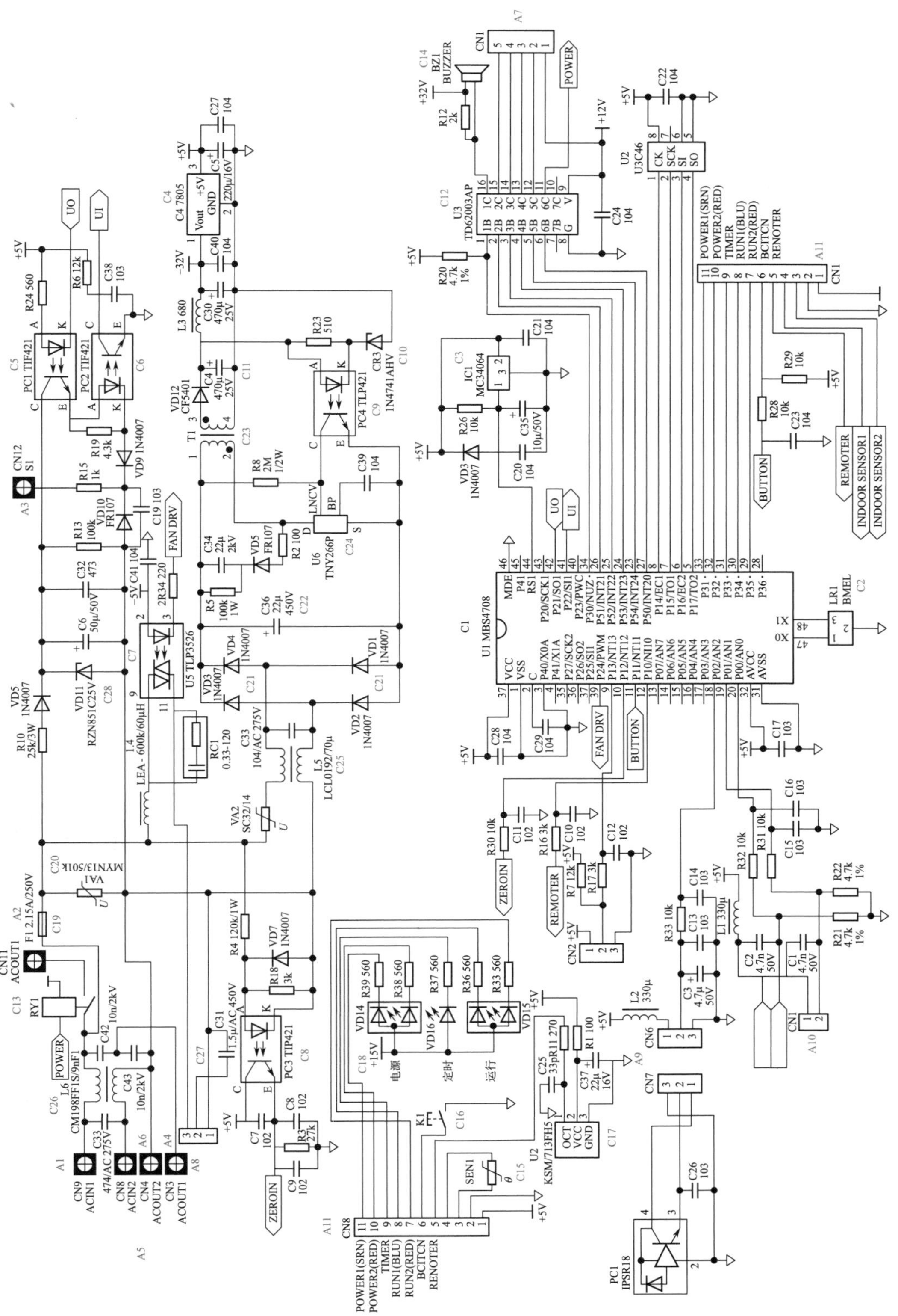
U1 MBS4708
U2 KSM/713FH5
U2 U3C46
U3 TD62003AP
U5 TLP3526
U6 TNY266P
IC1 MC34064
C4 7805
PC1 TIF421
PC2 TIF421
PC3 TIP421
PC4 TLP421
PC1 IPSR18
BZ1 BUZZER
RY1
F1 2.15A/250V
VA1 MYN13/501K
VA2 SC32/14
L4 LEA-600k/60μH
L5 LCL0192/70μ
L6 CM198FF1S/9nF1
RC1 0.33-120
LR1 BMEL
POWER1(SRN)
POWER2(RED)
TIMER
RUN1(BLU)
RUN2(RED)
BCITCN
RENOTER
REMOTER
INDOOR SENSOR1
INDOOR SENSOR2
BUTTON
FAN DRV
ZEROIN
POWER
UO
UI
CN9 ACIN1
CN8 ACIN2
CN4 ACOUT2
CN3 ACOUT1
CN11 ACOUT1
CN12 S1
SEN1
K1
电源
定时
运行

注意：图中，插座引线的代号以 A 开头，外围元件以 B 开头，主板和显示板组件上面的电子元件以 C 开头。

本机主板由开关电源电路提供直流 12V 和 5V 电压供电，因此没有变压器一次绕组和二次绕组插座。

图中，主板插座和外围元件明细见下表：

标号	插座 / 元器件	标号	插座 / 元器件	标号	插座 / 元器件	标号	插座 / 元器件
A1	电源 L 端输入	A5	电源 N 端输入	A9	霍尔反馈插座	B2	显示板组件
A2	电源 L 端输出	A6	电源 N 端输出	A10	管温传感器插座	B3	管温传感器
A3	通信线	A7	步进电机插座	A11	显示板组件插座		
A4	地线	A8	室内风机供电插座	B1	步进电机		

主板主要电子元件见下表：

标号	元器件	标号	元器件	标号	元器件	标号	元器件
C1	CPU	C8	过零检测光耦	C15	环温传感器	C22	300V 滤波电容
C2	晶振	C9	稳压光耦	C16	应急开关	C23	开关变压器
C3	复位集成电路	C10	11V 稳压管	C17	接收器	C24	开关电源集成电路
C4	7805 稳压块	C11	12V 滤波电容	C18	发光二极管	C25	扼流圈
C5	发送光耦	C12	反相驱动器	C19	熔丝管（俗称保险管）	C26	滤波电感
C6	接收光耦	C13	主控继电器	C20	压敏电阻	C27	风机电容
C7	光耦晶闸管	C14	蜂鸣器	C21	整流二极管	C28	24V 稳压管

3.2.1 电源电路

电源电路的作用是向主板提供直流 12V 和 5V 电压，由熔丝管（C19）、压敏电阻（C20）、滤波电感（C26）、整流二极管（C21）、直流 300V 滤波电容（C22）、开关电源集成电路（C24）、开关变压器（C23）、稳压光耦（C9）、11V 稳压管（C10）、12V 滤波电容（C11）、7805 稳压块（C4）等元器件组成。其电路可以简化为如下框图：

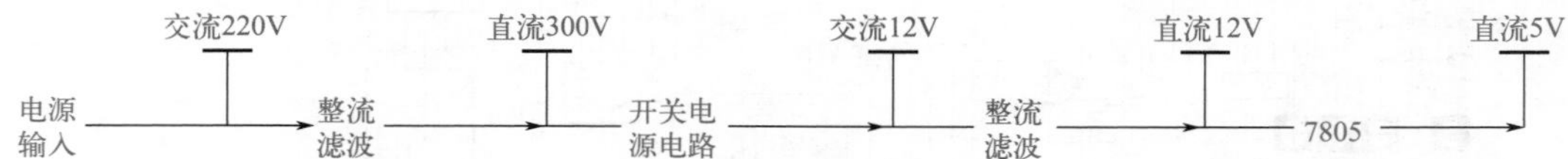

（1）电源电路之交流滤波电路

交流 220V 电压经过滤波→一路分支送至开关电源电路→经过由 VA2、扼流圈 L5、电容 C38 组成的 LC 滤波电路→使输入的交流 220V 电压更加纯净。

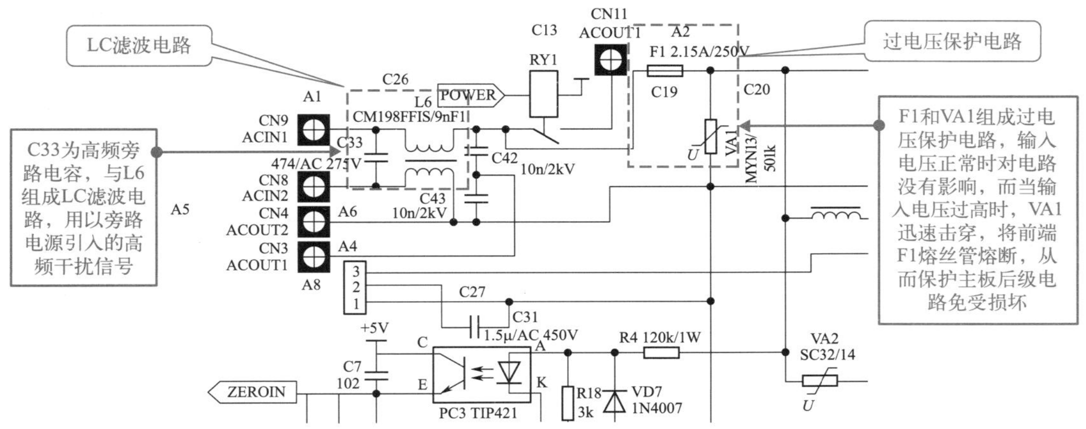

（2）电源电路之整流滤波电路

二极管 D1 ～ D4 组成桥式整流电路，将交流 220V 电压整流成为脉动的直流 300V 电压→电容 C36 滤除其中的交流成分→变为纯净的直流 300V 电压。

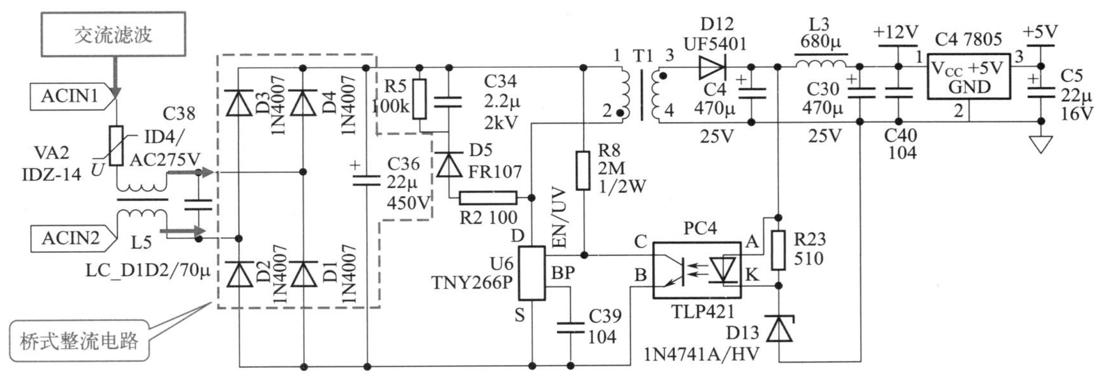

（3）电源电路之开关振荡电路

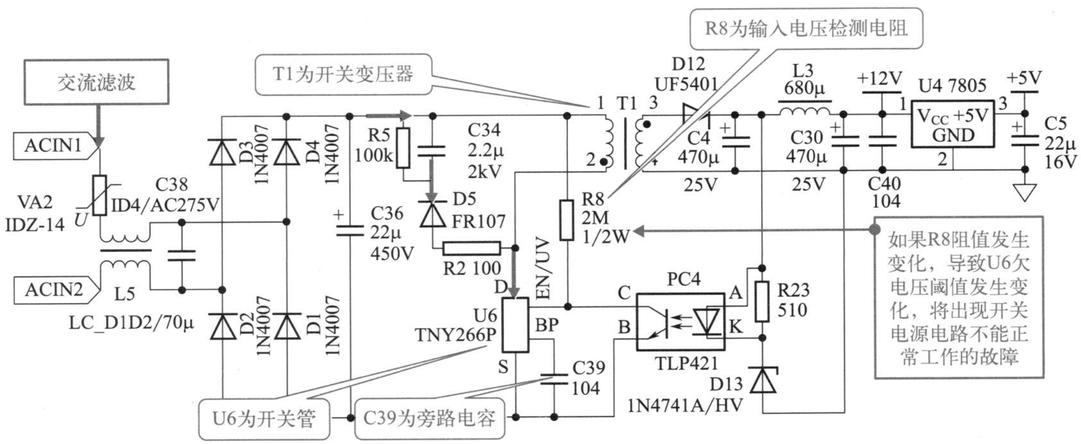

U6 内部开关管交替导通与截止→开关变压器二次绕组得到高频脉冲电压→经 D12 整流

及电容 C4、C30、C40 和电感 L3 滤波→成为纯净的直流 12V 电压为主板 12V 负载供电→其中一条支路送至 C4 （7805）的 1 脚输入端→经内部电路稳压后在 3 脚输出端输出稳定的直流 5V 电压，为主板 5V 负载供电

（4）电源电路之稳压电路

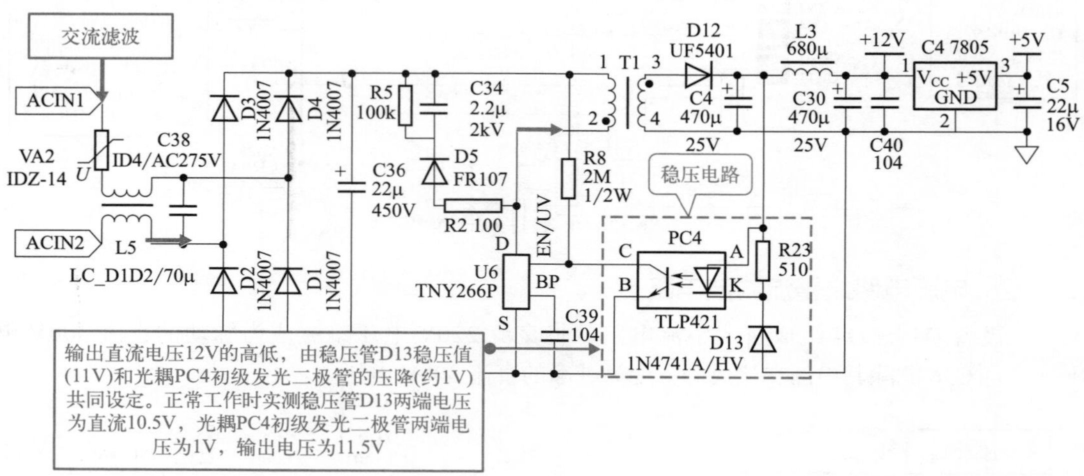

稳压电路采用脉宽调制方式，如因输入电压升高或负载发生变化引起直流 12V 电压升高，由于稳压管 D13 的作用→电阻 R23 两端电压升高，相当于光耦 PC4 初级发光二极管两端电压上升→光耦次级光敏晶体管导通能力增强→ U6 的 4 脚电压下降→通过减少开关管的占空比，使开关管导通时间缩短而截止时间延长→开关变压器存储的能量变少→输出电压也随之下降。如直流 12V 电压降低→光耦次级导通能力下降→ U6 的 4 脚电压上升→增加开关管的占空比→开关变压器存储的能量增加，输出电压也随之升高。

（5）电源电路之 12V 直流电压输出电路

见上文稳压电路相关介绍，此处不作赘述。

3.2.2 CPU 及其三要素电路

CPU 电路是空调电控系统的中心电路，该 KFR-26GW/11bp 空调采用的 CPU 型号为 MB89475，共有 48 个引脚，其外形与引脚功能如下。

引脚	英文符号	功能	备注
1，21 脚	V_{SS} 或 GND	接地	CPU 三要素电路
22，37 脚	V_{DD} 或 V_{CC}	电源	

续表

引脚	英文符号	功能	备注
47 脚	XIN 或 OSC1	8MHz 晶振	CPU 三要素电路
48 脚	XOUT 或 OSC2		
44 脚	RESET	复位	
41 脚	S 或 RXD	通信信号输入	通信电路
42 脚	SO 或 TXD	通信信号输出	
19 脚	ROOM	室内管温输入	输入部分电路
20 脚	COIL	室内环温输入	
11 脚	SPEED	应急开关输入	
12 脚		遥控器信号输入	
10 脚	ZERO	过零信号输入	
9 脚		霍尔信号输入	
23 ～ 26 脚	FLAP	步进电机	输出部分电路
27 脚		主控继电器	
29 脚		红（高效）指示灯	
30 脚		蓝（运行）指示灯	
31 脚		绿（定时）指示灯	
32 脚		电源（红）指示灯	
33 脚		电源（绿）指示灯	
34 脚	BUZZ	蜂鸣器	
39 脚	FAN-DRV	室内风机	

注：2、4 ～ 8、13 ～ 18、28、35、36、38、40、43 脚为空脚。

围绕 CPU，为主板提供电源、复位和时钟振荡电路，称为三要素电路，CPU 能够正常工作，三要素电路缺一不可，否则会引起空调上电无反应的故障。

（1）电源电路

电源电路如下图所示。

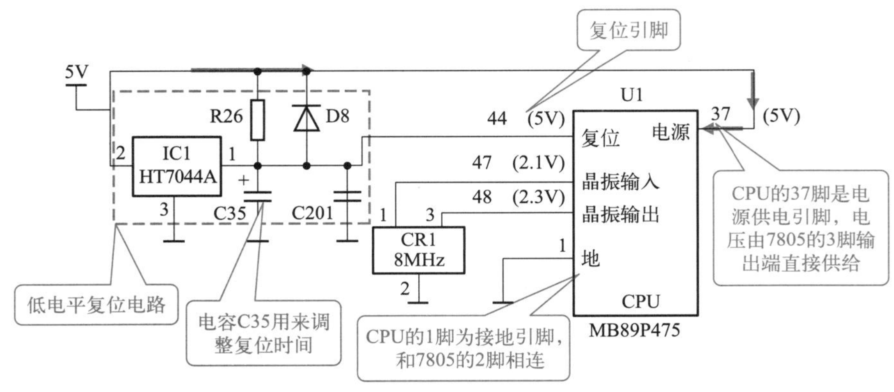

（2）复位电路

如图所示，复位电路使 CPU 内部程序处于初始状态：

① 开机瞬间，直流 5V 电压在滤波电容的作用下逐渐升高→当电压低于 4. 6V 时→ IC1 的 1 脚为低电平（约 0V）→加至 44 脚，使 CPU 内部电路清零复位。

② 当电压高于 4.6V 时→ IC1 的 1 脚变为高电平 5V →加至 CPU 的 44 脚，使其内部电路复位结束→开始工作。

（3）时钟振荡电路

如下图所示，时钟振荡电路依靠 CR1 提供稳定的 8MHz 时钟信号，使 CPU 能够连续执行指令。

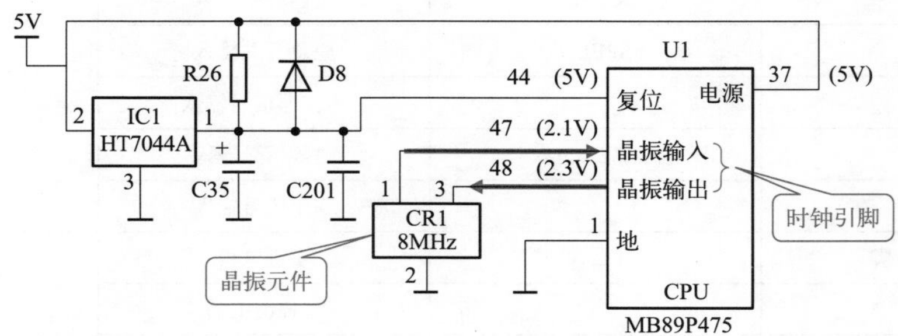

3.2.3 应急开关电路和遥控器信号电路

（1）应急开关电路

当没有遥控器时，可以使用应急开关对空调进行开或关。应急开关电路比较简单，在该机中 CPU 的 11 脚为应急开关信号输入脚，当按下开关键时，11 脚为低电平 0V，CPU 根据低电平的次数和时间长短，使空调进入各种控制状态。

（2）遥控器信号电路

如下图所示，遥控器发射含有经过编码的调制信号→以 38kHz 为载波频率发送至接收器 U7，接收器将光信号转换为电信号→进行放大、滤波、整形，经电阻 R11 和 R16 送至 CPU 的 12 脚→ CPU 内部电路解码后得出遥控器的按键信息，从而对电路进行控制→ CPU 每接收到遥控器信号后都会控制蜂鸣器响一声给予提示。

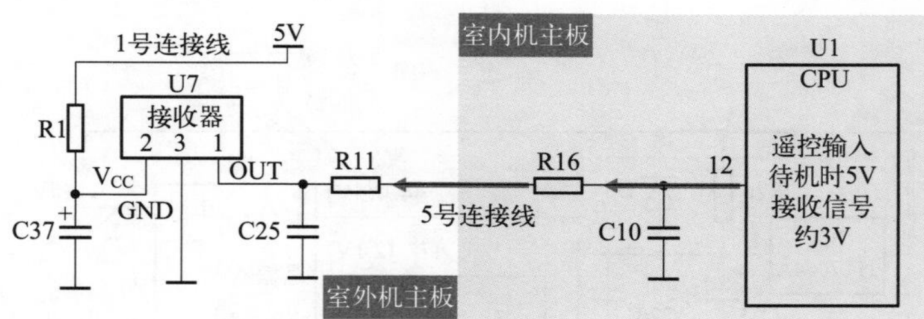

3.2.4 传感器电路

传感器相当于 CPU 的感知器官，可以提供室内环境温度和蒸发器温度。

（1）室内环境温度传感器

一般环境温度传感器都会安装在内机一侧，如下图（左图）所示，但本机所安装的位置是在显示组件上面，如下图（右图）所示。

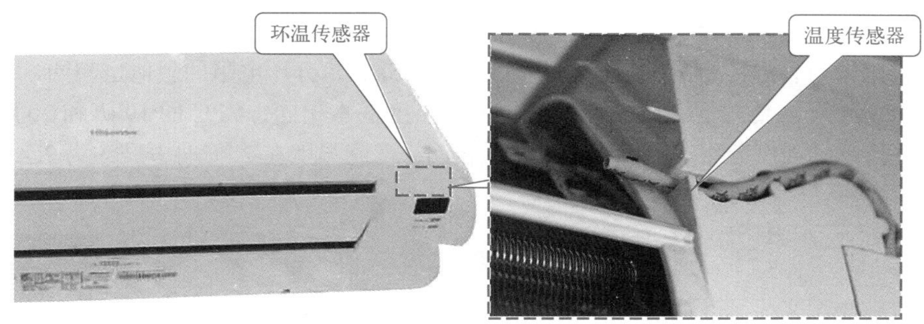

室内环温传感器在电路中的英文符号为“ROOM”，其作用是检测室内房间温度，传感器电路由室内环温传感器（25℃/5kΩ）和分压电阻 R21（4.7kΩ 精密电阻、1% 误差）等元器件组成。

（2）室内管温传感器

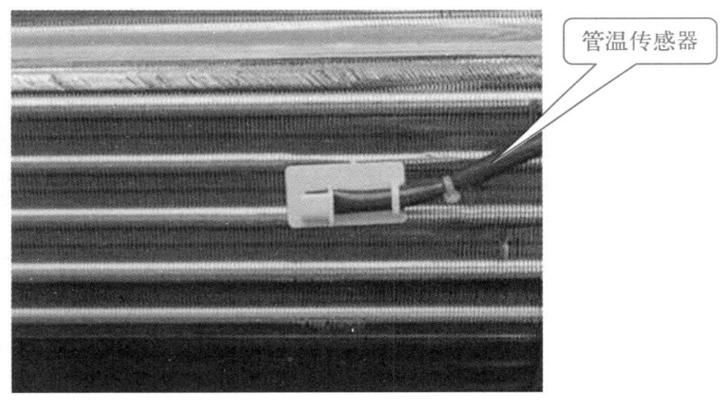

室内管温传感器在电路中的英文符号为“COIL”，其作用是检测蒸发器温度，传感器电路由室内管温传感器（25℃/5kΩ）和分压电阻 R22（4.7kΩ 精密电阻、1% 误差）等元器件组成。

（3）传感器电路工作原理

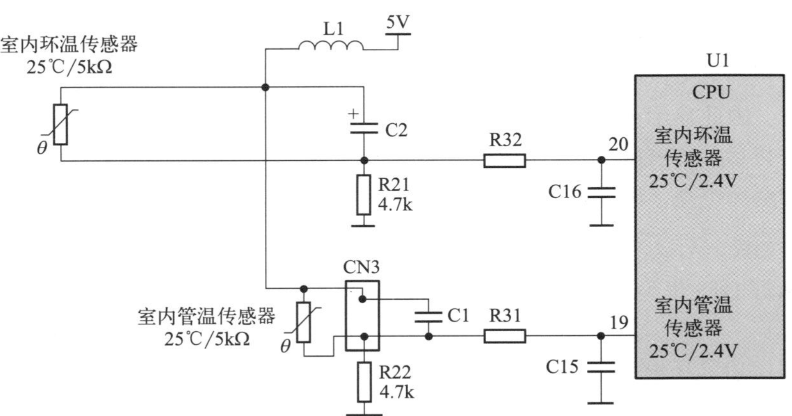

以室内管温传感器为例：

如蒸发器温度由于某种原因升高→室内管温传感器温度也相应升高，其阻值变小→根据分压电路原理，分压电阻 R22 分得的电压相应升高→输送到 CPU19 脚的电压升高→ CPU 根据电压值计算得出蒸发器的实际温度→与内置的数据相比较，对电路进行控制→假如在制热模式下，计算得出的温度大于 78℃→控制压缩机停机，并显示故障代码。

环温传感器与管温传感器型号相同，均为 25℃ /5kΩ，分压电阻的阻值也相同，因此在刚上电未开机时，环温传感器和管温传感器检测的温度基本相同，CPU 的 19 脚和 20 脚电压也基本相同，传感器插座分压点引针电压也基本相同，房间温度在 25℃时电压约为 2. 4V。

3.2.5 指示灯电路

指示灯电路用来显示空调器工作状态或故障时显示故障代码。

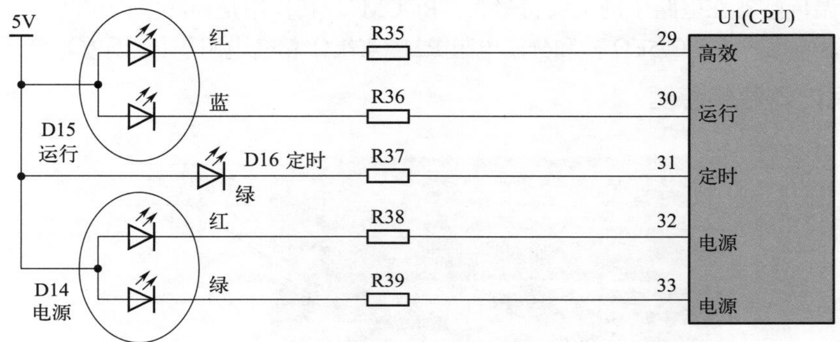

(1) 定时指示灯工作电路

定时指示灯 D16 为单色指示灯，正常情况下，CPU 的 31 脚为高电平 4.5V，D16 因两端无电压差而熄灭。

如遥控器开启“定时”功能→ CPU 处理后开始计时→同时 31 脚变为低电平 0.2V → D16 两端电压为 1.9V 而点亮，显示绿色。

(2) 电源指示灯工作电路

电源指示灯 D14 为双色指示灯，待机状态 CPU 的 32、33 脚均为高电平 4.5V，指示灯为熄灭状态。

遥控器开机后如 CPU 控制为制冷或除湿模式→ 33 脚变为低电平 0.2V → D14 内部绿色发光二极管点亮，因此显示为绿色；

遥控器开机后如 CPU 控制为制热模式→ 32、33 脚均为低电平 0.2V → D14 内部红色和绿色发光二极管全部点亮，因此显示为橙色。

(3) 运行指示灯工作电路

运行指示灯 D15 也为双色指示灯，具有运行和高效指示功能，共同组合可显示压缩机运行频率。

遥控器开机后如压缩机低频运行→ CPU 的 30 脚为低电平 0.2V → CPU 的 29 脚为高电平 4.5V → D15 内部只有蓝色发光二极管点亮→此时运行指示灯显示蓝色；

如压缩机升频至中频状态运行→ CPU 的 29 脚也变为低电平 0.2V（即 29 脚和 30 脚同为低电平），D15 内部红色和蓝色发光二极管均点亮，因此显示为紫色；

如压缩机继续升频至高频状态运行，或开启遥控器上的“高效”功能→ CPU 的 30 脚变为高电平 4.5V → D15 内部蓝色发光二极管熄灭，此时只有红色发光二极管点亮，显示为红色。

3.2.6　蜂鸣器电路

蜂鸣器电路用以提示已接收到遥控器信号。

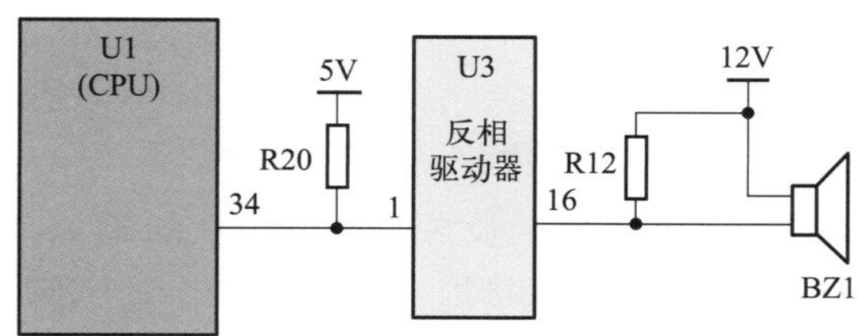

CPU 的 34 脚是蜂鸣器控制引脚，正常时为低电平→当接收到遥控器信号且处理后引脚变为高电平→反相驱动器 U3 的输入端 1 脚也为高电平→输出端 16 脚则为低电平→蜂鸣器发出预先录制的音乐。

3.2.7　步进电机电路

室内机导风板是由步进电机控制，用于设置风板角度，其工作电路如下图所示：

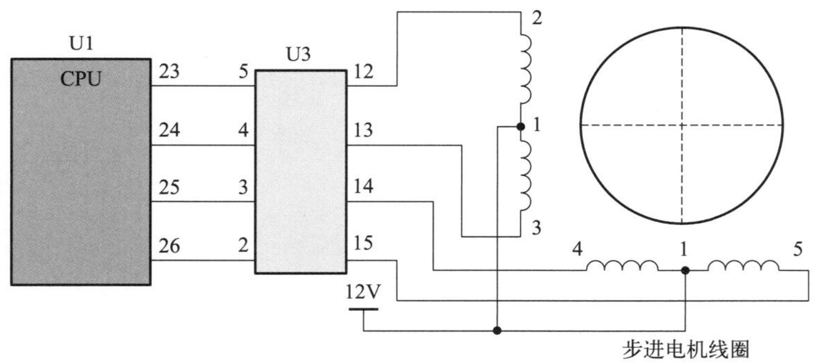

当 CPU 接收到遥控器信号需要控制步进电机运行时：

CPU 的 23 ～ 26 脚输出步进电机驱动信号→送至反相驱动器 U3 的输入端 5 ～ 2 脚→ U3 将信号放大后在 12 ～ 15 脚反相输出→驱动步进电机线圈，电机转动→带动导风板上下摆动→使送风均匀到达用户需要的地方。

需要控制步进电机停止转动时：

CPU 的 23 ～ 26 脚输出低电平 0V →线圈无驱动电压，使得步进电机停止运行。

提示：

驱动步进电机运行时，CPU 的 4 个引脚按顺序输出高电平，实测电压在 1.3V 左右变化；反相驱动器输入端电压在 1. 3V 左右变化，输出端电压在 8.5V 左右变化。

3.2.8 主控继电器电路

主控继电器电路用来接通或断开室外机的供电，其电路原理如下图所示。

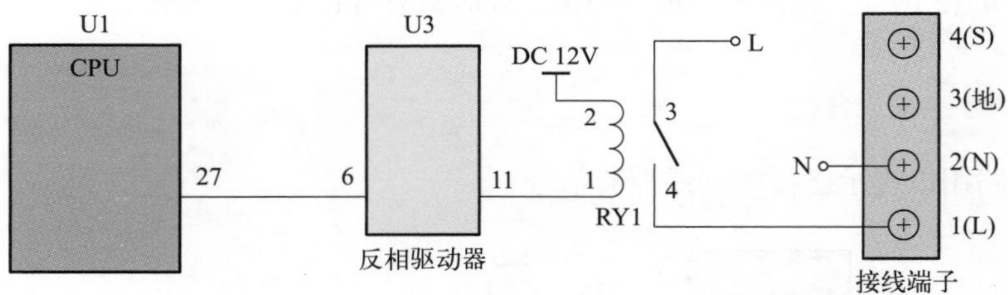

（1）当 CPU 处理输入的信号，需要为室外机供电时

CPU 的 27 脚变为高电平 5V → 送至反相驱动器 U3 的输入端 6 脚→ 6 脚为高电平 5V → U3 内部电路翻转，使得输出端引脚接地→其对应输出端 11 脚为低电平 0.8V →继电器 RY1 线圈得到 11.2V 供电→产生电磁吸力使触点 3-4 闭合→电源电压由 L 端经主控继电器 3-4 触点去接线端子，与 N 端组合为交流 220V 电压→为室外机供电。

（2）当 CPU 处理输入的信号，需要断开室外机供电时

CPU 的 27 脚为低电平 0V → U3 输入端 6 脚也为低电平 0V →内部电路不能翻转，对应输出端 11 脚不能接地→继电器 RY1 线圈电压为 0V →触点 3-4 断开，室外机停止供电。

3.2.9 过零检测电路

过零检测电路是为 CPU 提供电源电压的零点位置信号，以便驱动光耦晶闸管的触发延迟角，并通过软件计算出电源供电是否存在瞬时断电故障。其电路原理如下图所示。

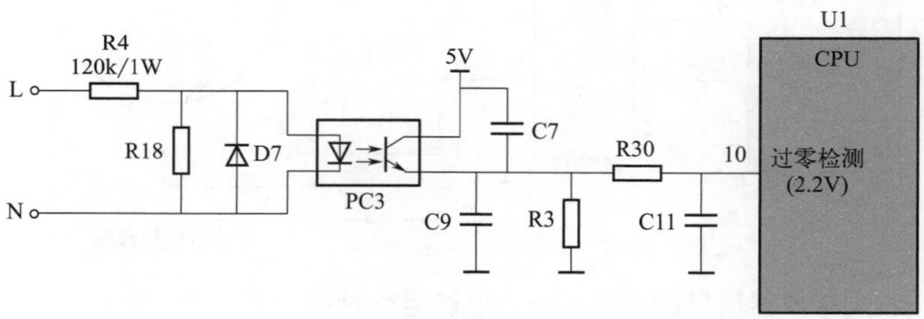

众所周知，交流电是呈正弦波交替出现的，在交流电源处于正半周即 L 正、N 负时：光耦 PC3 初级得到供电→内部发光二极管发光，使得次级光敏晶体管导通→ 5V 电压经 PC3 次级→电阻 R30 为 CPU 的 10 脚供电，为高电平 5V。

交流电源为负半周即 L 负、N 正时：光耦 PC3 初级无供电→内部发光二极管无电流通过不能发光→次级光敏晶体管截止，CPU 的 10 脚经电阻 R30、R3 接地→引脚电压为低电平 0V。

交流电源正半周和负半周极性交替变换，光耦反复导通、截止，在 CPU 的 10 脚形成 100Hz 脉冲波形，CPU 内部电路通过处理，检测电源电压的零点位置及供电是否存在瞬时断电。

3.2.10　室内风机驱动电路

室内风机驱动电路用以驱动贯流风扇，其电路如下图所示。

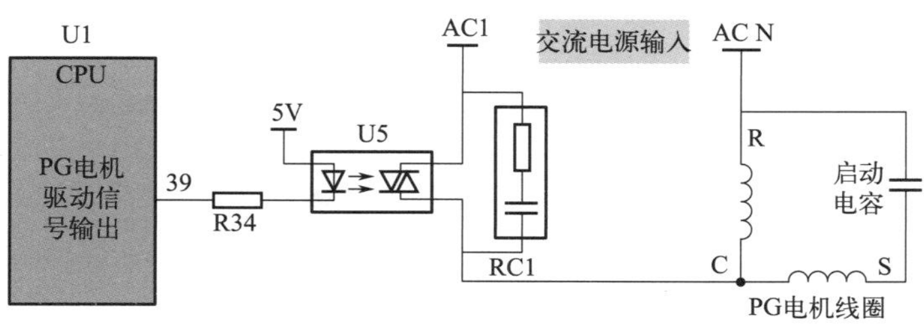

需要控制室内风机运行时：首先检查过零检测电路输入的过零位置信号，以便在电源零点位置附近驱动光耦晶闸管的触发延迟角→检查过零信号正常后，CPU39 脚输出驱动信号→经 R34 送至 U5（光耦晶闸管）初级发光二极管的负极→次级晶闸管导通，室内风机开始运行→电机运行后输出代表转速的霍尔信号，经电路反馈至 CPU 的相关引脚→ CPU 计算实际转速并与程序设定的转速相比较→如有误差，则改变光耦晶闸管的触发延迟角，改变室内风机的工作电压→从而改变转速，使之与目标转速相同。

3.2.11　霍尔反馈电路

霍尔元件用来检测磁场及其变化，在空调中被安装在室内风机电路中时，霍尔元件可以将磁感信号转换成高、低电平的脉冲电压，被送至主板 CPU，用来计算电机的转速。霍尔元件一般安装在电机的转子上。其电路原理如下图所示。

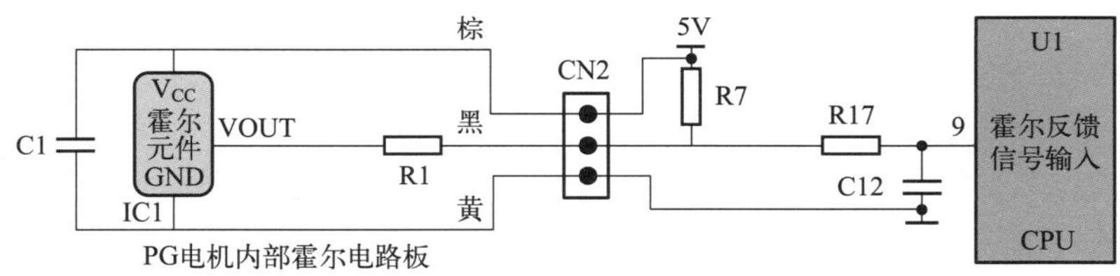

（1）室内风机运行时

室内风机内部转子旋转时输出脚输出代表转速的脉冲电压信号→通过 CN2 插座、电阻 R17 提供给 CPU 的 9 脚→ CPU 内部电路计算出实际转速，并与目标转速相比较→如有误差，则改变光耦晶闸管的触发延迟角→从而改变室内风机工作电压，使室内风机实际转速与目标转速相同。

（2）室内风机停止运行时

室内风机停止运行时，根据内部霍尔元件位置不同，霍尔反馈插座的信号引针电压即 CPU 的 9 脚电压为 5V 或 0V。室内风机运行时，不论高速还是低速，电压恒为 2.5V，即为供电电压 5V 的一半。

3.2.12　空调内外机通信电路

空调内外机通信电路由通信电缆和室内机主板、室外机主板及其他相关元器件组成，下图所示是内外机通信线路的接线。

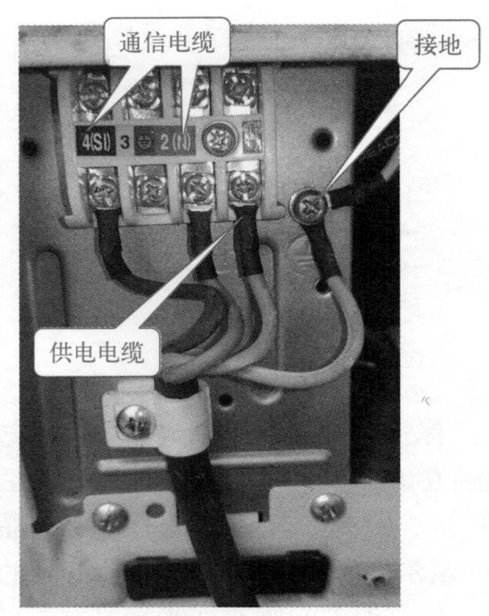

空调内外机通信电路原理如下图所示。

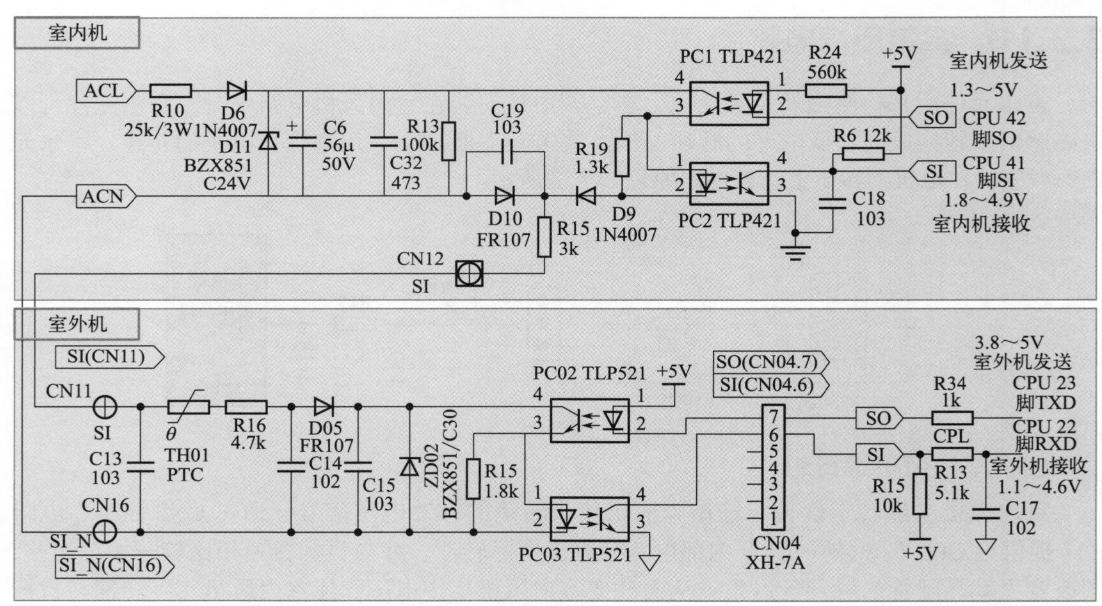

（1）室内机与室外机开启通信请求过程

当 CPU 的 23 脚为低电平，发送光耦 PC02 初级发光二极管两端的电压为 1.1V 时，整个通信环路闭合。信号流程如下：直流 24V 电压正极→ PC1 的 4 脚→ PC1 的 3 脚→ PC2 的 1 脚→ PC2 的 2 脚→ D9 → R15 →室内机、室外机通信引线 SI → PTC 电阻 TH01 → R16 → D05 → PC02 的 4 脚→ PC02 的 3 脚→ PC03 的 1 脚→ PC03 的 2 脚→ N 构成回路，室外机接收光耦 PC03 初级在通信信号的驱动下得电→次级光敏晶体管导通，室外机 CPU 的 22 脚经电阻 R13、PC03 次级接地，电压为低电平。

若室内机 CPU 的 42 脚为高电平信号，PC1 初级无电压，使得次级光敏晶体管截止→通信环路断开→室外机接收光耦 PC03 初级无驱动信号→使得次级光敏晶体管截止→ 5V 电压经电阻 R15、R13 为 CPU 的 22 脚供电，电压为高电平。

（2）室外机反馈通信请求与断开过程

室内机 CPU 的 42 脚为低电平，使 PC1 次级光敏晶体管一直处于导通状态，室内机接收光耦 PC2 的 1 脚恒为直流 24V，整个通信环路闭合。信号流程如下：室内机接收光耦 PC2 初级得到驱动电压→次级光敏晶体管导通→室内机 CPU 的 41 脚经 PC2 次级接地→电压为低电平。

当室外机 CPU 发送的脉冲通信信号为高电平时，通信环路断开。信号流程如下：PC02 初级两端的电压为 0V →次级光敏晶体管截止→通信环路断开→室内机接收光耦 PC2 初级无驱动电压，次级截止→ 5V 电压经电阻 R6 为 CPU 的 41 脚供电，电压为高电平。

> 提示：
> 通信电路的电压，在维修相关故障时，会表现为跳动变化的电压：0 ~ 15 ~ 24V。
> 测量通信电压，即 N 与 SI 端子电压。

3.3　室外机电路

室外机电控系统由室外机主板（控制板）、模块板（IPM）、滤波器、整流硅桥、电容、滤波电感、压缩机、压缩机顶盖温度开关（压缩机热保护器）、室外风机（风扇电机）、四通阀线圈、室外环温传感器、室外管温传感器（盘管）、压缩机排气传感器（排气）和端子排组成。室外机单元电路框图如下所示：

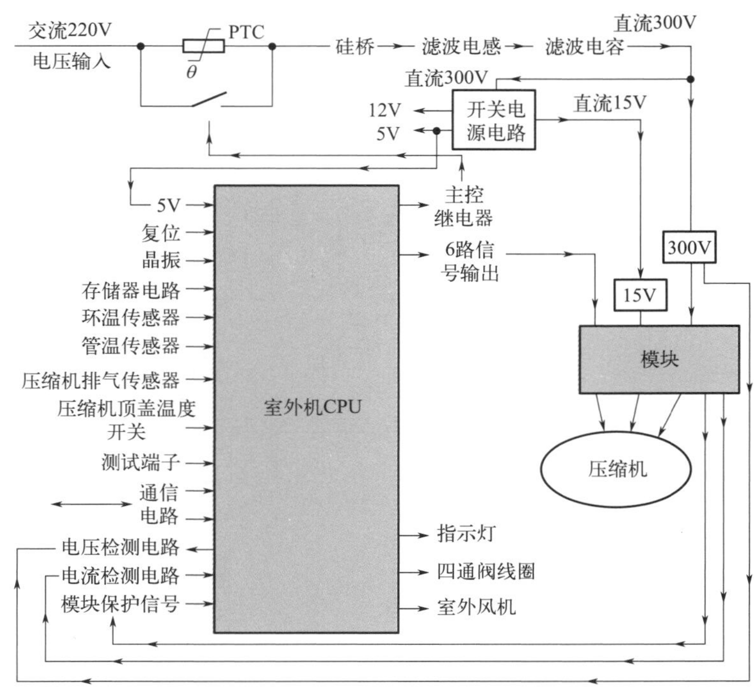

主板电路如下图所示：

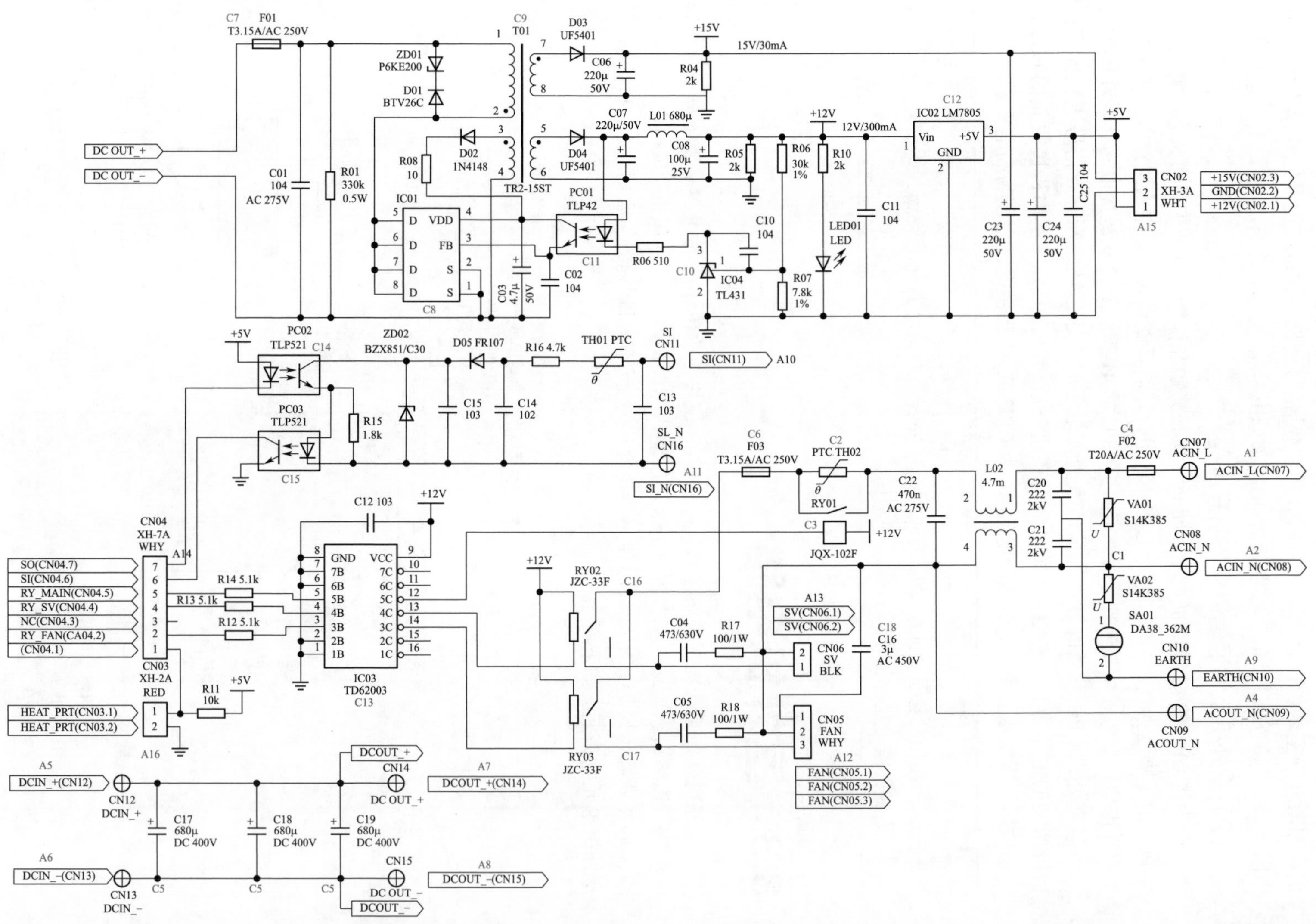

C7
F01
T3.15A/AC 250V
DC OUT_+
DC OUT_-
C01
104
AC 275V
R01
330k
0.5W
ZD01
P6KE200
D01
BTV26C
C9
T01
D02
1N4148
R08
10
IC01
VDD
FB
C8
TR2-15ST
D03
UF5401
C06
220μ
50V
+15V
15V/30mA
R04
2k
C07
220μ/50V
L01 680μ
C08
100μ
25V
D04
UF5401
R05
2k
PC01
TLP42
C11
C03
4.7μ
50V
C02
104
R06 510
C10
104
C10
IC04
TL431
+12V
R06
30k
1%
R07
7.8k
1%
R10
2k
LED01
LED
12V/300mA
C11
104
C12
IC02 LM7805
Vin
+5V
GND
C23
220μ
50V
C24
220μ
50V
C25 104
+5V
CN02
XH-3A
WHT
A15
+15V(CN02.3)
GND(CN02.2)
+12V(CN02.1)
+5V
PC02
TLP521
C14
ZD02
BZX851/C30
D05 FR107
R16 4.7k
TH01 PTC
SI
CN11
SI(CN11)
A10
C15
103
C14
102
C13
103
PC03
TLP521
R15
1.8k
C15
SL_N
CN16
A11
SI_N(CN16)
C6
F03
T3.15A/AC 250V
C2
PTC TH02
RY01
C3
JQX-102F
+12V
C22
470n
AC 275V
L02
4.7m
C20
222
2kV
C21
222
2kV
C4
F02
T20A/AC 250V
CN07
ACIN_L
A1
ACIN_L(CN07)
VA01
S14K385
CN08
ACIN_N
A2
ACIN_N(CN08)
C1
VA02
S14K385
SA01
DA38_362M
CN10
EARTH
A9
EARTH(CN10)
A4
ACOUT_N(CN09)
CN09
ACOUT_N
C12 103
+12V
CN04
XH-7A
WHY
A14
SO(CN04.7)
SI(CN04.6)
RY_MAIN(CN04.5)
RY_SV(CN04.4)
NC(CN04.3)
RY_FAN(CA04.2)
(CN04.1)
R14 5.1k
R13 5.1k
R12 5.1k
GND
VCC
IC03
TD62003
C13
+12V
RY02
JZC-33F
C16
RY03
JZC-33F
C17
C04
473/630V
R17
100/1W
C05
473/630V
R18
100/1W
A13
SV(CN06.1)
SV(CN06.2)
CN06
SV
BLK
C18
C16
3μ
AC 450V
CN05
FAN
WHY
A12
FAN(CN05.1)
FAN(CN05.2)
FAN(CN05.3)
CN03
XH-2A
RED
HEAT_PRT(CN03.1)
HEAT_PRT(CN03.2)
R11
10k
+5V
A16
A5
DCIN_+(CN12)
CN12
DCIN_+
C17
680μ
DC 400V
C18
680μ
DC 400V
C19
680μ
DC 400V
DCOUT_+
CN14
DC OUT_+
A7
DCOUT_+(CN14)
A6
DCIN_-(CN13)
CN13
DCIN_-
C5
CN15
DC OUT_-
DCOUT_-
A8
DCOUT_-(CN15)

该机模块板电路如下图所示：

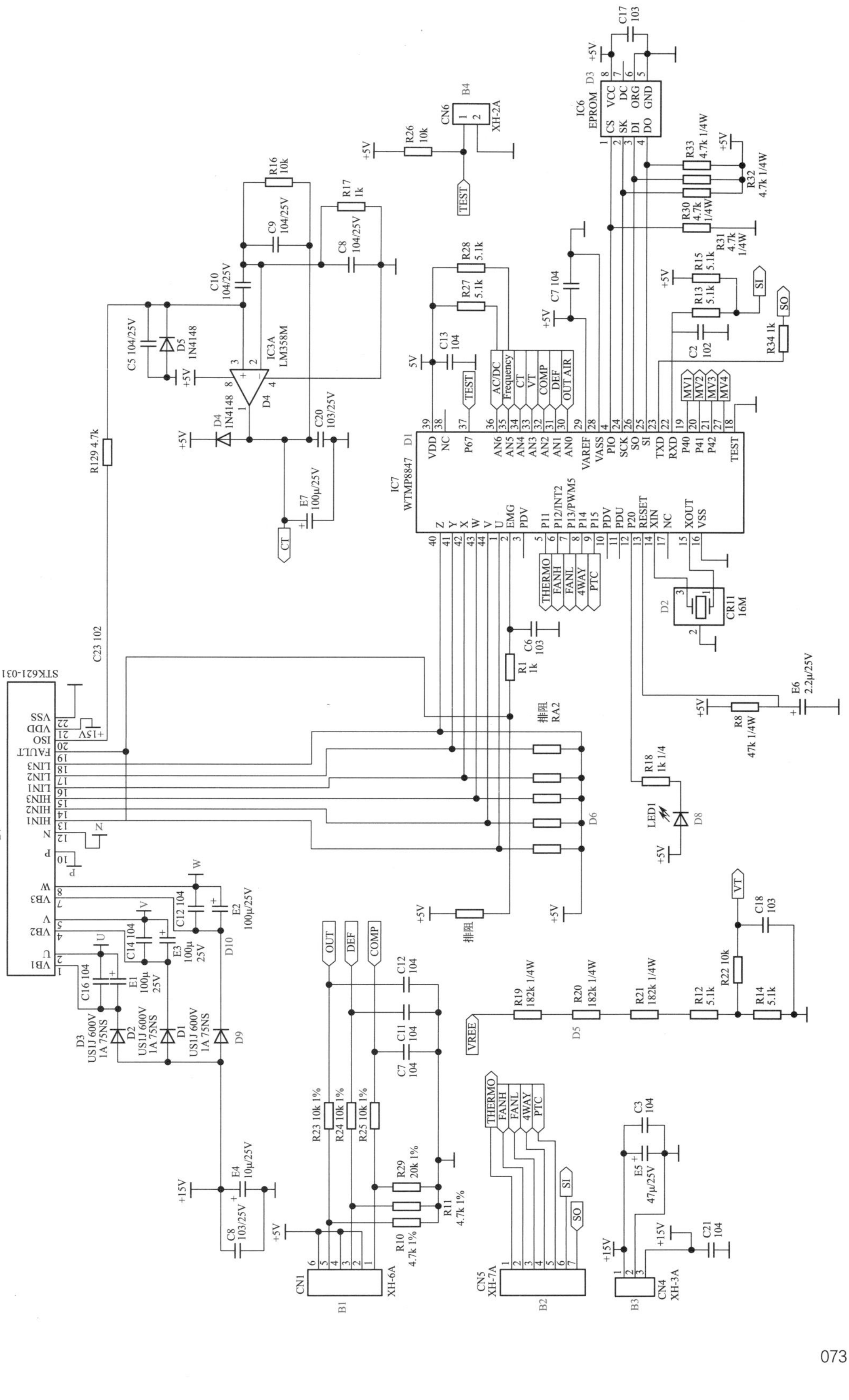

(1)室外机主板插座

室外机电路中包含许多外接设备，如压缩机、风机等，所以在主板电路中，就会有许多插座，它们的代号在电路中是以“A”开头的，而在模块板电路中则是以“B”开头，其明细见下表：

标号	插座	标号	插座	标号	插 座	标号	插座
A1	电源 L 输入	A6	接硅桥负极输出	A11	通信 N 线	A16	压缩机顶盖温度开关插座
A2	电源 N 输入	A7	滤波电容正极输出	A12	室外风机插座	B1	3 个传感器插座
A3	L 端去硅桥	A8	滤波电容负极输出	A13	四通阀线圈插座	B2	信号连接线插座
A4	N 端去硅桥	A9	地线	A14	信号连接线插座	B3	直流 15V 和 5V 插座
A5	接硅桥正极输出	A10	通信线	A15	直流 15V 和 5V 插座	B4	应急启动插座

室外机主板有供电才能工作，为主板供电的有电源 L 输入、电源 N 输入、地线共 3 个端子；外围负载有室外风机、四通阀线圈、模块板、压缩机顶盖温度开关等，相对应设有室外风机插座、四通阀线圈插座、为模块板提供直流 15V 和 5V 电压的插座、压缩机顶盖温度开关插座；为了接收模块板的控制信号和传递通信信号，设有连接插座；为了和室内机主板交换信息，设有通信线；同时还要输出交流电为硅桥供电，相应设有 2 个输出端子；由于滤波电容设在室外机主板上，相应设有 2 个直流 300V 输入端子和 2 个直流 300V 输出端子。

(2)模块板插座

模块板功能强大，不仅有 15V 和 5V 的弱电，还有强直流电。室外机主板电子元器件以“C”开头，模块板电子元器件以“D”开头，如下表所示：

标号	元器件	标号	元器件	标号	元器件	标号	元器件
C1	压敏电阻	C8	开关电源集成电路	C15	接收光耦	D4	LM358
C2	PTC 电阻	C9	开关变压器	C16	室外风机继电器	D5	取样电阻
C3	主控继电器	C10	TL431	C17	四通阀线圈继电器	D6	排阻
C4	15A 熔丝管	C11	稳压光耦	C18	风机电容	D7	模块
C5	滤波电容	C12	7805 稳压块	D1	CPU	D8	发光二极管
C6	3.15A 熔丝管	C13	反相驱动器	D2	晶振	D9	二极管
C7	3.15A 熔丝管	C14	发送光耦	D3	存储器	D10	电容

CPU 设计在模块板上，只有供电才能工作，弱电有直流 15V 和 5V 电压插座；为了和室外机主板交换信息，设有连接插座；外围负载有室外环温、室外管温、压缩机排气 3 个传感器，因此设有传感器插座；同时带有强制启动室外机电控系统的插座；模块输入强电有直流 300V 电压接线端子，模块输出有 U、V、W 端子。

3.3.1 直流 300V 电压形成电路

该电路的作用是将交流 220V 电压变为纯净的直流 300V 电压，该电路由 PTC 电阻（C2）、主控继电器（C3）、硅桥、滤波电感、滤波电容（C5）和 15A 熔丝管（C4）等元器件组成。

其电路原理图如下所示。

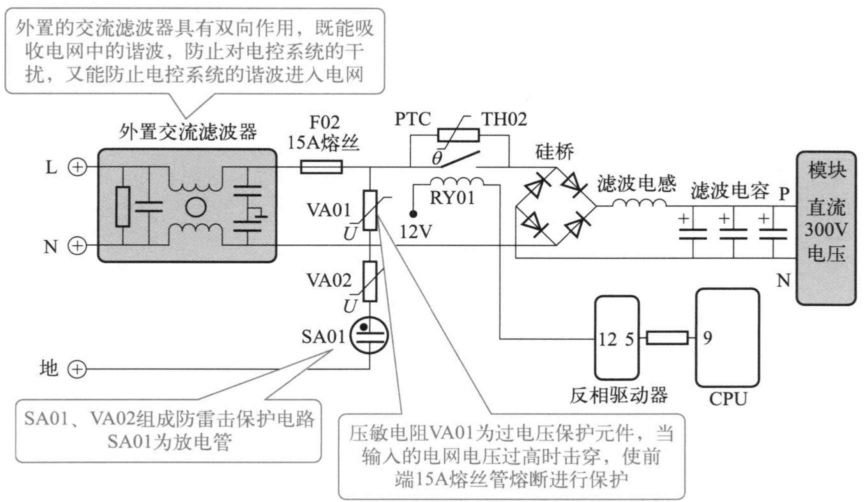

直流 300V 电压工作电路如下。

（1）初始充电电路

室内机主板主控继电器触点闭合为室外机供电→交流 220V 电压中 N 端经交流滤波器直接送至硅桥交流输入端→ L 端经交流滤波器和 15A 熔丝管至延时防瞬间大电流充电电路→由于主控继电器触点为断开状态，因此 L 端电压经 PTC 电阻 TH02 送至硅桥交流输入端→ PTC 电阻（正温度系数的热敏电阻）阻值随温度上升而上升→刚上电时充电电流很大，PTC 电阻温度迅速升高→阻值也随之增加，限制了滤波电容的充电电流→滤波电容两端电压逐步上升至直流 300V，防止由于充电电流过大而损坏硅桥。

（2）正常运行电路

滤波电容两端的直流 300V 电压 1 路送到模块的 P、N 端子→ 1 路送到开关电源电路，开关电源电路开始工作→输出支路中的其中 1 路输出直流 12V 电压→经 7805 稳压块后变为稳定的直流 5V →为室外机 CPU 供电→在三要素电路的作用下 CPU 工作，其 9 脚输出高电平 5V 电压→经反相驱动器反相放大→驱动主控继电器 RY01 线圈，线圈得电使触点闭合→ L 端电压经触点直接送至硅桥的交流输入端→ PTC 电阻退出充电电路→空调器开始正常工作。

3.3.2　开关电源电路

开关电源电路的作用是将直流 300V 电压转换成直流 15V、直流 12V、直流 5V 电压，其中直流 15V 为模块（D7）内部控制电路供电（模块设有 15V 自举升压电路，主要元器件为二极管 D9 和电容 D10），直流 12V 为继电器和反相驱动器供电，直流 5V 为 CPU 等供电，电路简图如下：

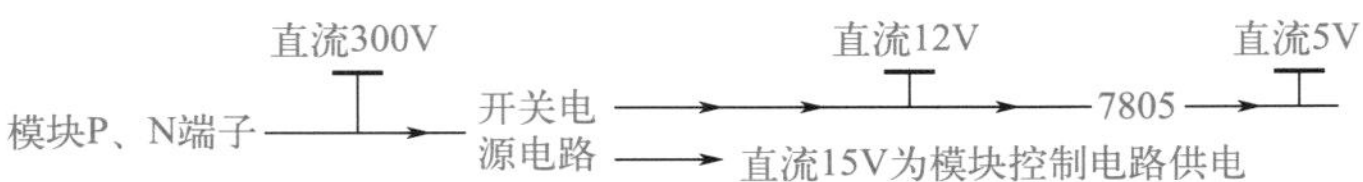

开关电源电路设计在室外机主板上，主要由3.15A熔丝管（C7）、开关电源集成电路（C8）、开关变压器（C9）、稳压光耦（C11）、稳压取样集成块TL431（C10）和5V电压产生电路7805（C12）等元器件组成。电路如下所示：

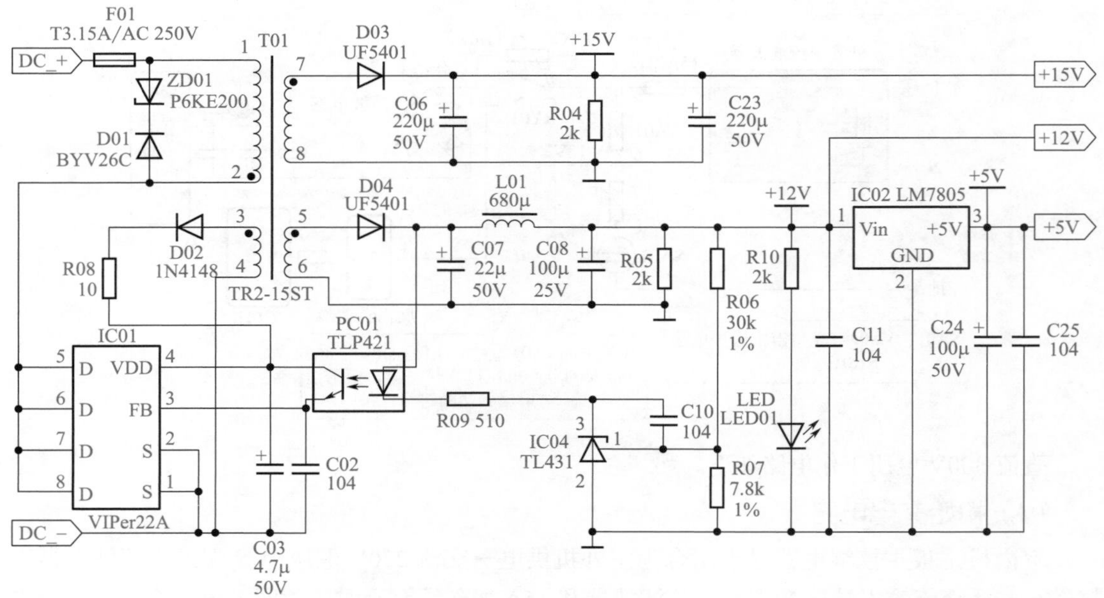

（1）直流300V电压产生电路

外置交流滤波器、PTC电阻、主控继电器触点、硅桥、滤波电感和滤波电容组成直流300V电压产生电路，输出的直流300V电压主要为模块P、N端子供电→模块输出供电，使压缩机工作→低频运行时模块P、N端电压为直流300V，升频运行时，P、N端电压会逐步下降，最高频率运行时P、N端电压实测约240V，因此室外机开关电源电路供电在直流240～300V之间。

（2）开关振荡电路

直流300V电压正极经开关变压器一次供电绕组送至集成电路IC01的5～8脚，接内部开关管漏极D→300V电压负极接IC01的1、2脚，和内部开关管源极S相通→IC01内部振荡器开始工作→驱动开关管导通与截止→由于开关变压器T01一次供电绕组与二次绕组极性相反，IC01内部开关管导通时一次绕组存储能量，二次绕组因整流二极管D03、D04承受反向电压而截止，相当于开路→U6内部开关管截止→T01一组极性变换→二次绕组极性同样变换→D03、D04正向偏置导通→一次绕组向二次绕组释放能量→由D01、ZD01组成钳位保护电路→吸收开关管截止时加在漏极D上的尖峰电压，并将其降至一定的范围之内，防止过电压损坏开关管→开关变压器一次侧反馈绕组的感应电压经二极管D02整流、电阻R08限流、电容C03滤波→得到直流20V电压→为IC01的4脚内部电路供电。

（3）稳压电路

稳压电路采用脉宽调制方式，由分压精密电阻R06和R07、三端误差放大器IC04（TL431）、光耦PC01和IC01的3脚组成。其电路工作过程如下。

因输入电压升高或负载发生变化引起直流12V电压升高→分压电阻R06和R07的分压点电压升高→TL431的1脚参考极电压也相应升高→内部晶体管导通能力加强，TL431的3脚阴极电压降低→光耦 PC01 初级发光二极管两端电压上升→次级光敏晶体管导通能力加强→ IC01 的 3 脚电压上升→ IC01 通过减少开关管的占空比，即开关管导通时间缩短而截止时间延长，使得开关变压器存储能量变小，输出电压也随之下降。

若直流 12V 输出电压降低，TL431 的 1 脚参考极电压降低→内部晶体管导通能力变弱→ TL431 的 3 脚阴极电压升高→光耦 PC01 初级发光二极管两端电压降低→次级光敏晶体管导通能力下降→ IC01 的 3 脚电压下降→ IC01 通过增加开关管的占空比，使得开关变压器存储能量增加，输出电压也随之升高。

3.3.3　室外机 CPU 及其三要素电路

CPU（D1）是室外机电控系统的控制中心，处理输入部分电路的信号后对负载进行控制，CPU 的复位电路、晶振等元件构成的三要素电路同是 CPU 正常工作的前提。

该电路使用的 CPU 共有 44 个引脚，其芯片外形及引脚功能如下。

引脚	英文符号	功能	备注
1、40 ～ 44	U、V、W、X、Y、Z	模块 6 路信号输出	输出部分电路
2	FO	模块保护信号输入	输入部分电路
4	CS	片选	存储器电路
5	THERMO	压缩机顶盖温度开关	输入部分电路
6、7	FAN	室外风机	输出部分电路
8	5V 或 4V	四通阀线圈	输出部分电路
9		主控继电器	
12	LED	指示灯	CPU 三要素电路
13	RESET	复位	
14	OSC1	16MHz 晶振	
15	OSC2		
16	VSS	地	
22	SI 或 RXD	接收信号	通信电路
23	SO 或 TXD	发送信号	
24	SCK	时钟	存储器电路
25	SI	数据输入	
26	SO	命令输出	

续表

引脚	英文符号	功能	备注
30	GAIKI	室外环温传感器输入	输入部分电路
31	COIL	室外管温传感器输入	
32	COMP	压缩机排气传感器输入	
33	VT	过 / 欠电压检测	
34	CT	电流检测	
37	TEST	应急检测	
39	VDD	电源	CPU 三要素电路

CPU 三要素电路原理如下图所示：

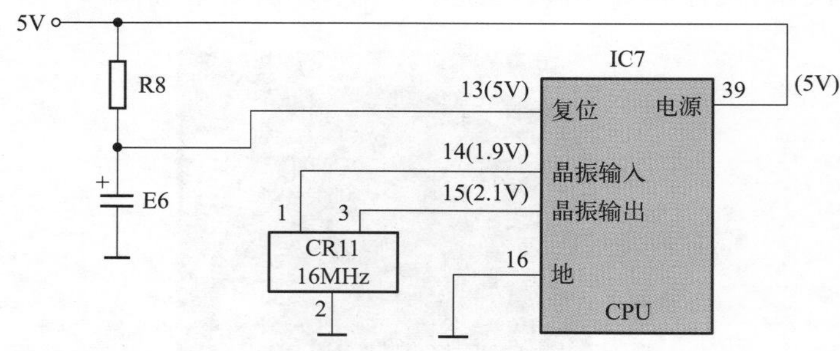

(1) 电源电路

开关电源电路设计在室外机主板，直流 5V 和 15V 电压由 3 芯连接线通过 CN4 插座为模块板供电。CN4 的 1 针接红线为 5V，2 针接黑线为地，3 针接白线为 15V。CPU 的 39 脚是电源供电引脚，供电由 CN4 的 1 针直接提供。CPU 的 16 脚为接地引脚，和 CN4 的 2 针相连。

(2) 复位电路

复位电路使内部程序处于初始状态。本机未使用复位集成电路，而是使用简单的 RC 元件组成复位电路。CPU 的 13 脚为复位引脚，电阻 R8 和电容 E6 组成低电平复位电路。工作过程如下：

室外机上电→开关电源电路开始工作→直流 5V 电压经电阻 R8 为 E6 充电→开始时 CPU 的 13 脚电压较低，使 CPU 内部电路清零复位→随着充电的进行，E6 电压逐渐上升→当 CPU 的 13 脚电压上升至供电电压 5V 时，CPU 内部电路复位结束开始工作。

(3) 时钟振荡电路

CPU 的 14、15 脚为时钟引脚，内部振荡器电路与外接的晶振 CR11 组成时钟振荡电路，提供稳定的 16MHz 的时钟信号，使 CPU 能够连续执行命令。

3.3.4 存储器电路

存储器电路是以 D3 为主要元器件的电路，存储相关参数，供 CPU 运行时调取使用。其电路如图所示：

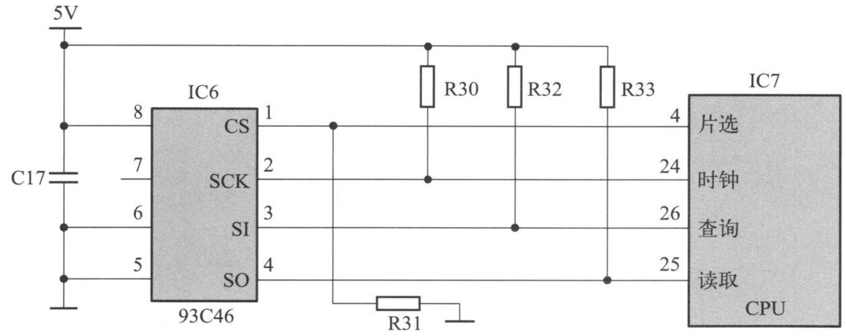

CPU 需要读写存储器的数据时 4 脚变为高电平 5V →选存储器 IC6 的 1 脚→ 24 脚向 IC6 的 2 脚发送时钟信号→ 26 脚将需要查询数据的指令输入到 IC6 的 3 脚→ 25 脚读取 IC6 的 4 脚反馈的数据。

3.3.5　传感器电路

传感器电路可以为 CPU 提供温度信号，比如室外环境温度、室外冷凝器温度和压缩机排气管温度，它们的位置如下图所示。

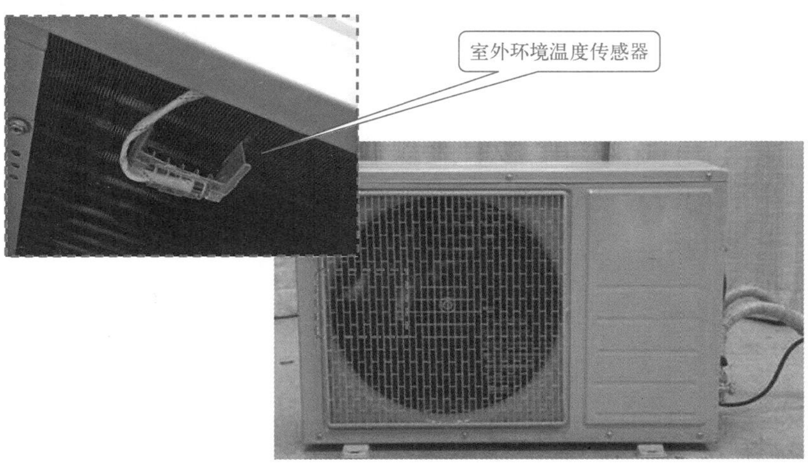

传感器电路原理图如下所示。

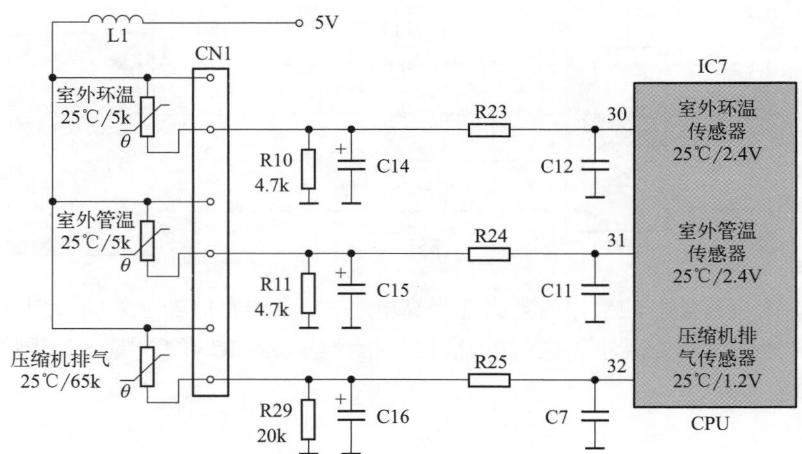

室外机 3 路传感器电路工作原理相同，均为传感器与偏置电阻组成分压电路。以压缩机排气传感器电路为例，其工作过程如下：

压缩机排气管由于某种原因温度升高→压缩机排气传感器温度也相应升高，其阻值变小，→根据分压电路原理，分压电阻 R29 分得的电压也相应升高→输送到 CPU 的 32 脚的电压升高→ CPU 根据电压值计算出压缩机排气管的实际温度→与内置的程序相比较，对室外机电路进行控制→假如计算得出的温度大于 100%，则控制压缩机降频；如大于 115℃则控制压缩机停机→并将故障代码通过通信电路传送到室内机主板 CPU。

3.3.6　压缩机顶盖温度开关电路

压缩机运行时壳体温度如果过高，会加剧内部机械部件的磨损，压缩机线圈绝缘层容易因过热击穿发生短路故障。室外机 CPU 检测压缩机排气传感器温度，如果温度高于 90℃，则会控制压缩机降频运行，使温度降到正常范围以内。所以，在压缩机上安装有顶盖温度开关作为第二道保护，其安装位置如下图所示：

空调压缩机温度开关连接在室外机主板上，温度开关通过室外机主板和模块板连接线的 1 号线连接至 CPU 的 5 脚，CPU 根据引脚电压为高电平或低电平，检测温度开关的状态。其电

路工作过程如下：

制冷系统工作正常时温度开关触点为闭合状态→ CPU 的 5 脚接地，电压为低电平 0V →对电路没有影响；如果运行时压缩机排气传感器失去作用或其他原因，使得压缩机顶部温度大于 115℃→温度开关触点断开→ 5V 经电阻为 CPU 的 5 脚供电→电压由 0V 变为 5V → CPU 检测后立即控制压缩机停机，并将故障代码通过通信电路传送至室内机 CPU。

> 提示：
>
> 压缩机温度开关故障会引起室外机不能运行的故障，检测时使用万用表电阻挡测量引线插头，正常阻值为 0Ω；如果实测结果为无穷大，则为温度开关损坏。应急时可将引线剥开，直接短路使用，待有配件时再更换。

3.3.7　电压检测电路

电压检测电路用来监测过高的电压，下图所示为电压检测电路原理图。

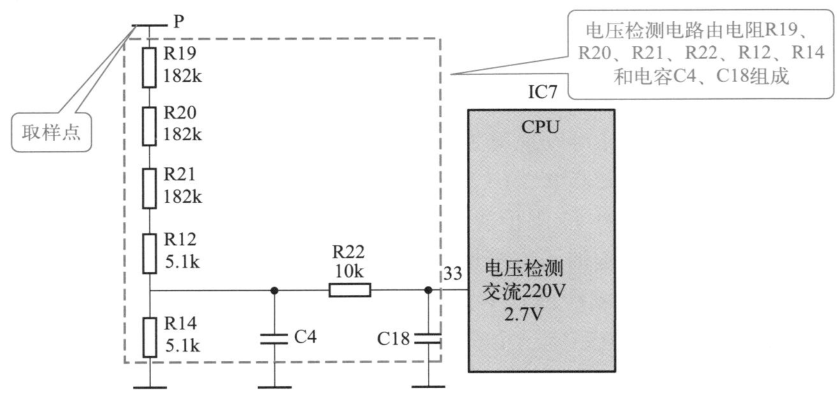

工作过程如下：

取样点为 P 接线端子上的直流 300V 母线电压→ R19、R20、R21、R12 为上偏置电阻，R14 为下偏置电阻→ R14 的阻值在分压电路所占的比例为 1/109[R14/（R19 +R20 +R21 +R12 +R14），即 5.1/（182 +182 +182 +5.1+5.1）] → R14 两端电压经电阻 R22 送至 CPU 的 33 脚，即 CPU 的 33 脚电压值乘以 109 等于直流电压值，再除以 1.36 就是输入的交流电压值 [比如 CPU 的 33 脚当前电压值为 2.75V，则当前直流电压值为 299V（2.75V × 109），当前输入的交流电压值为 220V（299V ÷ 1.36）]。CPU 引脚电压与交流输入电压对应关系见下表：

CPU 的 33 脚直流电压 /V	对应 P 接线端子上的直流电压 /V	对应输入的交流电压 /V	CPU 的 33 脚直流电压 /V	对应 P 接线端子上的直流电压 /V	对应输入的交流电压 /V
1.87	204	150	2	218	160
2.12	231	170	2.2	245	180
2.37	258	190	2.5	272	200
2.63	286	210	2.75	299	220
2.87	312	230	3	326	240
3.13	340	250	3.23	353	260

压缩机高频运行时，即使输入电压为标准的交流 220V，直流 300V 电压也会下降至直流 240V 左右。为防止误判，室外机 CPU 内部数据设有修正程序。

3.3.8 电流检测电路

为了防止某些故障原因使变频压缩机运行时电流过大，造成对压缩机的损坏，变频空调器外机主板上均设有电流检测电路，该电路的原理图如下所示。

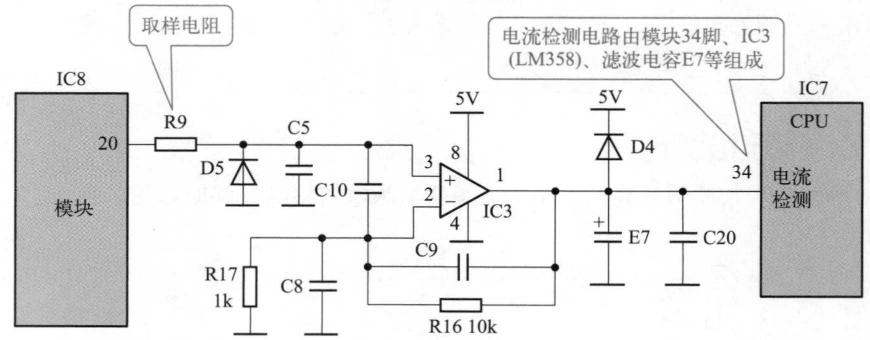

取样电阻将模块工作电流（可以理解为压缩机运行电流）转化为电压信号由 20 脚输出→由于电压值较低，送至运算放大器 IC3（LM358）的 3 脚同相输入端进行放大→ IC3 将电压放大 10 倍（放大倍数由电阻 R16/R17 阻值决定）→再由 IC3 的 1 脚输出至 CPU 的 34 脚，CPU 内部软件根据电压值计算出对应的压缩机运行电流，对室外机进行控制；若 CPU 根据电压值计算出当前压缩机运行电流在制冷模式下大于 10A，则判断为“过电流故障”→控制室外机停机，并将故障代码通过通信电路传送至室内机 CPU。

提示：

该空调器使用的取样电阻模块为集成电阻，该模块取样电阻引脚与 N 接线端子的阻值小于 1Ω，常用 CPU 引脚电压与压缩机运行电流对应关系见下表：

运行电流 /A	CPU 的 34 脚电压 /V	运行电流 /A	CPU 的 34 脚电压 /V
1	0.2	3	0.6
6	1.2	8	1.6

3.3.9 模块保护电路

模块保护电路由模块输出信号，用于向外机 CPU 报告相关电路的运行情况，其工作示意图见下图所示。

① IGBT 开关管　当模块内部控制电路检测到直流 15V 电压过低、基板温度过高、运行电流过大或内部 IGBT 开关管短路引起电流过大故障时，均会关断 IGBT 开关管，同时模块保护 FO 引脚变为低电平，室外机 CPU 检测后判断为“模块故障”，停止输出 6 路信号，控制室外机停机，并将故障代码通过通信电路传送至室内机 CPU。

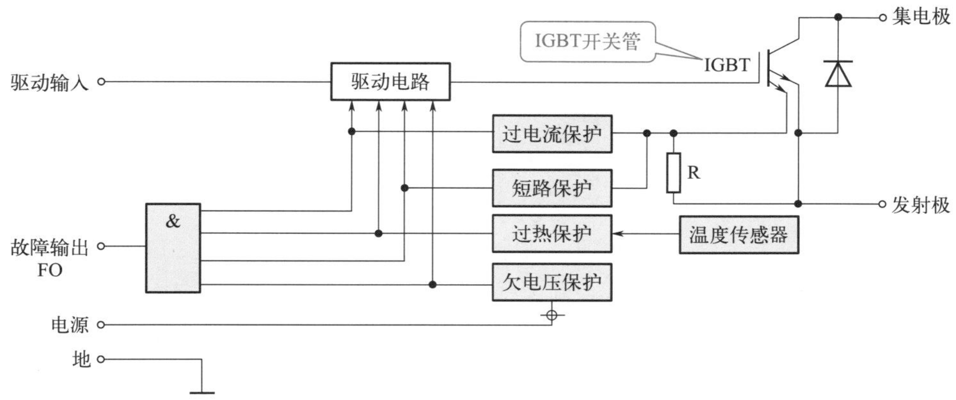

② 控制电路供电电压欠电压保护　模块内部控制电路使用外接的直流 15V 电压供电，当电压低于直流 12.5V 时，模块驱动电路停止工作，同时输出保护信号至室外机 CPU。

③ 过热保护　模块内部设有温度传感器，如果检测基板温度超过设定值（约 110℃），模块驱动电路停止工作，同时输出保护信号至室外机 CPU。

④ 过电流保护　模块工作时如内部电路检测 IGBT 开关管电流过大，模块驱动电路停止工作，同时输出保护信号至室外机 CPU。

⑤ 短路保护　如负载发生短路、室外机 CPU 出现故障、模块被击穿时，IGBT 开关管的上、下臂同时导通，模块检测后控制驱动电路停止工作，同时输出保护信号至室外机 CPU。

模块保护电路图如下所示：

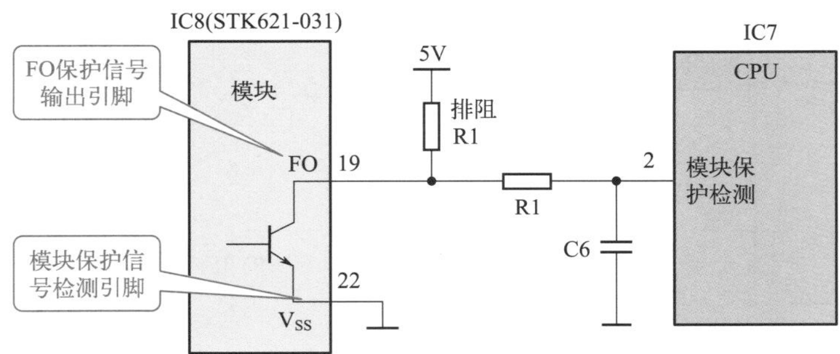

正常情况下的电路：模块保护输出引脚 19 脚，为集电极开路型设计，正常情况下此脚与外围电路不相连，CPU 的 2 脚和模块 19 脚通过排阻 RA2 中代号 R1 的电阻（4.7kΩ）连接至 5V，因此模块正常工作即没有输出保护信号时，STK621-031 的 19 脚引脚电压为 3.2V。

出现 4 种保护时：将停止处理 6 路信号，同时 22 脚接地，CPU 的 2 脚经电阻 R1、模块 19 脚与地相连，电压由高电平 5V 变为低电平约 0V，CPU 内部电路检测后停止输出 6 路信号，停机进行保护并将故障代码通过通信电路传送至室内机 CPU。

3.3.10　指示灯电路

指示灯电路用来显示室外机工作状态，本机只设一个显示灯，用显示次数显示故障内容。指示灯电路如下所示。

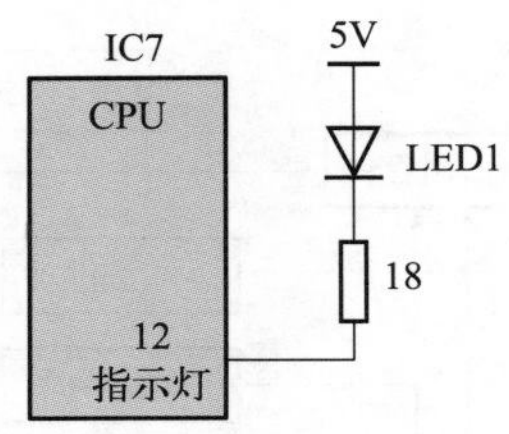

CPU 的 12 脚驱动指示灯点亮或熄灭，引脚为高电平 4.5V 时，指示灯 LED1 熄灭；引脚为低电平 0. 1V 时，指示灯两端电压为 1.7V，处于点亮状态；CPU 的 12 脚电压为 0.1V—4.5V—0.1V—4.5V 交替变化时，指示灯表现为闪烁显示，闪烁的次数由 CPU 决定。

提示：

一个指示灯显示故障代码时，上一个显示周期和下一个显示周期中间有较长时间的间隔，而闪烁时的间隔时间则比较短，可以看出指示灯闪烁的次数；如果室外机主板设有 2 个或 2 个以上指示灯，则以亮、灭、闪的组合显示故障代码。

3.3.11 主控继电器电路

主控继电器电路可以为室外机供电，与 PTC 电阻构成延时，也就是瞬间大电流充电电路，其电路原理图如下所示。

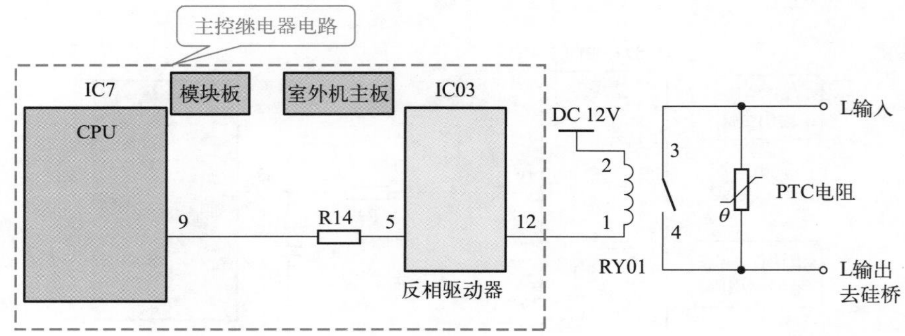

（1）主控继电器电路运行时

CPU 需要控制 RY01 触点闭合时→ 9 脚输出高电平 5V 电压→经电阻 R14 限流后电压为 2. 5V，送到 IC03 的 5 脚→反相驱动器内部电路翻转→ IC03 的 12 脚电压变为低电平（约 0. 8V ）→主控继电器 RY01 线圈电压为直流 11. 2V →产生电磁吸力→触点 3-4 闭合。

（2）主控继电器电路断开时

CPU 需要控制 RY01 触点断开时→ 9 脚变为低电平 0V → IC03 的 5 脚电压也为 0V →反相驱动器内部电路不能翻转→ IC03 的 12 脚不能接地，RY01 线圈电压为 0V →不能产生电磁吸力→触点 3-4 断开。

3.3.12 室外风机电路

室外风机电路用于驱动室外风机运行，为冷凝器散热，其电路原理图如下图所示。

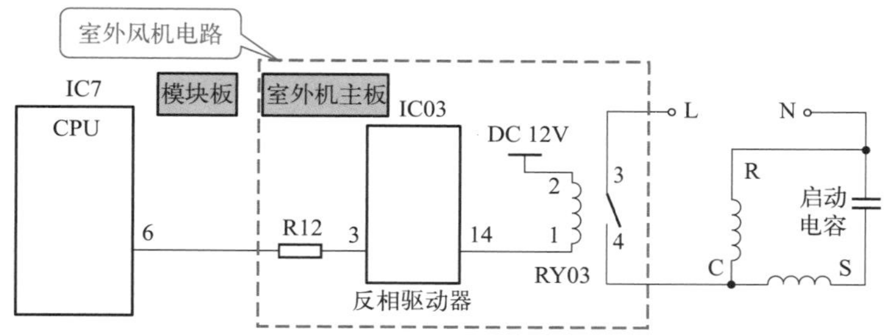

（1）驱动室外风机运行时的工作电路

CPU 的 6 脚输出高电平 5V 电压→经电阻 R12 限流后为 2.5V →送至 IC03 的 3 脚→反相驱动器内部电路翻转→ IC03 的 14 脚电压变为低电平约 0. 8V →继电器 RY03 线圈电压为 11.2V →产生电磁吸力使触点 3-4 闭合→室外风机线圈得电，在电容的作用下旋转运行，制冷模式下为冷凝器散热。

（2）停止室外风机时的工作电路

CPU 的 6 脚变为低电平 0V → IC03 的 3 脚也为低电平 0V →反相驱动器内部电路不能翻转，14 脚不能接地→ RY03 线圈电压为 0V →不能产生电磁吸力，触点 3-4 断开→室外风机因失去供电而停止运行。

3.3.13　四通阀线圈电路

四通阀线圈电路是驱动四通阀线圈的电路，其原理如下图所示。

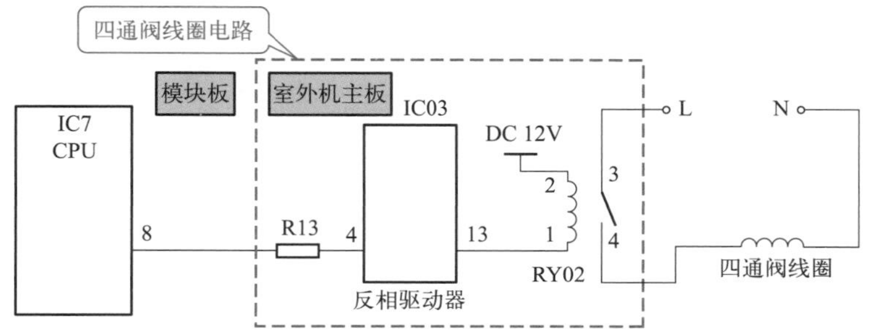

（1）空调器工作在制热模式时

将控制命令通过通信电路传送至室外机 CPU →其 8 脚输出高电平 5V 电压→经电阻 R13 限流后约为 2.5V →送到 IC03 的 4 脚→反相驱动器内部电路翻转→ IC03 的 13 脚电压变为低电平约 0. 8V →继电器 RY02 线圈电压为直流 11. 2V 左右→产生电磁吸力使触点 3-4 闭合→四通阀线圈得到交流 220V 电源，吸引四通阀内部磁铁移动→在压力的作用下转换制冷剂流动的方向，使空调器工作在制热模式。

（2）空调器工作在制冷模式时

室外机 CPU 的 8 脚为低电平 0V → IC03 的 4 脚电压也为 0V →反相驱动器内部电路不能翻转，IC03 的 13 脚不能接地→ RY02 线圈电压为 0V →不能产生电磁吸力，触点 3-4 断开→四通阀线圈电压为交流 0V →对制冷系统中制冷剂流动方向的改变不起作用，空调器工作在制冷模式。

第 4 章 空调器的安装和移机

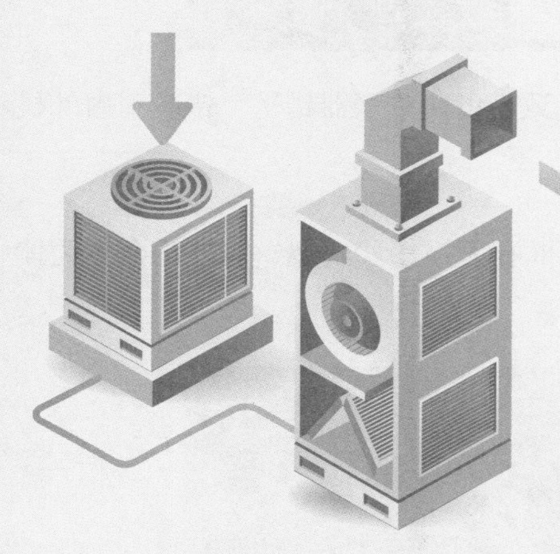

4.1 空调器的安装
4.2 空调器的移机

4.1 空调器的安装

4.1.1 安装前的检查

① 检查空调器包装箱，查看是否完整，表面印刷是否正确，如下图所示。

② 拆箱检查，查看内装空调器型号与包装箱是否一致，以防空调器错送、错装和内外机安装后不一致等现象发生。

③ 安装时对室内外机体进行检查。

a. 检查室内机组塑料外壳和装饰面板、风叶、出风框有无损坏、破裂，室外机金属壳体有无划伤、生锈、碰凹，如下图所示。

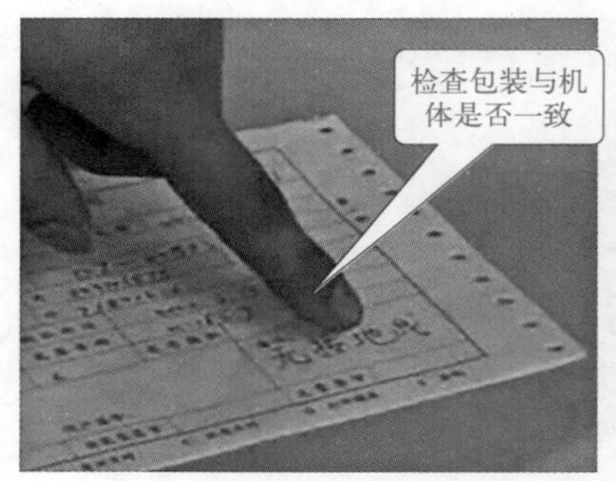

b. 室外机已充入 R22，打开螺母时有气体排出（如下图所示），可认为无泄漏。

c. 室内机可通电检查，检查各功能转换、噪声等。

d. 检查室外机阀门，二通阀、三通阀的螺纹锥头有无滑牙。对室内外机的所有锥头涂上冷冻油，增强密封能力，如下图所示。

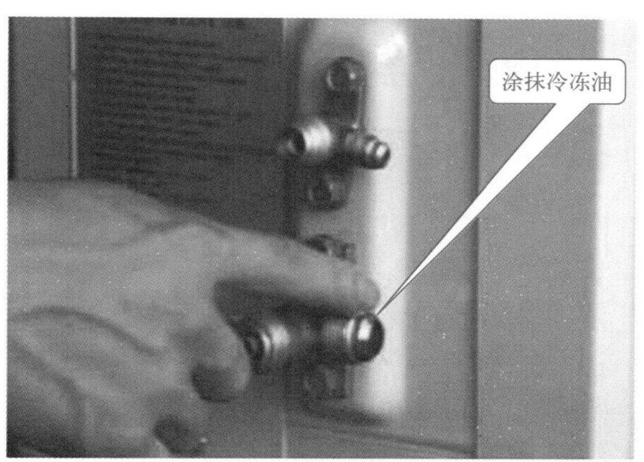

e. 对紧固件进行检查。空调器安装时，用于紧固支架装于墙上或平台上的零件，应使用符合国家标准的紧固件，膨胀螺栓和固定用螺栓，如下图所示。

f. 对包扎带及防水胶带、石膏、穿墙孔套管及盖进行检查，如下图所示。

g. 对排水管进行检查，如下图所示。

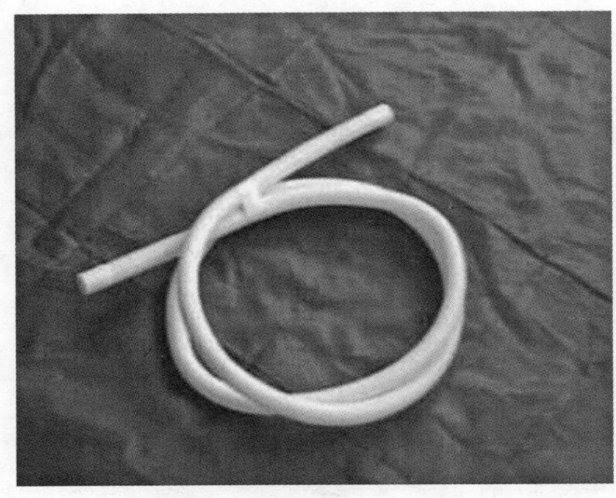

④ 安装壁挂式空调器时，如果安装位置较高，厂家自带的排水管不够长，就需要延长排水管，如下图所示。

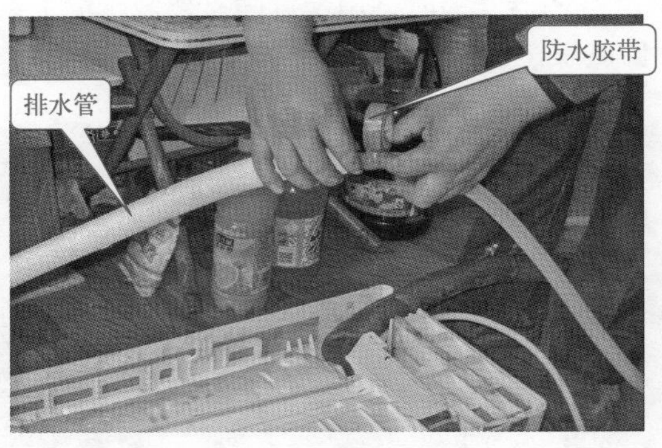

4.1.2 空调安装位置的选择

（1）根据用户提供的空调器工作环境，综合考虑空调器的安装位置

① 避开易燃气体可能发生泄漏的地方，或有强腐蚀气体的环境。

② 避开人工强电、磁场直接作用的地方，如高压电房、大变压器房、CT 放射室、高频设备及高功率无线电装置的地方，否则空调器安装后，由于信号通信受到影响，则不能正常使用。

③ 尽量避开周围环境恶劣（油烟大、风沙多、阳光直射、室外通风散热不畅及有高温热源）的地方。

a. 风沙大会引起铝翅片间隙阻塞，轴承卡死等故障，室内机组受到阳光直射，会使塑料外壳过早老化，造成制冷效果不好。

b. 油烟重会引起过滤网过早堵塞、铝翅片散热不良等故障。

c. 附近的高温热源会导致室外机散热不良、制冷量不足、停机热保护等故障。

（2）室外机安装需考虑的因素

① 室外机的安装应符合当地城市主管部门的要求，不影响市容和文物古迹。

② 不影响公共通行，如楼内的过道，楼梯出口；尽可能远离绿色植物，以免夏天制冷时吹出热风影响其生长。

③ 室外机与相对门窗距离不可小于如下值：空调器额定制冷量不大于 4.5kW 的为 3m；空调器额定制冷量大于 4.5kW 的为 4m。

④ 室外机不应安装在狭窄的巷道里，距离安装墙面不可太近，以免影响其出风和散热。通风不畅将导致室外机组散热不良，发生制冷量不足，甚至停机热保护等故障。

⑤ 室外机不能安装在不平的地面上，如下图所示，以免引起振动。

（3）室内机安装需考虑的因素

① 室内机应安装在能将冷、热风吹向室内各个角落的地方，分体壁挂式室内机安装高度一般为距地面 2.0 ～ 2.6m 高，如下图所示。

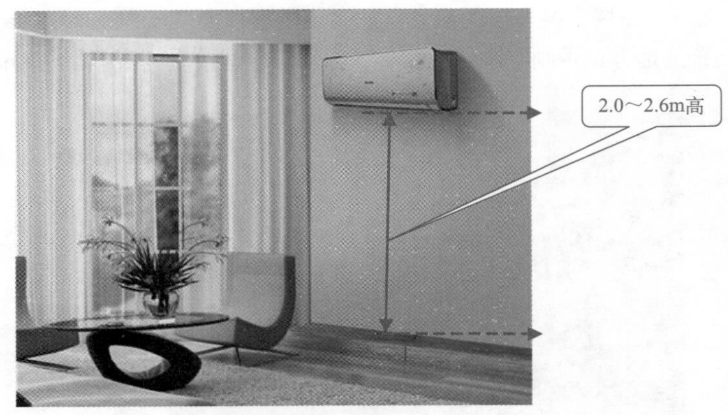

同时要保证室内空气循环通畅，维修操作方便。为保证制冷系统压缩机油能正常回流，推荐以下数据，如下表所示。

型号（制冷量）	一般配管长 /m	最大管长 /m	室内外机最大高度差 /m	增加 1m 单程补加 R22/g	连接管外径 /mm
20、25 机型	4	8	5	20	ϕ6、ϕ9.52
31、32、35、40、45 机型	5	10	7	25	ϕ6、ϕ12
50、60、70 机型	6	15	10	30	ϕ9.52、ϕ16
100、120、140 机型	6	20	13	40	ϕ12、ϕ19

② 管线安装位置的选择原则：原则上应顺墙布置，合理转弯，横平竖直。

空调器连接管线一般不应穿过地面、楼板和屋顶，否则应采取堵塞措施，防风、防雨、防虫。连接管路通过建筑物的自由空间时，应避免横空跨越，更不能低空跨越，如下图所示。

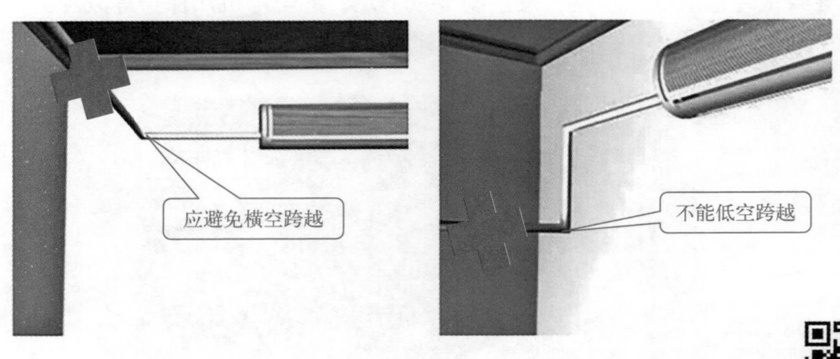

4.1.3 壁挂式空调的安装

（1）室内机的安装

① 室内机挂机板的安装。取出室内机挂机板，确定好其与室内机的挂机位置，如下图所示。

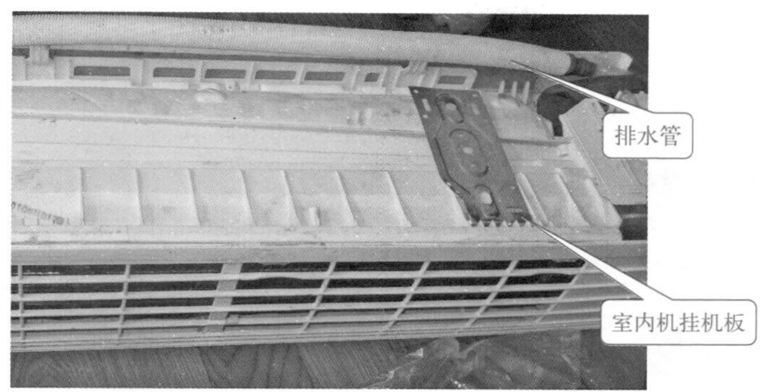

② 用卷尺测量两个挂机板的距离，保证挂机板的安装处于平直状态。

③ 确定好室内机的安装位置后，先用水泥钢钉或膨胀螺栓安装室内机的固定挂板，如下图所示，安装时可利用水平仪确保两块固定挂板的安装位置。

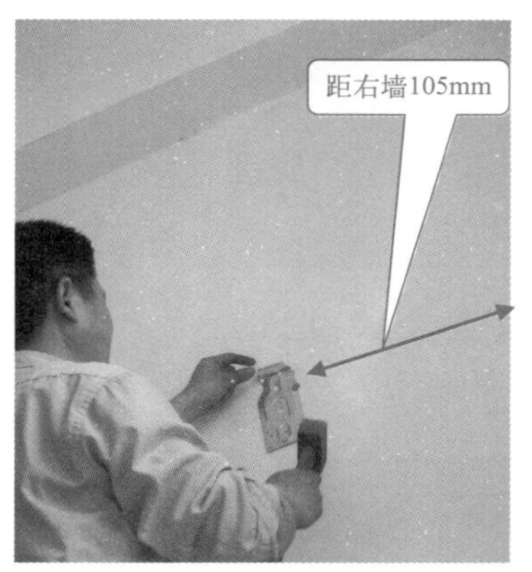

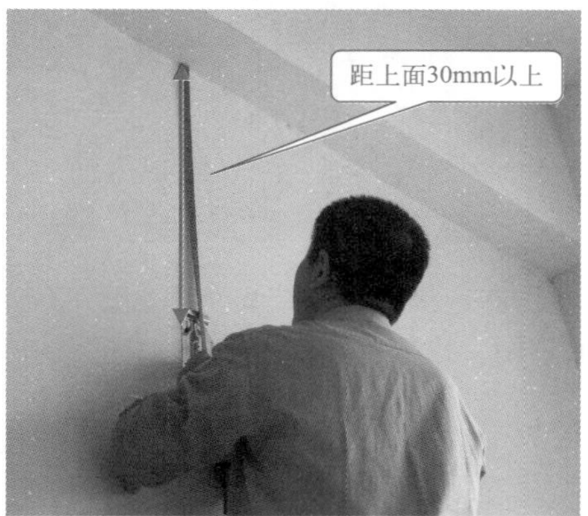

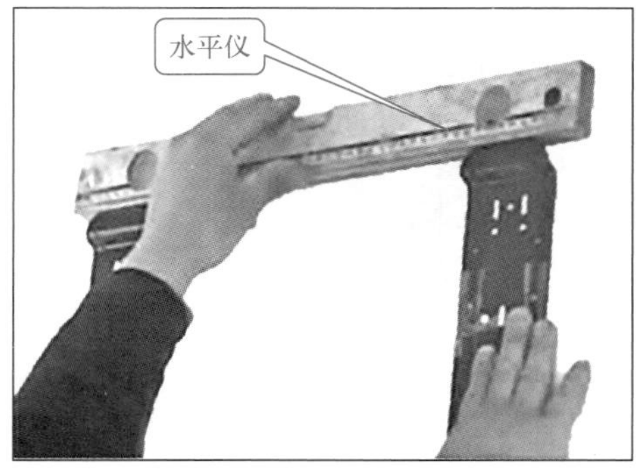

④ 安装挂机板时，安装后其支撑力应不小于60kg，确保能足够支撑机体。

⑤ 其他固定孔可作适当的调整固定，保证挂机板的牢固可靠。挂机板与墙壁之间不能有缝隙，防止松动和振动引起噪声，如下图所示。

⑥ 蒸发器连接管道、接线及排水管的安装。连接空调器室内机接线时，依照线路图或电气控制原理图，按颜色、标识符号对应进行连接，如下图所示。

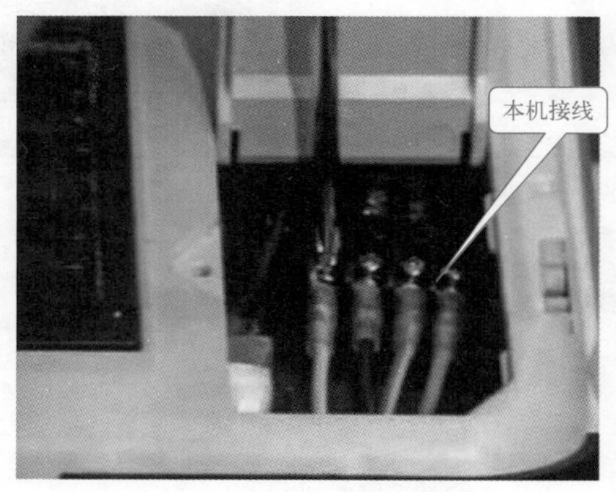

⑦ 将室内端接线按顺序用十字螺丝刀固定，并固定好线夹，检查后关上接线盖，如下图所示。

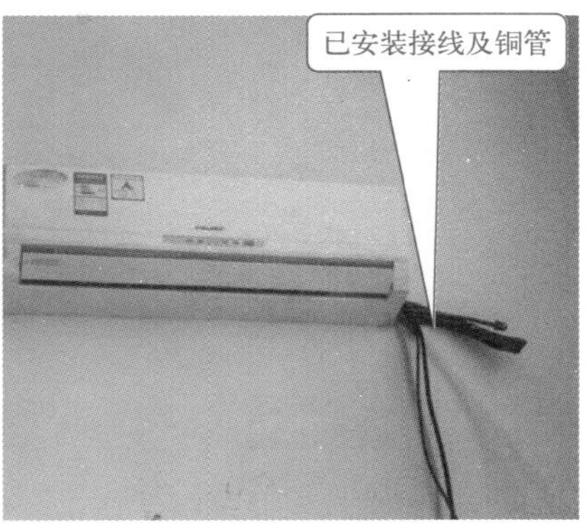

⑧ 如果没有预留外机墙孔，则在装室外机前需要打洞。穿墙孔时，需要在孔周围贴上塑料袋，如下图所示，这样可以有效地抑制扬尘，同时要注意行人的安全。

穿墙孔的孔径应与穿墙管路匹配，一般采用 $\phi 65 \sim 80$mm 的电锤打孔头，如下图所示。

⑨ 之后将室内机的铜管拉至连接管，检查喇叭口和管接头，然后涂上冷冻油，将喇叭口

与室内机连接管对齐，然后轻轻旋上螺母，使连接管与室内机连接管路相连接，如下图所示。

a. 用扳手将连接螺母拧紧，如下图所示。

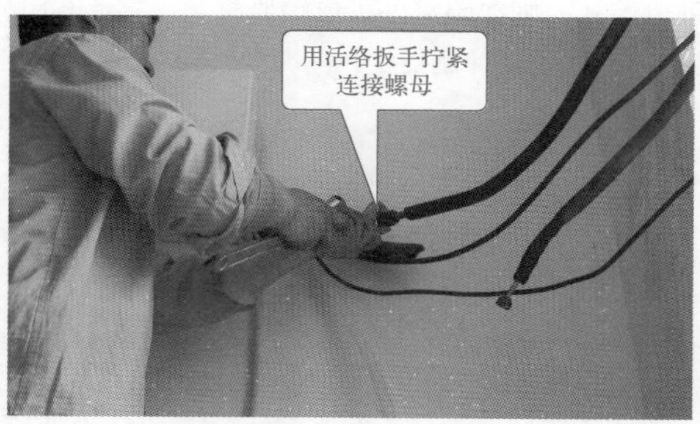

b. 检查高压管后，将其与室外机铜管连接，并用扳手拧紧，再将室内机排水管整理好，并接上室内机附带的软管，如下图所示。

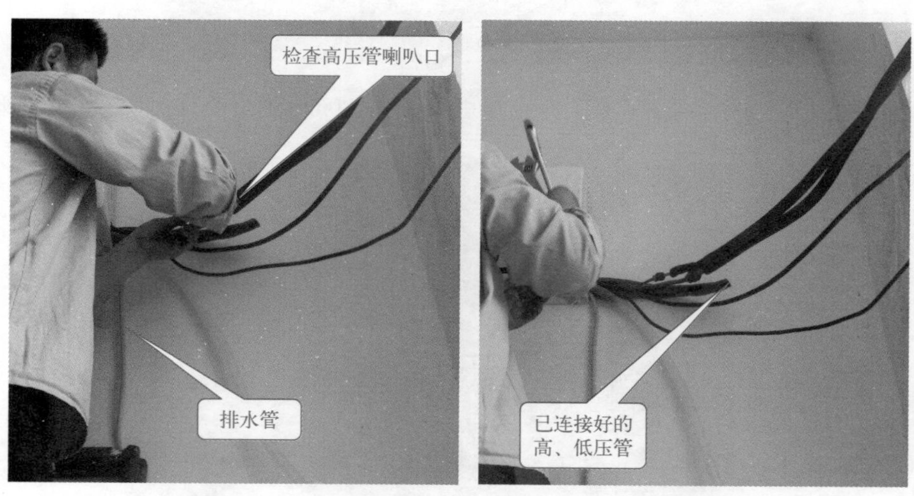

c. 用防水胶带包扎接口，将水管、连接线和连接配管整理好，用白色不干胶带整齐包紧，包扎应均匀美观，如下图所示。

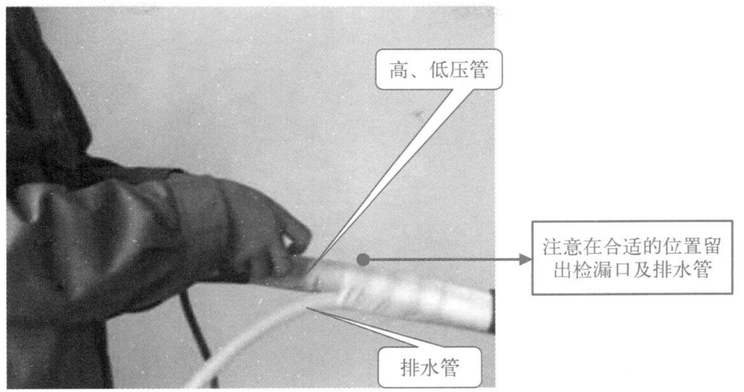

提示：
排水软管的任何部位（弯折处）都应低于室内机的排水口。应保证室内机水平安装，注意接水盘的排水口端应低于另一端，确保冷凝水流动顺畅（一般排水口在室内机的右端）。

（2）室外机的安装

空调器的室外机安装面为建筑物的墙壁或屋顶时，其固定支架的膨胀螺栓必须打在实心砖或混凝土内。如果安装面为木质、空心砖，表面有一层较厚的装饰材料时，其强度明显不足，应采取相应加固措施，必须将螺栓打穿，内外固定。例如安装地点为学校宿舍楼，安装房间在 3 楼，室外机在 5 楼楼顶平放，楼层高度大于厂家自带的铜管长度，则需要使用加长管，一共 5m。其室内、外机安装位置如下图所示。

① 使用绳子将室内机管路拖拽至 5 楼，如下图所示。

② 将铜管拖出孔洞至合适的长度，要求能够与室外机进行连接而不是刚刚连接到室外机。

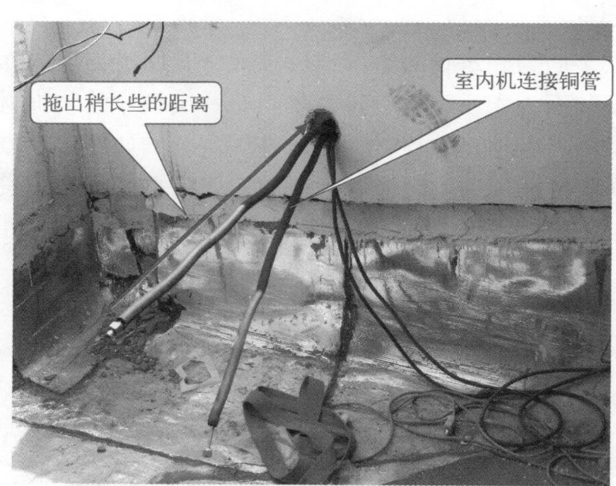

③ 室外机如下图所示，为了防止室外机运行时产生共振，可以在其下垫两块石板，将室外机安放到位，如下图所示。

提示：

室外机的安装要按前面所述选择合适的安装位置，安装人员户外作业时必须扎好安全防护带。

④ 连接管路：将室内机连接管道接头处的螺母取下，对准连接管喇叭口中心，锥头加冷冻油，先用手拧紧锥形螺母，后用扳手拧紧。注意扳手不能将螺母边角损坏，或用力不足拧不紧而泄漏，也不能用力过大损坏喇叭口而泄漏。接管示意图如下图所示。

⑤ 检查没有问题后，再拧上室外机高、低压管护盖，然后再打开接线盒护盖，如下图所示。

⑥ 将室内、外机接线进行连接，如下图所示。

⑦ 连接好引线再装复接线盒护盖，如下图所示。

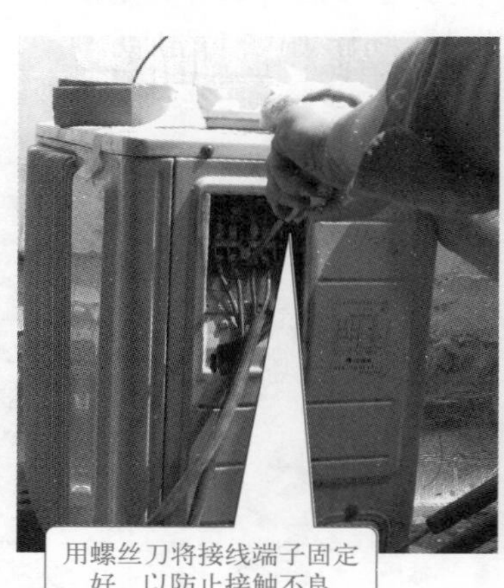

⑧ 因为室外机长期在室外工作，工作环境较为恶劣，考虑到美观及安全，应将铜管进行包扎，如下图所示。

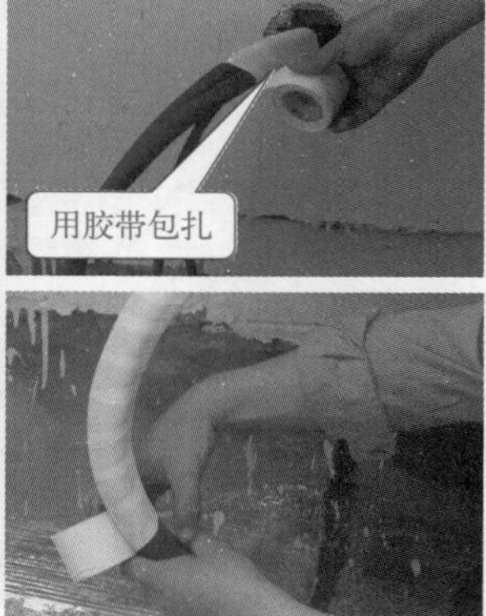

4.1.4　柜式空调的安装

柜式空调的安装，也要遵循新空调拆箱检查的原则，然后再进行安装。

① 这里以柜式空调器安装于新装修房间内为例，空调器的安装位置已预留孔洞，只需拆机接线，然后顺管就可以了。卸下柜式空调器前盖，然后将接线盒护板拆下，如下图所示。

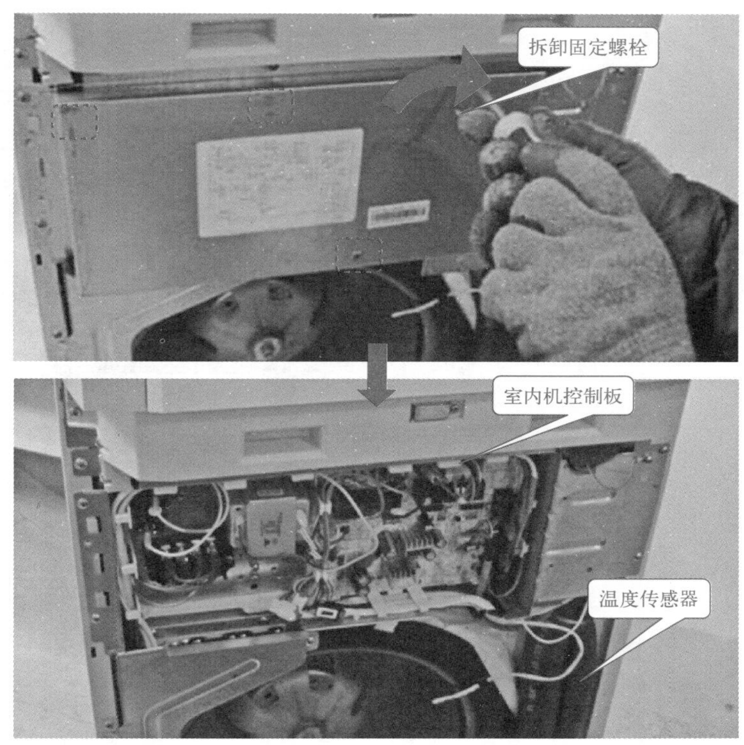

② 打开接线盖护板后，能够看到主板及诸多接线口，然后用螺丝刀将接线端子的固定螺栓拧松，如下图所示。

③ 在盖板背面能够找到接线图，如下图所示，要仔细查看后再接线，以防接错。

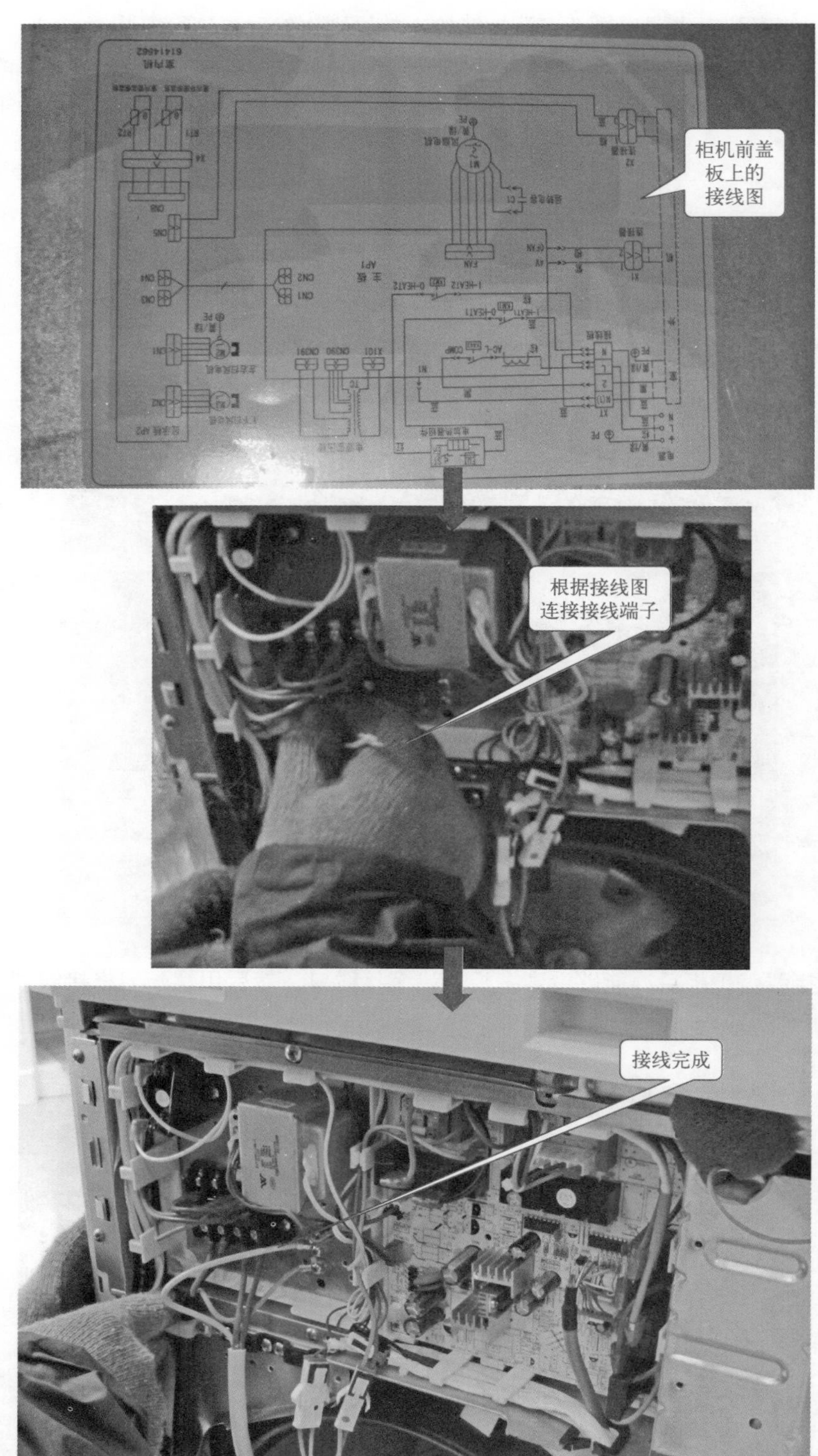

④ 将温度传感器放置在合适的位置，然后拆开顺线板，将线束整理到位，如下图所示。

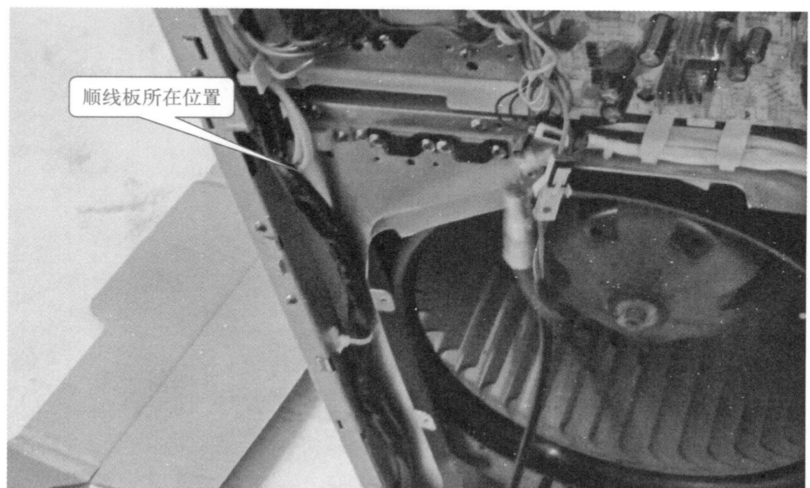

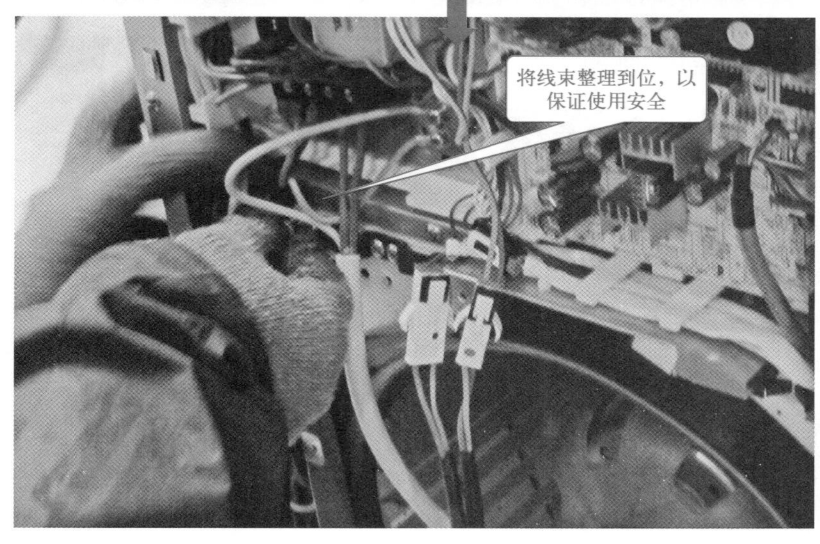

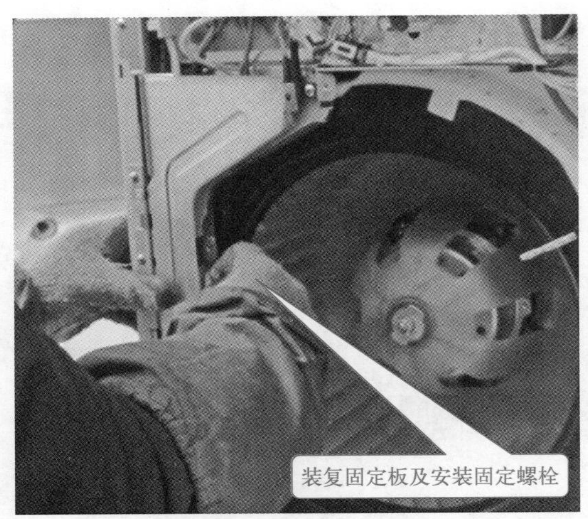

⑤ 线束安装到位如下图所示，接下来需要连接管线，将铜管穿过厂家预留的机孔，检查铜管接口，看其胀口是否能够紧密连接，否则需要重新胀口，连接好铜管，用扳手拧紧，如下图所示。

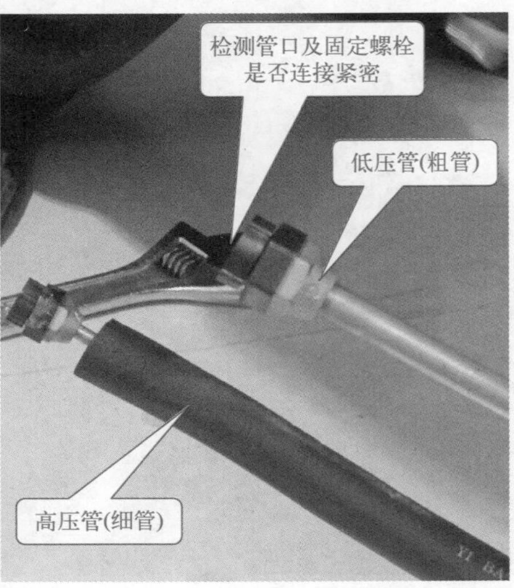

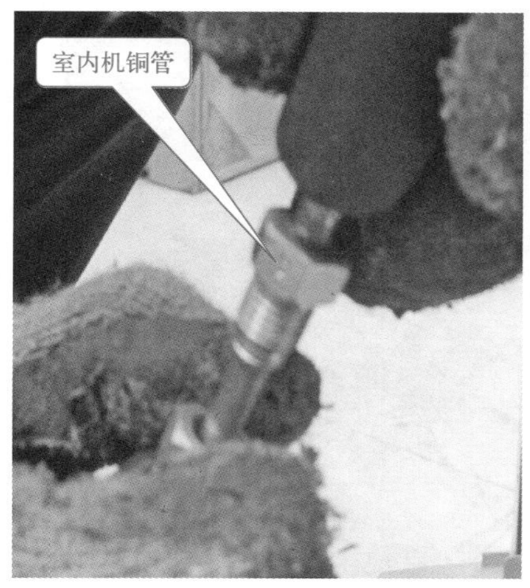

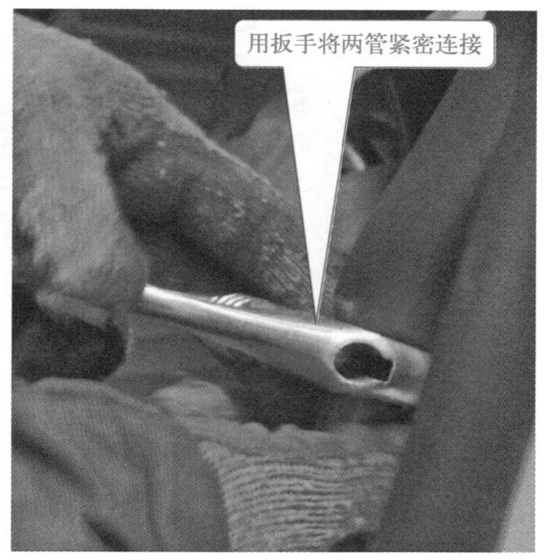

⑥ 将连接好的铜管轻轻弯曲，如下图所示，以保证其美观及使用安全。

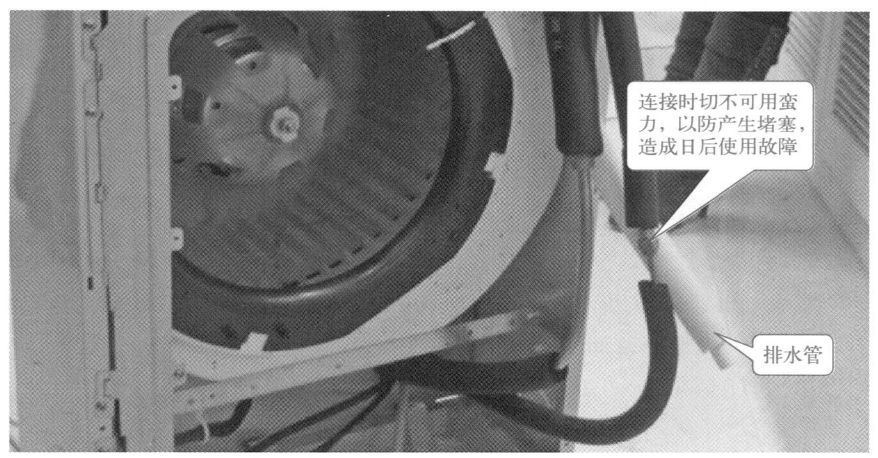

⑦ 为了减少日后使用发生故障的概率，需对排水管和制冷剂传输管进行捆绑固定，并用包扎带将铜管进行包扎，如下图所示。

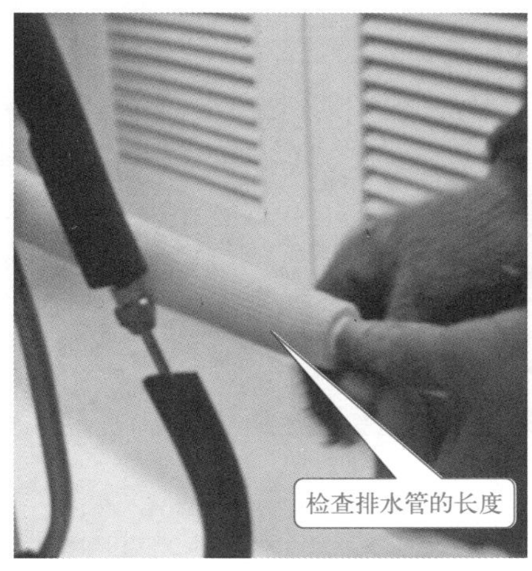

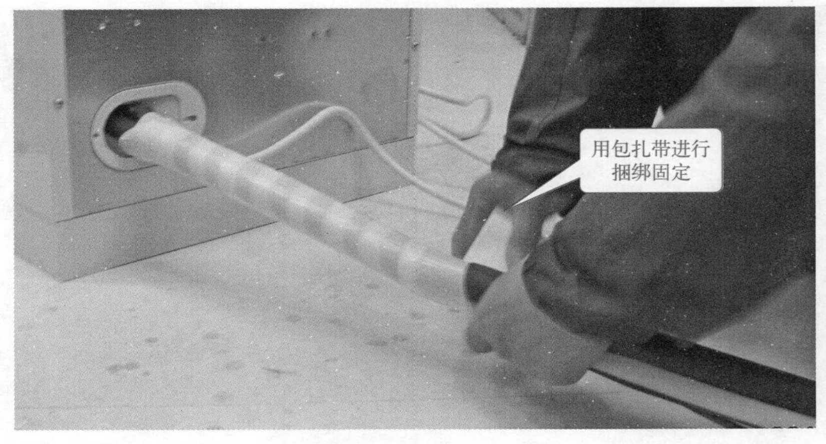

此时室内机部分便安装结束，注意这时先不要将室内机外盖护盖装复，待室外机安装完成，开机运行，试机无误后再装复，以防止出现意外。无论是柜机还是挂机，其室外机的安装方法是一样的，可参照壁挂式空调外机的安装，此处不再赘述。

4.1.5 通电试机

（1）排空、检漏

排空是空调器安装的重要内容。连接管及蒸发器内如存留大量空气，若空气中一旦含有水分、杂质，会对制冷系统造成压力增高，电流增大，噪声、耗电增加，制冷（制热）量下降，还会引起脏堵，压缩机不启动，压缩机电动机绝缘不良，降低冷冻油的性能，最后损坏压缩机等故障。排空的操作步骤如下。

① 依次拆开阀门（二通阀、三通阀）阀帽，如下图所示。

② 用内六角扳手顶住三通阀的工艺接头阀芯 10 ～ 15s（柜机 20 ～ 30s）后停止排

空气。

③ 将所有阀帽加冷冻油后拧紧，如下图所示。

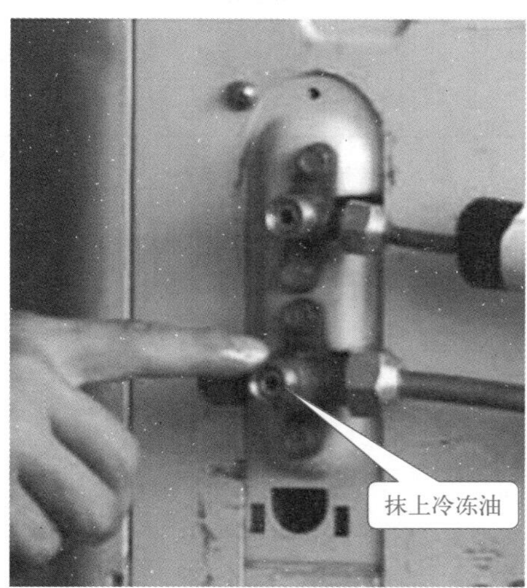

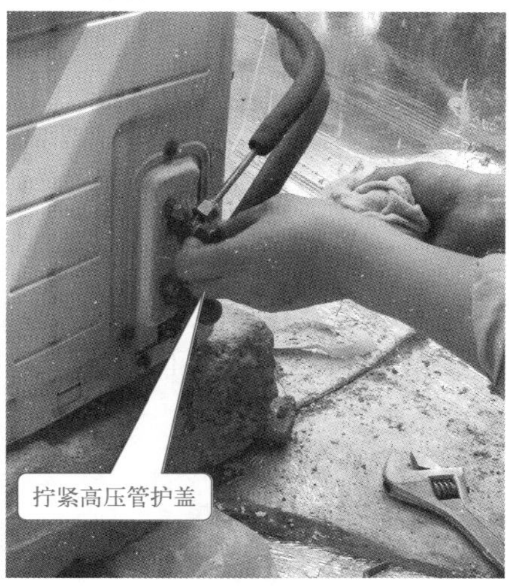

④ 制冷剂泄漏检查：确认系统连接完整后才能检漏。

一般用肥皂水检漏，把肥皂水分别涂在可能泄漏点处（室内外机连接管的四个接口和二通阀、三通阀的阀芯、工艺接口处），如果有气泡冒出，证明有泄漏，要进行重装或维修，如下图所示。

（2）充氟

空调器在出厂时，已经充注氟利昂，若无加长联机管，不需要充注氟利昂。若有加长管路，可参照下表所示参数，从工艺口添加。

型号（制冷量）	增加 1m 单程补加 R22/g
20、25、32、35 机型	20

续表

型号（制冷量）	增加 1m 单程补加 R22/g
40、45 机型	25
50、60、70 机型	30
100、120、140 机型	40

注：表中的数据仅供参考，具体请参照产品使用安装说明书。在拆机、移机过程中，不可避免损失氟利昂，应适当添加。

（3）管道整理

① 空调器管道连接完成后，应将连接管道理直，紧贴墙面固定。管道出墙孔多余空隙用石膏密封，防止风刮进房内，如下图所示。

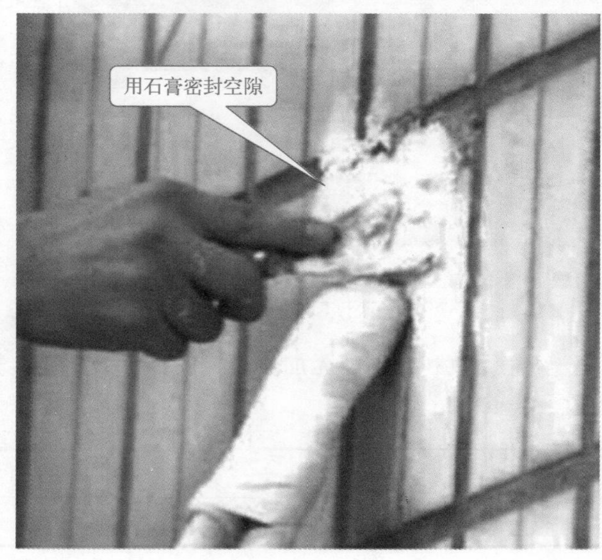

② 室内应安装过墙盖，如下图所示。

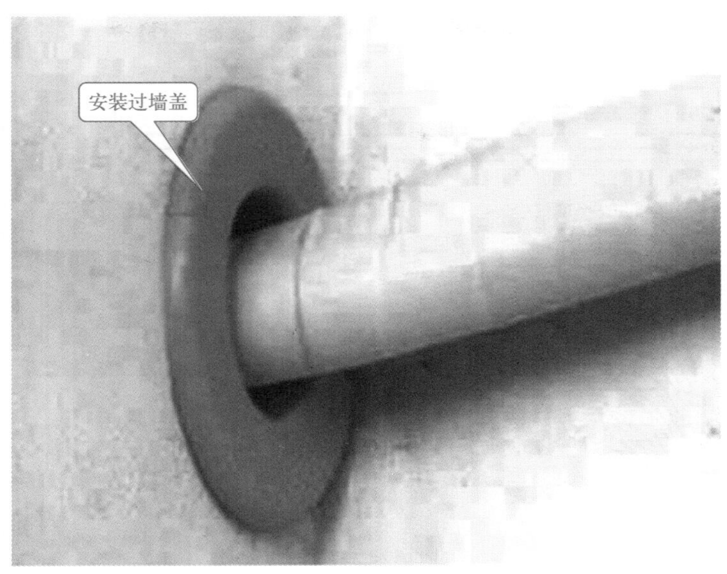

③ 冷凝水的排放应不妨碍他人的工作和生活。冷凝水不宜排放到建筑物的墙面及室外路面上，最好引入雨落管至下水道或地沟中。

（4）上电试机

① 开机后，根据当前室温，开启制冷或者制热模式，检查整机工作情况是否正常。

② 向用户讲解空调器的正确使用方法、注意事项及日常维护知识，将随机文件和附件交于用户，指导用户填写空调器的保修证。

③ 清扫现场，将搬动的物品归位，并将安装过程中的废弃物和空调器的包装材料带走，弃置规定地点。

4.2 空调器的移机

4.2.1 制冷剂的回收

拆机需要先将管路上的制冷剂回收到室外机中。接通电源，用遥控器开机，设定制冷状态。待压缩机运转 5min 后，用扳手拧下室外机上液体管、气体管接口上的二次密封帽。用内六角扳手先关低压液体管（细）的截止阀，待 50s 后低压液体管外表看到结霜，再关闭低压气体管（粗）截止阀，同时用遥控器关机。拔下 220V 电源插头，回收制冷剂工作结束，其工作原理参照下图。

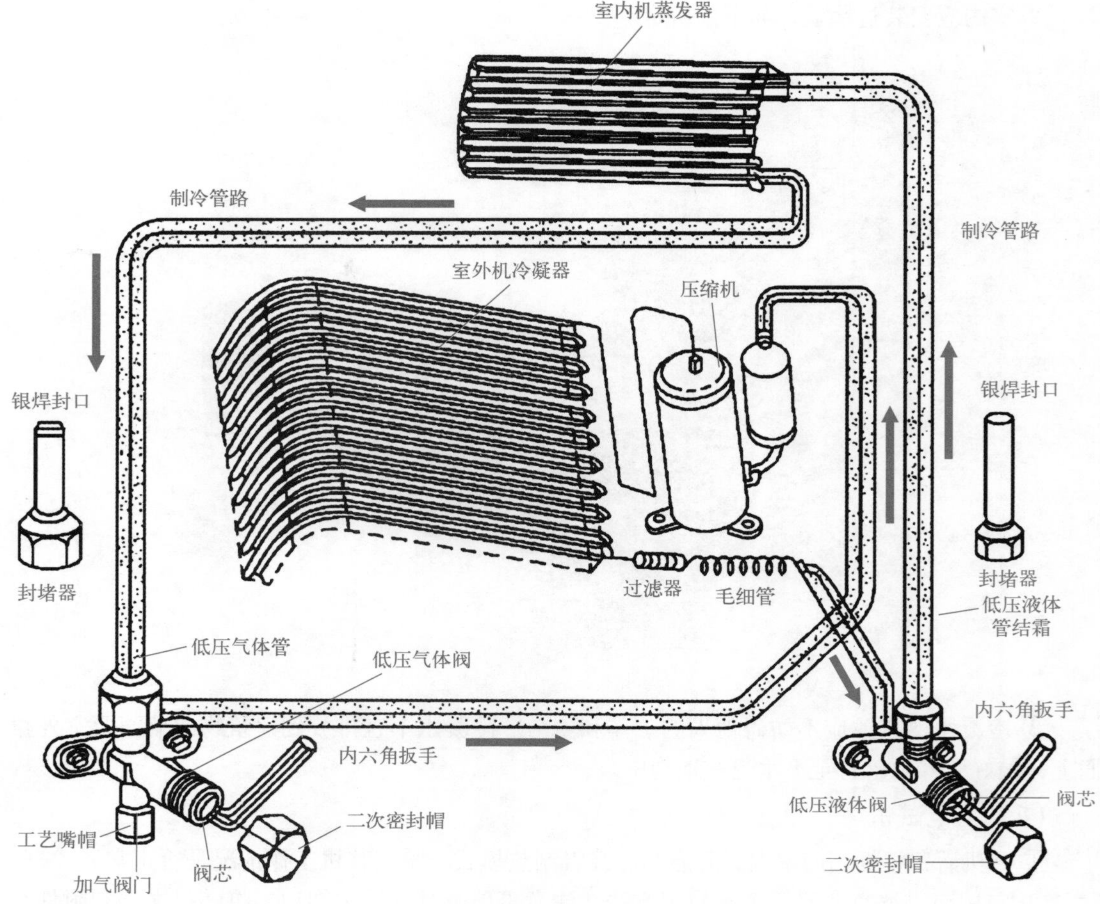

回收制冷剂应注意的是：要根据制冷管路的长短准确控制时间。时间太短，制冷剂不能完全收回。时间太长，由于低压液体截止阀已关闭，压缩机排气阻力增大，工作电流增大，发热严重。同时，由于制冷剂不再循环流动，冷凝器散热下降，压缩机也无低温制冷剂冷却，所以容易损坏压缩机或缩短压缩机使用寿命。制冷剂回收方法如下。

① 表压法：在低压气体旁通阀连接一个单联表，当表压为 0MPa 时，表明制冷剂已基本回收干净，此方法适合初学者使用。

② 经验法：一般 5m 的制冷管路回收 48s 即可收净。回收制冷剂时间过长压缩机负荷增大，压缩机运行声音变得沉闷，空气容易从低压气体截止阀连接处进入。

4.2.2 机组的拆卸

（1）拆室内机

制冷剂收到室外机后，用两个扳手把室内机连接锁母拧松，然后用手旋出锁母，用螺丝刀卸下控制线。在拆线后，一定要记住连接线的接线方法，一般可以参考空调器上的电气接线图。

室内机挂板多是用水泥钉锤入墙中固定，水泥钉坚硬无比，拆卸时有一定技巧。用冲子撬开一侧并在冲子底下垫硬物，用锤子敲冲子能让水泥钉松动，这样拆挂板较容易。

（2）拆室外机

拆卸室外机需 2 个人操作。先用尼龙绳一端系好室外机中部，另一端系在阳台牢固处。然后用螺丝刀从室外机上卸下控制线，再上好二次密封帽。

1 在高层楼用钢锯把螺栓锯断也有一定难度，最好的办法是一个人扶室外机，另一个人用扳手拧支架螺栓，连支架一起拆下。

2 在拆卸时要系好安全带，脚要踩实。若有大风，必须戴安全帽，避免楼上玻璃破碎砸伤自己。使用的扳手要用绳子系在手腕上，同时让行人避开，避免砸伤行人。操作时要谨慎，避免任何物件(即使是一只螺母)掉下去。

3 膨胀螺母拧下后，放在窗台里边，两个人站稳，先把室外机往外移出螺栓5cm，并配合好连架子一起抬到窗台上。这时再卸固定室外机支架的4个螺钉。室外机卸下后，把管子一端整理平直，从另一端抽出管路。铜管从穿墙洞中抽出时要小心，严禁折压硬拉，转弯处拉不出应用软物轻轻将铜管压直后再拆出。

4 拆管时必须用塑料带封好管路两端喇叭口，以免杂物进入管内，杂物混入制冷系统会堵塞过滤器和毛细管，给维修带来不必要的麻烦。最后把铜管按原来弯盘绕1m直径的圈。

第 5 章

空调器关键元器件的检测代换

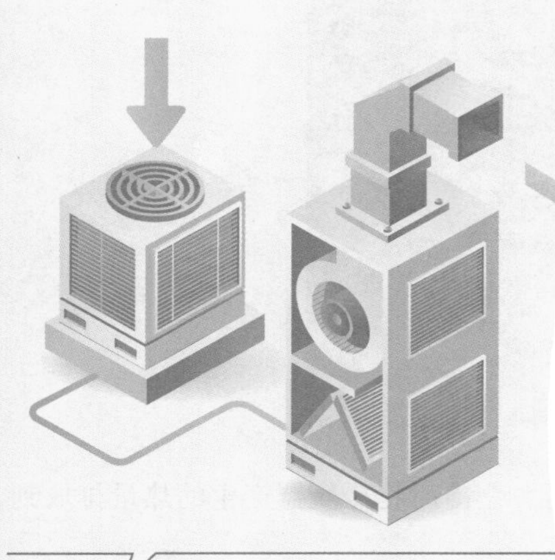

5.1　电动机的检测代换

5.2　电加热器、保护继电器和滤波电容的检测代换

5.3　压缩机的检测代换

5.4　电磁四通阀的检测代换

5.5　干燥过滤器、毛细管、单向阀的检测代换

5.6　电子膨胀阀的检测代换

5.1 电动机的检测代换

5.1.1 直流电动机的安装位置与结构组成

关键元件是空调电控系统比较重要的元件，并且比较容易发生故障，此处将它们单独讲解，维修时可以快速定位故障点，及时修复故障。

直流电动机应用在全直流变频空调器的室内风机和室外风机，安装位置见下图，作用和安装位置与普通定频空调器的室内风机（PG 电动机）、室外风机（轴流电动机）相同。

① 室内直流电动机带动室内风扇（贯流风扇）运行，制冷时将蒸发器产生的冷量输送到室内，降低房间温度。

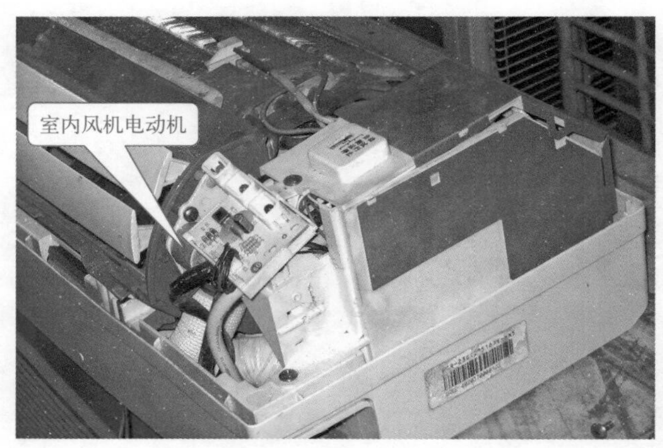

② 室外直流电动机带动室外风扇（轴流风扇）运行，制冷时将冷凝器产生的热量排放到室外，吸入自然空气为冷凝器降温。

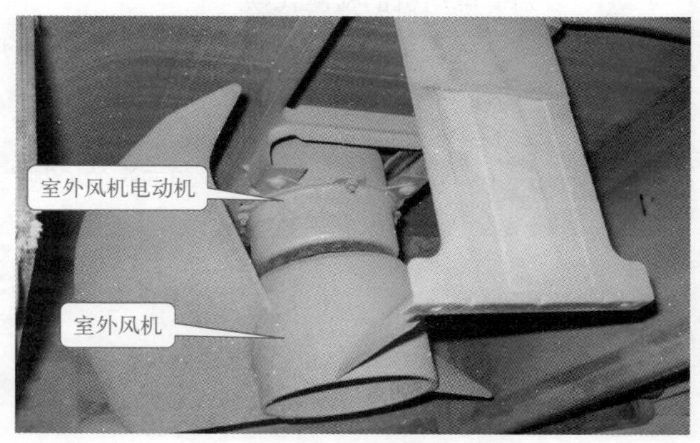

③ 室内电动机的组成

风机电动机的组成与普通电动机没有区别，都是由转子和定子组成，需要说明的是，空调室内机工作时，除了电动机之外，还需要驱动电路。室内风机电路组成如下图所示。

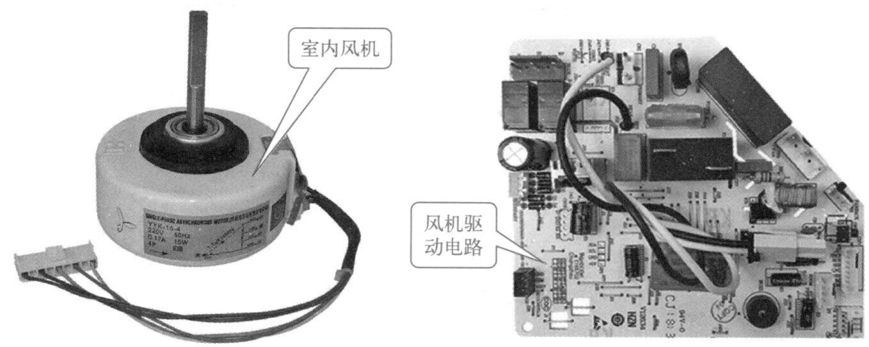

5.1.2　直流电动机的检测

如下图所示，不管室内直流电动机还是室外直流电动机，插头均只有 5 根连接线，插头一端连接电动机内部的主板，另一端和室内机或室外机主板相连，使电控系统构成通路。

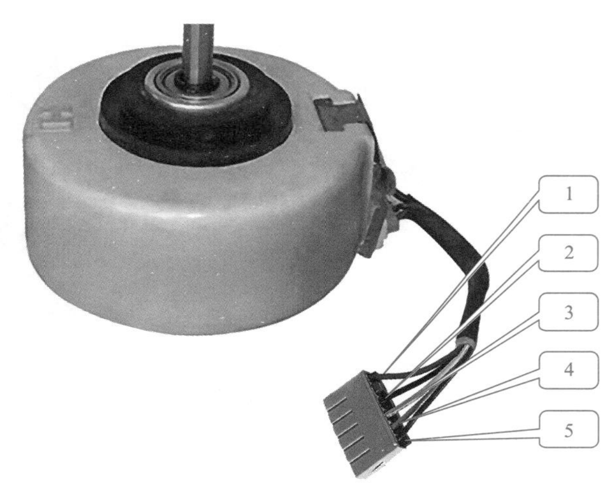

1 号红线（V_{dc}）：直流 300V 电压正极引线，和 2 号黑线直流地线组合成为直流 300V 电压，为主板内模块供电，其输出电压驱动电动机线圈。

2 号黑线（GND）：直流电压 300V 和 15V 的公共端地线。

3 号白线（V_{cc}）：直流 15V 电压正极引线，和 2 号黑线直流地线组合成为直流 15V 电压，为主板的弱信号控制电路供电。

4 号黄线（V_{sp}）：驱动控制引线，室内机或室外机主板 CPU 输出的转速控制信号，由驱动控制引线送至电动机内部控制电路，控制电路处理后驱动模块可改变电动机转速。

5 号蓝线（FG）：转速反馈引线，直流电动机运行后，内部主板输出实时的转速信号，由转速反馈引线送到室内机或室外机主板，供 CPU 使用。

室内风机的检测原则上可以使用电阻法和电压法来判断，但是由于风机内装有芯片，导致电阻法检测不出，所以无法判断，因此可采用电压法进行检测。

（1）不通电时 5 线风机的电压值检测

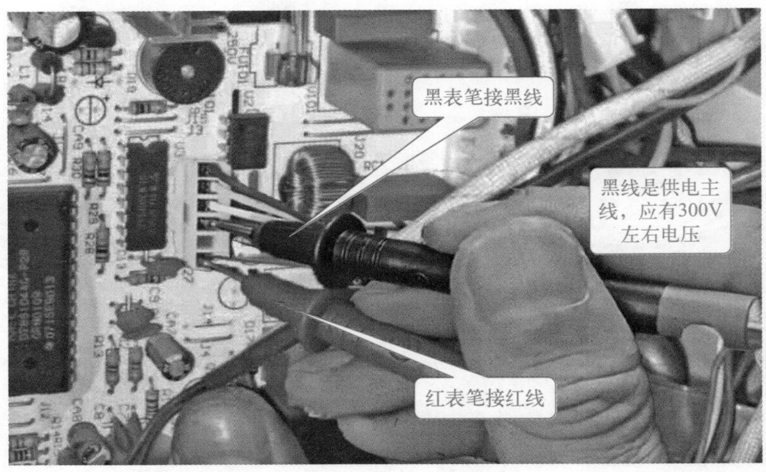

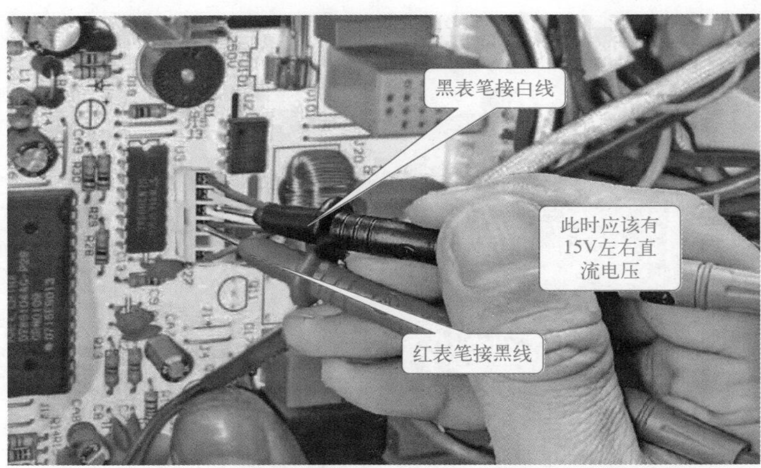

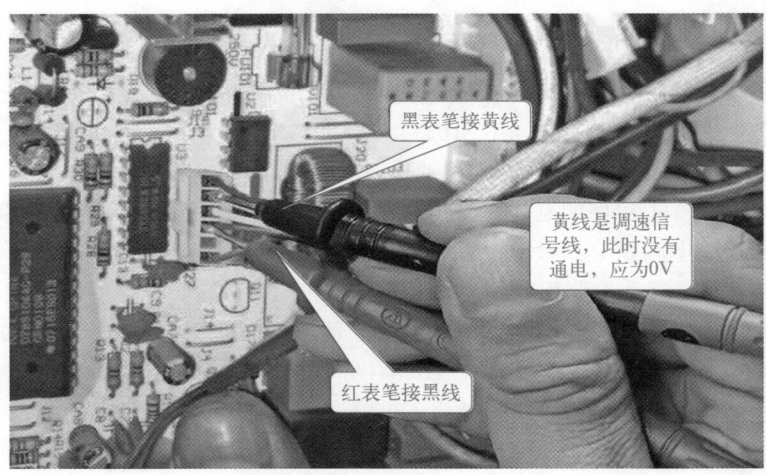

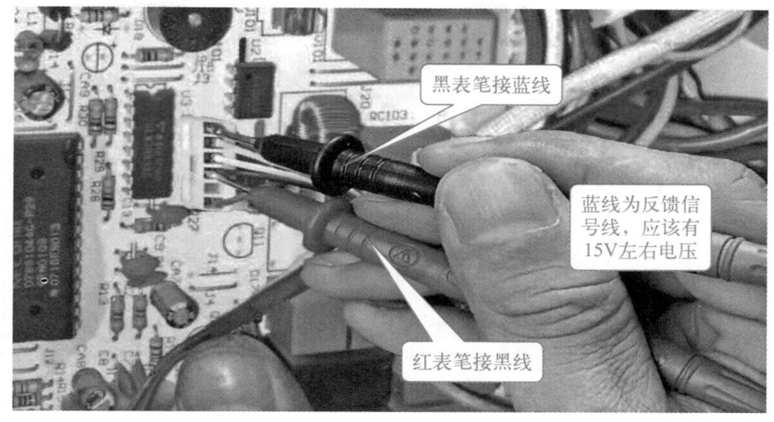

（2）通电后 5 线风机的电压值变化

黑色线还是 300V 电压；

白线还是 15V 电压；

黄色线有 0 ～ 6.5V 电压，风速越快，电压越高；

蓝色线通电后电压减半，即为 7.5V。

电压值的检测方法与不通电时相同，此处不再赘述。

（3）风机常见故障

① 风机不转　通电后，若是检测不到 300V 电压，继续检测黄线电压，假如黄线电压正常，说明室内机主板故障；若是有 300V 电压，风机不转，说明风机故障。

② 风机转一会儿后不转　这时需要检测蓝线反馈信号线电压是否正常，如果有 7.5V 电压，说明室内机主板故障；若为 0V 或 15V，则是风机损坏。

5.2 电加热器、保护继电器和滤波电容的检测代换

5.2.1 电加热器

电加热器在获得供电后开始发热。空调器采用的电加热器按功能可分为取暖加热器和辅助加热器两种。取暖加热器的功率一般为 900 ～ 2000W，辅助加热器的功率一般为 200 ～ 300W。

（1）电加热器的构成及工作原理

由于取暖加热器、辅助加热器的工作原理基本相同，下面以取暖加热器为例进行介绍。电加热冷暖式空调器取暖是通过设置的加热器加热，并在室内机风扇的配合下，为室内提供热量，实现取暖的目的。常见的取暖加热器有电加热管、裸线加热器和 PTC 加热器三种，它们的实物外形如下图所示。

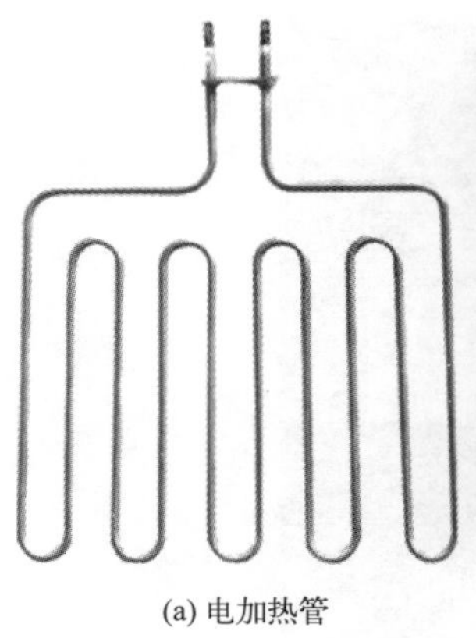
(a) 电加热管

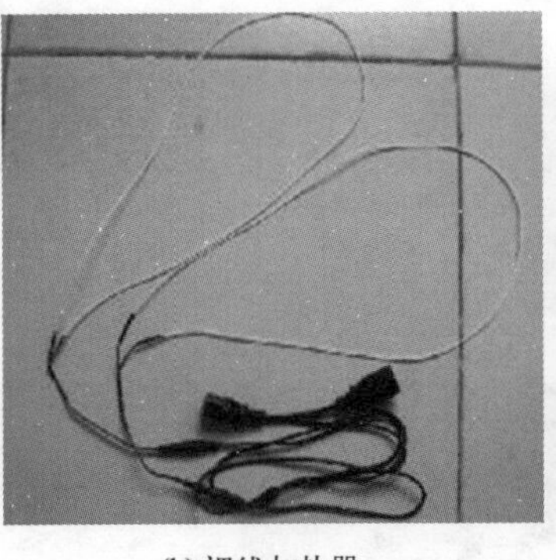
(b) 裸线加热器

(c) PTC加热器

（2）电加热器的检测

加热器损坏后的故障现象比较单一，就是电阻丝烧断，导致不能加热。

在维修电加热器损坏的故障时还应检查风扇电动机和超温熔断器是否正常，以免故障再次发生。

检测电加热管和PTC加热器时，首先查看它的接头有无锈蚀和松动现象，若有，修复或更换；若正常，用万用表的 $R\times10$ 挡测接线端子间的阻值，若阻值为无穷大，则说明已开路。对于裸线加热器，通过直观检查就可以发现断点所在。

5.2.2　保护继电器

保护继电器就是为了防止压缩机不被过热、过流损坏而设置的保护性器件。空调器采用的过载保护器主要有外置式和内藏式两种。部分老式空调器有的使用启动器、过载保护器一体式的。常见的过载保护器实物外形如下图所示。

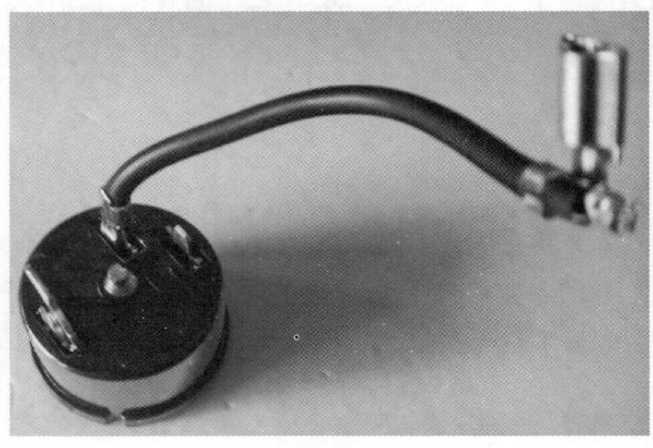

下面以最常用的碟形过载保护器为例介绍过载保护器的构成和工作原理。碟形过载保护器的构成示意图如下图所示。

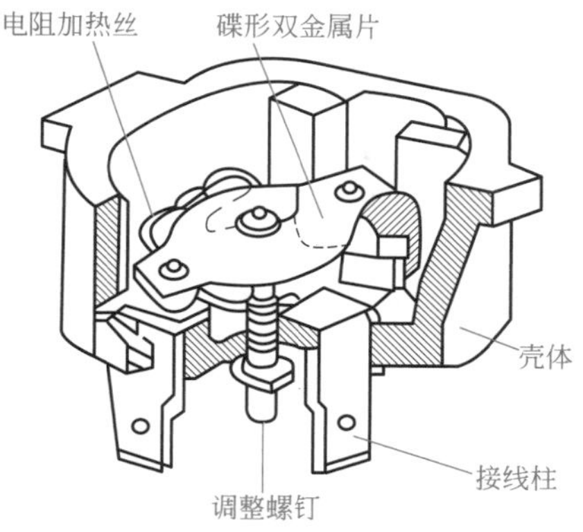

碟形过载保护器由电阻加热丝、碟形双金属片及一对动断触点构成。它串联于压缩机供电电路，开口端紧贴在压缩机外壳上。当电流过大时，电阻丝温度升高，双金属片反向弯起，使触点分离，切断压缩机的供电回路。同理，当某种原因使压缩机外壳的温度过高时，双金属片受热变形，使触点分离，切断供电电路，实现保护压缩机的目的。

（1）过载保护器的检测

过载保护器损坏后的故障现象：一个是开路，使压缩机不能启动；另一个是短路，丧失对压缩机的保护功能。

过载保护器损坏后，用万用表的 $R\times1$ 挡测其接线端子间的阻值，若阻值过大，说明开路；若在受热情况下其阻值仍然过小，说明短路。

（2）过载保护器的代换

压缩机功率不同，配套使用的过载保护器型号不同，接通和断开温度也不同，维修时应更换型号相同或规格相近的过载保护器，以免丧失保护功能，给压缩机带来危害。

5.2.3　滤波电容

滤波电容实际为容量较大、耐压较高的电解电容。它有两个引脚，分别是正极和负极。正极接模块 P 端子，负极接模块 N 端子，负极引脚对应有“l”状标志。

滤波电容一般安装在主板上，靠近电源输入的地方。但有一种空调会安装启动电容和变压器，其相互配合形成振荡电路，起到滤波的作用。这种电路不太常见，多数是将启动电容用在空调器压缩机启动电路中。

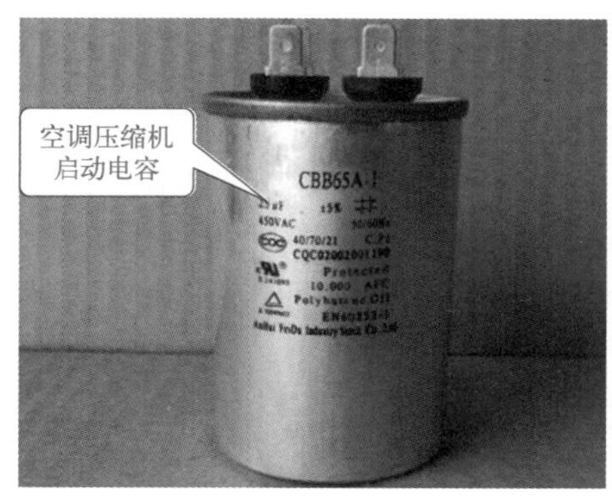

空调器压缩机电动机的启动方式主要有电容式启动、电压式启动、重锤式启动和水银式启动 4 种。其中，应用最多的是电容式启动，其次是电压式启动，而重锤式和水银式应用得较少，此处以电容式为例进行讲述。

电容式启动器就是启动器采用的是电容。它主要的特性：一是通交流电、隔直流电；二是两端电压不能突变；三是电容对交流电的容抗与交流电的频率为反比关系。

下图所示为空调压缩机电容式启动电路的原理图。

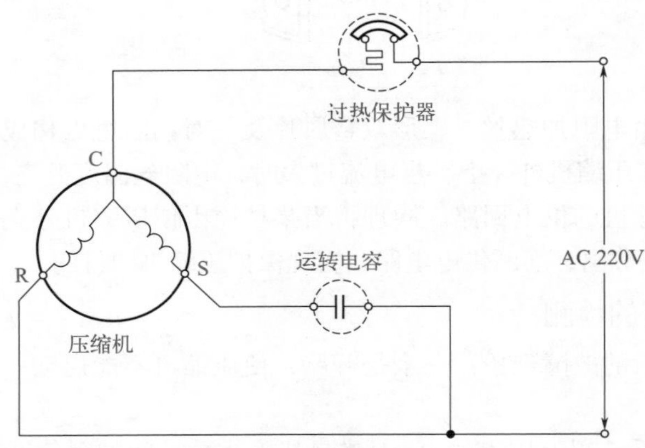

启动电容（运转电容）串联在压缩机的启动绕组（辅助绕组）CS 回路中，压缩机的主绕组 CR 和启动绕组空间位置成 90° 排列，利用电容与启动绕组形成了一个电阻、电感、电容的串联电路。

当电源同时加在运行绕组和启动绕组的串联电路上时，由于电容、电感的移相作用，使得启动绕组上的电压、电流都滞后于运行绕组，随着电源周期的变化在转子与定子之间形成一个旋转磁场，产生旋转力矩，促使转子转动起来。转子正常旋转后，由于电容的耦合作用，启动绕组始终有电流通过，使电动机的旋转磁场一直保持，这样就可以使电动机有较大的转矩，从而提高电动机的带载能力，增大功率因数。

5.3 压缩机的检测代换

5.3.1 压缩机的结构与工作原理

压缩机是空调器制冷（热）系统的能量核心，它从管路吸收低压、低温制冷剂后，对其进行压缩产生高压、高温的制冷剂，再通过热交换功能，实现制冷（热）的目的。目前空调器中的压缩机都采用全封闭结构，它将提供能量的电动机和压缩制冷剂的压缩机以及用于降温和润滑的冷冻润滑油共同密封在一个铁质容器内。空调器采用的压缩机外形及其电路图形符号如下图所示。

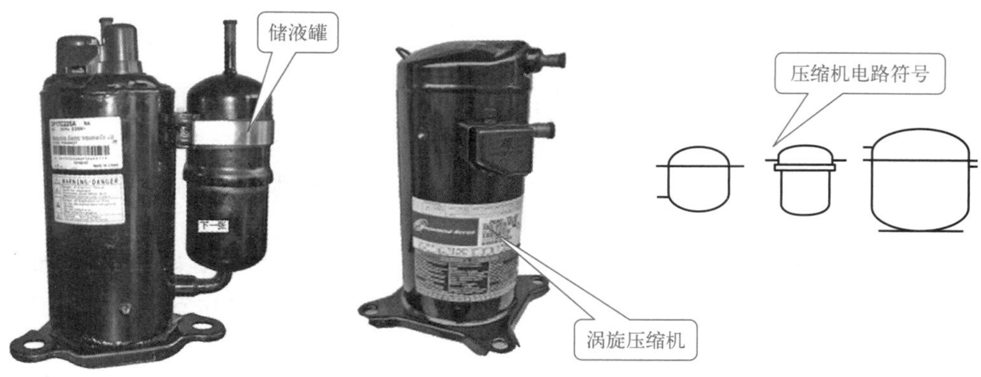

压缩机使用在空调器的室外机中，其位置如图所示。压缩机上的两个管口分别是排气管口（又称高压管口）和吸气管口（又称低压管口）。排气管口通常为细管口，用于排出被压缩机压缩成高温高压的气态制冷剂；低压管口通常为粗管口，用于吸入来自冷凝器的低压低温气体制冷剂。

另外，在压缩机的外壳上还贴有铭牌，铭牌上一般标有制冷剂类型及重量、额定电压、额定功率、额定频率等，如下图所示。

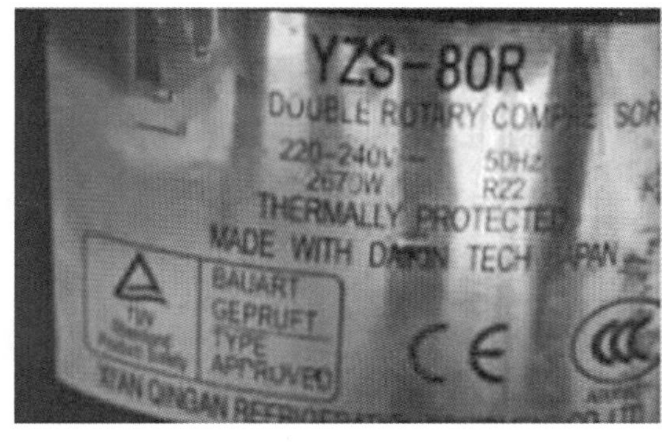

（1）压缩机的分类

① 按机械结构分类　压缩机按机械结构分类有往复式、旋转式、涡旋式 3 种。其中往复

式压缩机主要应用在早期空调器中，现已淘汰，旋转式压缩机是目前的主流产品，涡旋式压缩机主要应用在高档空调器中。

② 按制冷剂类型分类　压缩机根据采用的制冷剂不同，分为 R22 型压缩机、R502 型压缩机、R407C 型压缩机。通过查看压缩机外壳上的铭牌就可确认压缩机的种类。

③ 按供电电压分类　压缩机根据供电的不同，可分为交流供电和直流供电两种，而交流供电又分为 220V 单相供电和 380V 三相供电两种。

④ 按电动机转速分类　压缩机按电动机转速的不同，可分为定频型和变频型两类。所谓定频型就是压缩机电动机始终以一种转速工作，而变频型就是压缩机电动机的转速根据温度不同而改变。

（2）压缩机的结构与工作原理

1）旋转式压缩机　旋转式压缩机又称为回转式压缩机。旋转式压缩机有单转子和双转子两种。

① 单转子旋转式压缩机　单转子旋转式压缩机由气缸、转子（环形转子）、曲轴（偏心轴）、滚动活塞等组成，如下图所示。

偏心轴与电动机转子共用一根主轴，转子套在偏心轴上，轴的偏心距与转子半径之和等于气缸半径。因此，当偏心轴随转子转动时，即带动环形转子以类似内啮合齿轮的运动轨迹，沿气缸内壁滚动，形成密封线，于是将气缸内分隔成高、低压两个密封腔。

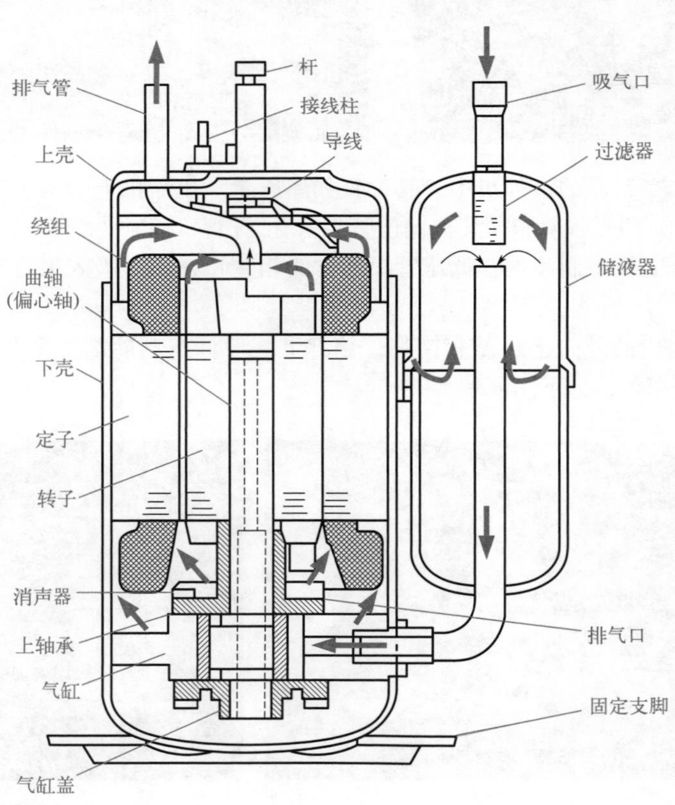

旋转式压缩机工作原理如下图所示，图（a）～（d）分别表示滚动活塞处于不同位置时，转子与气缸之间形成的高、低压腔大小的变化过程。

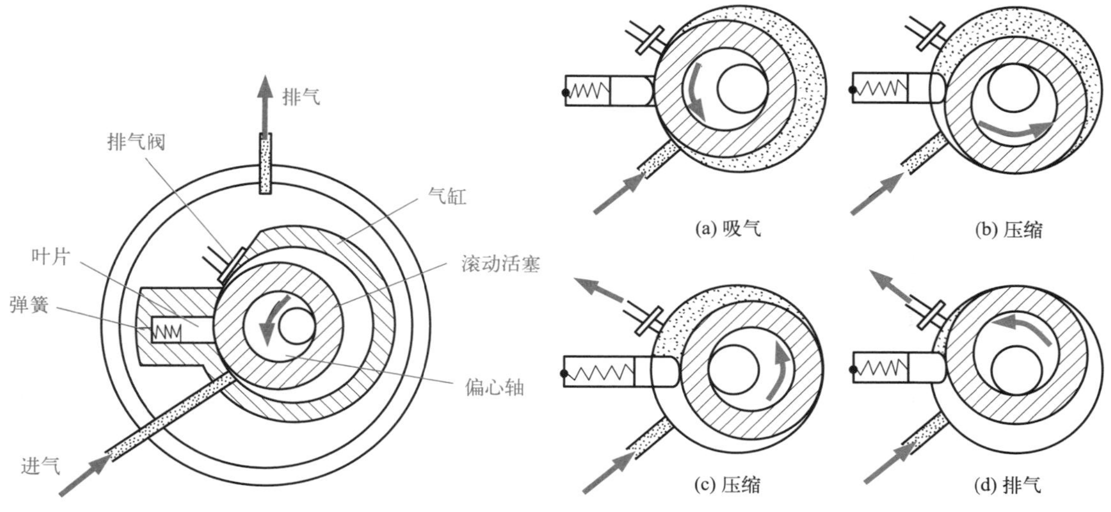

图（a）中，低压腔容积最大，吸入气体；

图（b）中转子开始压缩充满气缸内的低压制冷剂气体，同时进气孔继续吸气；

图（c）中，低压腔与高压腔的容积相等，同时低压腔继续进气，高压腔进一步压缩，使气体的压力增大，直到排气阀开启，通过排气孔排出高压气体；

图（d）中，低压腔继续进气，而高压腔排气结束。

② 双转子旋转式压缩机　双转子旋转式压缩机的结构如下图所示，双转子旋转式压缩机最大的特点就是有两个气缸，利用一块隔热板将两个气缸分开，并且两个气缸互为 180°。这样，双转子旋转式压缩机气缸的容积为单转子旋转式压缩机气缸的 2 倍，不仅增大了冷量，而且提高了工作效率。

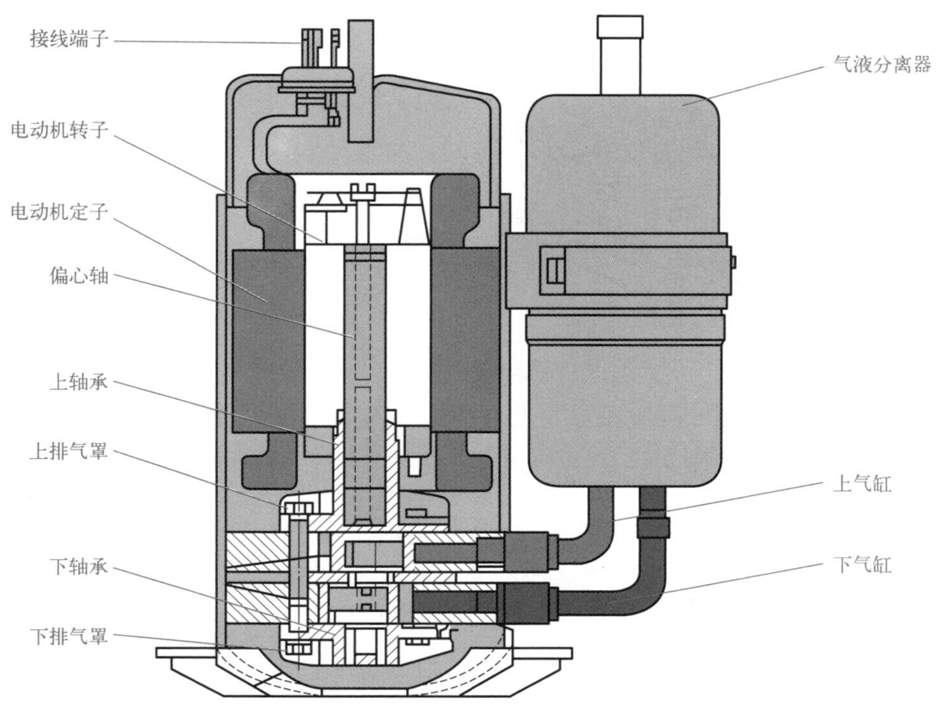

旋转式压缩机重量轻、体积小、可靠性高，同时运转平稳，噪声低，它配套电动机的转子、定子间的气隙间隙小，有效减少了残留气体的膨胀损失，所以节能效果好且效率高；因为它不像往复式压缩机需要设置吸气阀，避免了吸气阀产生故障。但是此类压缩机机械零件加工工艺复杂、精度高，而且需要配套的电动机转矩大，这是该类压缩机较为明显的缺点；不仅如此，由于它的高速旋转，所以工作温度高，达到 99 ～ 110℃。

2）涡旋式压缩机　涡旋式压缩机由背压腔、定涡旋盘（涡旋定子）、动涡旋盘（涡旋转子）、吸气腔、吸气管、排气孔等组成，如下图所示。

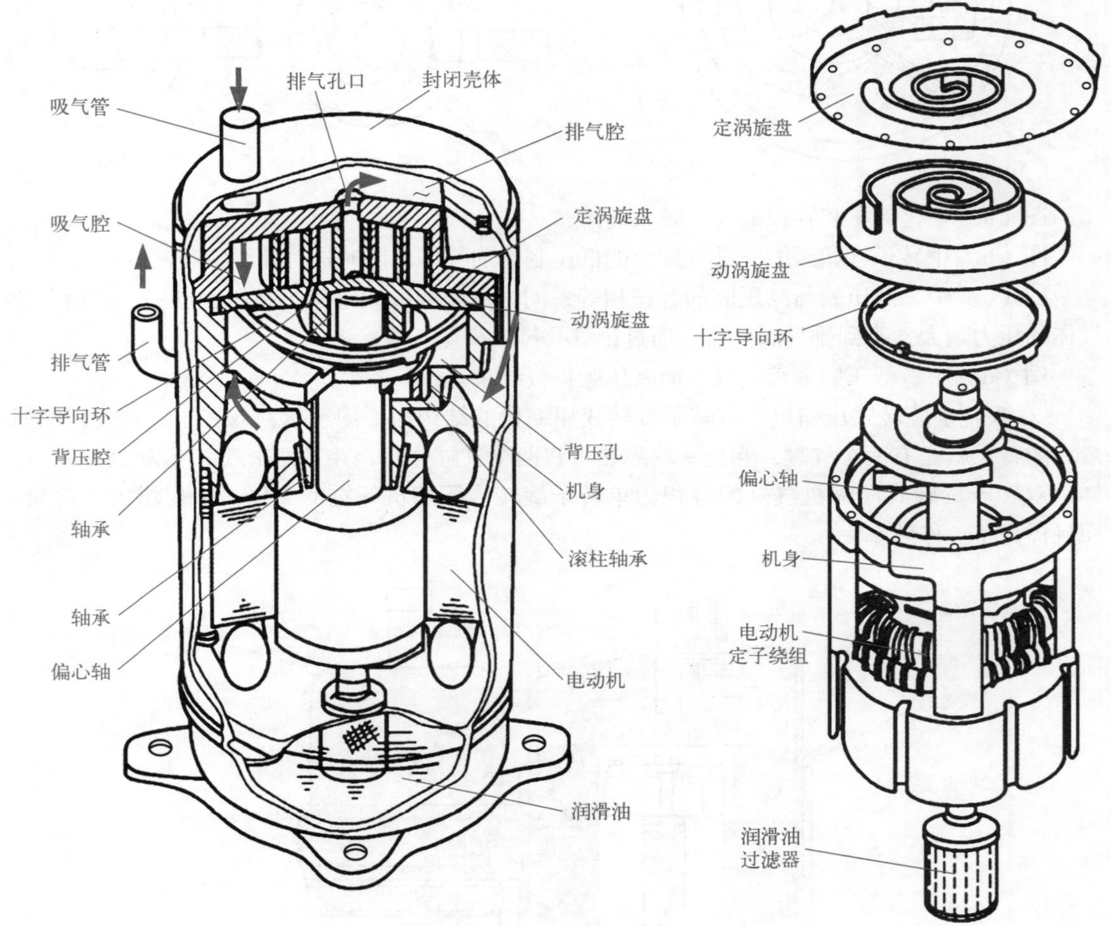

其中，定涡旋盘与动涡旋盘的安装角度为 180°，定涡旋盘固定不动，而动涡旋盘绕着定涡旋盘中心以偏心距为半径进行转动。这样，在定涡旋盘与动涡旋盘之间就形成了高、低压两个密封腔。

涡旋式压缩机工作原理如下图所示，四个图分别表示动涡旋盘处于不同位置时，动涡旋盘与定涡旋盘之间形成的高、低压腔大小的变化过程。压缩机旋转后，定涡旋盘固定不动，而动涡旋盘绕定涡旋盘以偏心距为半径旋转，月牙密封室在两盘啮合作用下不断缩小，其内部的制冷剂压力因压缩而变大，最后从定涡旋盘的中心孔（排气孔）排出。

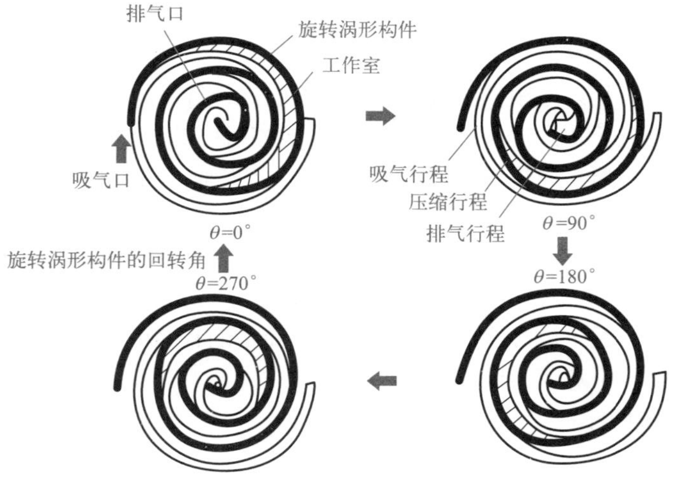

涡旋式压缩机具有结构简单、重量轻、体积小、可靠性高的优点，因为它未设置吸气阀、排气阀，故而在长时间使用中故障率相对较低，而且涡旋式压缩机的电动机运转平稳，噪声低。与旋转式压缩机相比，涡旋式压缩机配套电动机的驱动力矩变化仅为旋转式压缩机电动机的 1/10 左右，所以效率高。但涡旋式压缩机成本高，同时其制造工艺较复杂，这是它最为明显的缺点。

5.3.2　压缩机的检测代换

压缩机常见的故障主要是不运转且无叫声、不运转有叫声、噪声大、排气量小等。

（1）压缩机的故障检测

① 不运转且无“嗡嗡”叫声　引起此故障的原因是内部电动机绕组开路，可以通过万用表检测的方法来判断。

用万用表电阻挡测外壳接线柱间阻值（绕组的阻值），若阻值为无穷大或过大，说明绕组开路。压缩机绕组检测如下图所示。

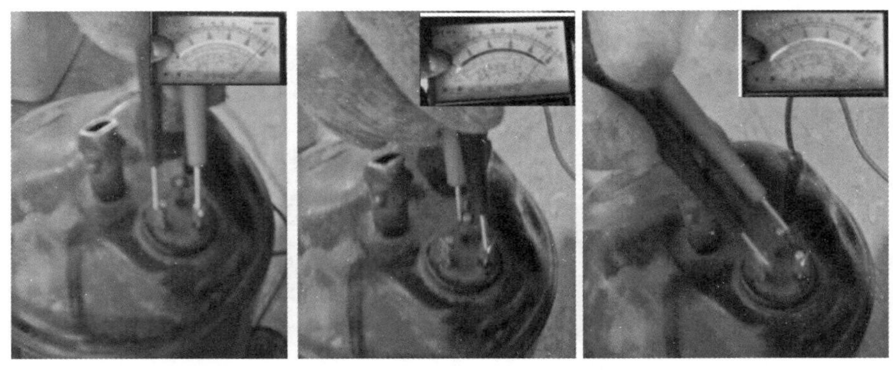

若压缩机电动机的绕组发生开路的情况，压缩机的外壳是不发热的。

② 不运转但有“嗡嗡”的低频叫声　引起该故障的原因主要是电动机的绕组短路或机械系统出现“卡缸”“抱轴”故障。

绕组短路时不仅有“嗡嗡”的叫声，而且压缩机的外壳温度短时间内就很高，不久就会引起过载（热）保护器动作。

对于该故障，用万用表电阻挡测接线柱间的阻值，若阻值低于正常值或C、S两端的阻值和C、R两端的阻值小于R、S两端的阻值，说明压缩机内的电动机绕组短路，并且测量压缩机工作电流会大于正常值。而机械系统出现“卡缸”“抱轴”故障时，电动机绕组的阻值是正常的。

③ 噪声大　噪声大多因压缩机内的机械系统磨损或冷冻润滑油老化所致。

④ 排气量小　在确认空调器制冷系统无泄漏，制冷系统的其他器件正常后，为制冷系统注入一定量的制冷剂，插上电源线使空调器运转3min左右，观察压力表的数值。若数值无变化，则说明压缩机排气不足或不排气。

（2）压缩机的代换

若压缩机损坏，维修时最好采用相同规格、相同型号的压缩机更换。若没有相同规格、相同型号的压缩机，也可以采用相同结构、相同制冷剂，并且功率相同或相近的其他型号压缩机代换。

（3）储液器

储液器也称为气液分离器，俗称储液罐。对于旋转式压缩机，它直接安装在外壳的一侧。

储液器的故障率极低，主要的故障是管口的焊接部位（焊口）泄漏制冷剂，导致制冷效果差、不制冷。检查储液器管口的焊口有无油污，若有，则说明这个焊接部位泄漏。

5.4 电磁四通阀的检测代换

5.4.1 电磁四通阀的结构与工作原理

电磁四通阀也称为四通换向阀、四通阀。只有热泵型、电热辅助热泵型冷暖空调器才设置电磁四通阀，电磁四通阀的实物外形如下图所示。

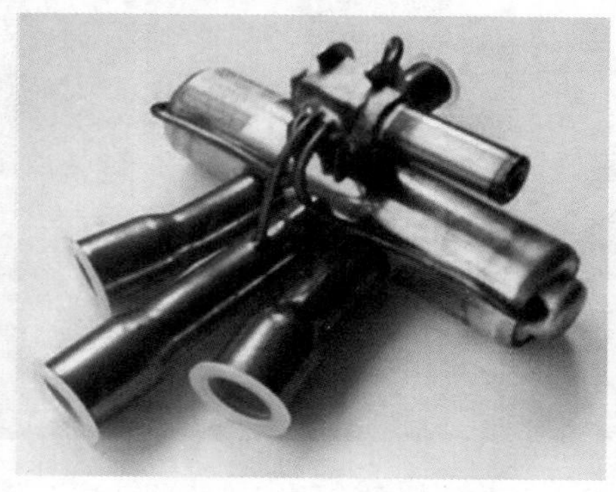

（1）电磁四通阀的结构

电磁四通阀由电磁导向阀和换向阀两部分组成，其内部结构如下图所示。

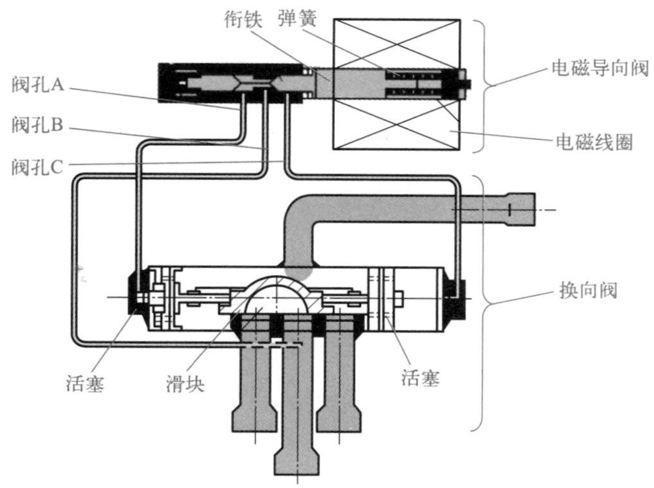

其中，导向阀由阀体和电磁线圈两部分组成。阀体内部设置了弹簧和阀芯、衔铁，阀体外部有 A、B、C 3 个阀孔，它们通过 3 根导向毛细管与换向阀连接。换向阀的阀体内设半圆形滑块和两个带小孔的活塞，阀体外有管口 1、管口 2、管口 3、管口 4，它们分别与制冷系统中压缩机排气管，吸气管，室内、外热交换器连接。

（2）电磁四通阀的工作原理

① 制冷状态　电磁四通阀的制冷状态切换示意图如下图所示。

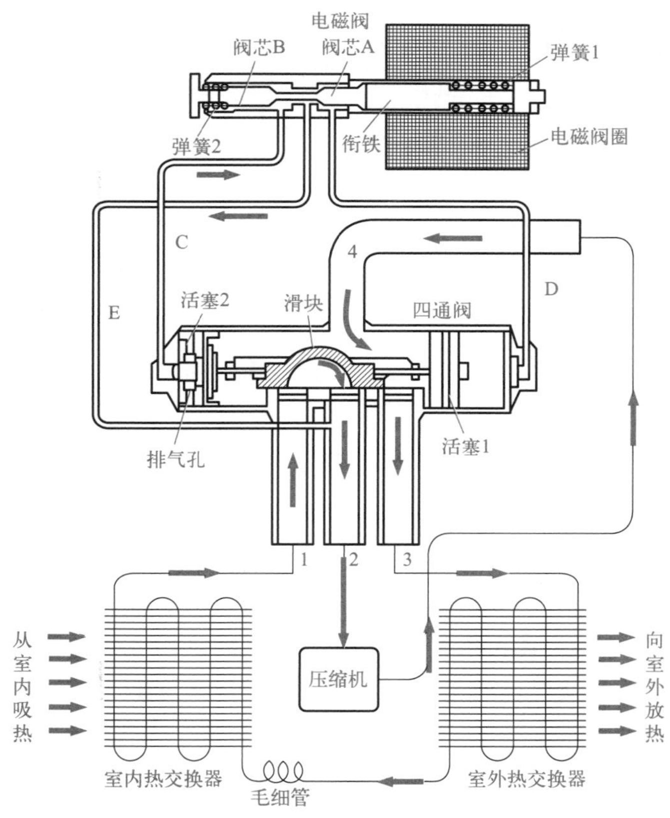

当空调器设置于制冷状态时→电气系统不为导向阀的线圈提供驱动电压→线圈不能产生磁场，衔铁不动作→此时，弹簧 1 的弹力大于弹簧 2 →推动阀芯 A、B 一起向左移动→于是阀芯 A 使导向毛细管 D 关闭，阀芯 B 使导向毛细管 C 与 E 接通→由于换向阀的活塞 2 通过 C 管、导向阀、E 管接压缩机的回气管，活塞 2 因左侧压力减小而带动滑块左移→将管口 4 与管口 3 接通，管口 2 与管口 1 接通→此时室内热交换器作为蒸发器，室外热交换器作为冷凝器。

这样压缩机排出的高压、高温气体经换向阀的管口 4 和管口 3 进入室外热交换器，利用室外热交换器开始散热，再经毛细管进入室内热交换器，利用室内蒸发器吸热汽化后，经管口 1 和管口 2 构成的回路返回压缩机。至此，一个制冷循环过程结束。

② 制热状态　电磁四通阀的制热状态切换示意图如下图所示。

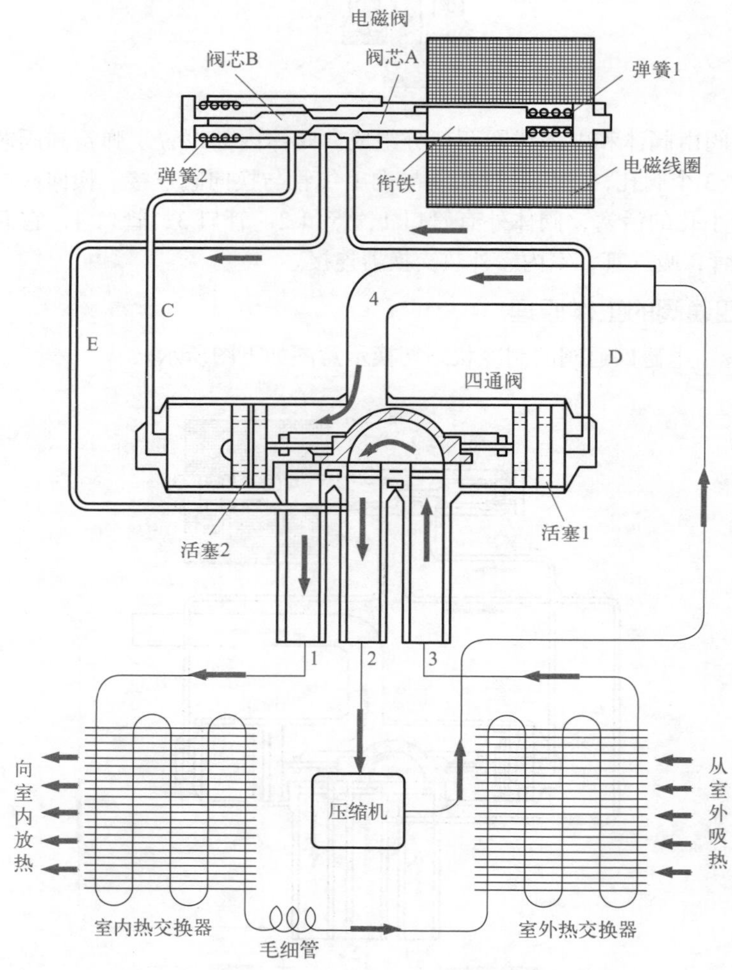

当空调器设置于制热状态时→电气系统为导向阀的线圈提供驱动电压，线圈产生磁场，使衔铁右移→阀芯 A、B 在衔铁和弹簧 2 的作用下一起向右移动→阀芯 A 使导向毛细管 D、E 接通，而阀芯 B 将导向毛细管 C 关闭→由于换向阀的活塞 1 通过 D 管、导向阀、E 管接压缩机的回气管，所以活塞 1 因右侧压力减小而带动滑块右移→将管口 4 与管口 1 接通，管口 2 与管口 3 接通，此时室内热交换器作为冷凝器，室外热交换器作为蒸发器。

这样压缩机排出的高压高温气体经换向阀的管口 4 和管口 1 构成的回路进入室内热交换器，利用室内热交换器开始散热，再经毛细管节流降压后进入室外热交换器，利用室外热交换器吸热汽化，随后通过管口 3 和管口 2 构成的回路返回压缩机。至此，一个制热循环过程结束。

5.4.2　电磁四通阀的检测

电磁四通阀异常会产生不能制冷或制热，或制冷、制热效果差的故障。

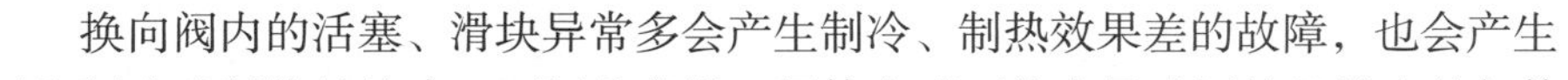

换向阀内的活塞、滑块异常多会产生制冷、制热效果差的故障，也会产生不能制冷或制热的故障。而阀芯磨损、阀体变形可能会导致压缩机排出的气体直接返回到压缩机，即窜气故障。

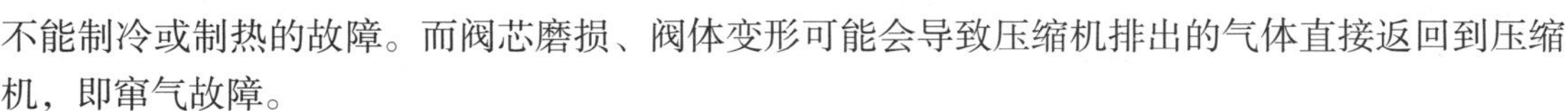

对于电磁四通阀可采用摸左右两端毛细管感知其温度进行判断，若两根毛细管都烫手，说明换向阀换向不正常，正常时是一根热、一根凉。为电磁四通阀的线圈加驱动电压后，若不能听到导向阀内的衔铁发出“咔嗒”的动作声，说明线圈异常，或换向阀损坏，或系统发生堵塞，或制冷剂严重泄漏。若通过截止阀泄放制冷剂时，系统内能够排出大量的制冷剂，说明故障不是由于制冷剂不足所致，而是由于系统（多为毛细管或过滤器）堵塞或电磁四通阀损坏所致。对于电磁四通阀管口的准确判断，如下图所示，可在拆卸电磁四通阀后进一步检测来确认。

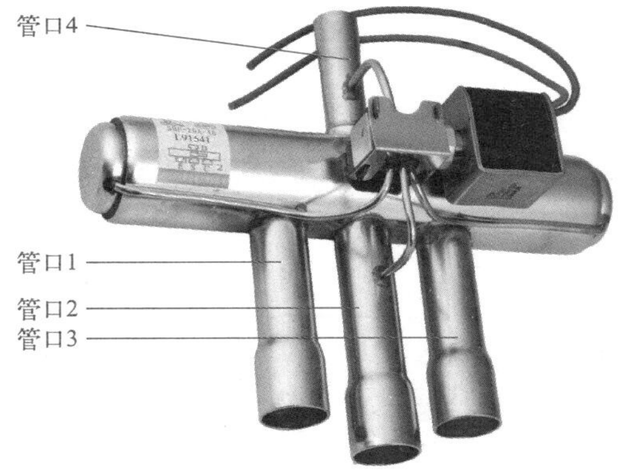

在不加驱动电压的情况下，用手指堵住四通阀的管口 1 和 2，由管口 4 吹入氮气，管口 3 应有气体吹出；为线圈加驱动电压后，用手指堵住四通阀管口 2 和 3，由管口 4 吹入氮气，在听到内部滑块动作声的同时，管口 1 应有气体吹出。否则，说明电磁四通阀不能换向。电磁四通阀检测示意图如下图所示。

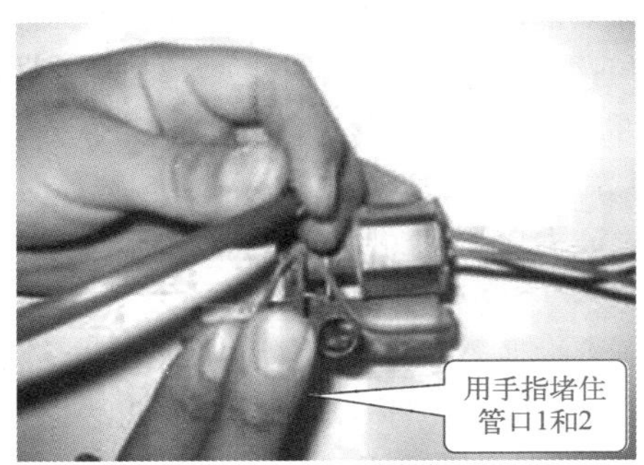

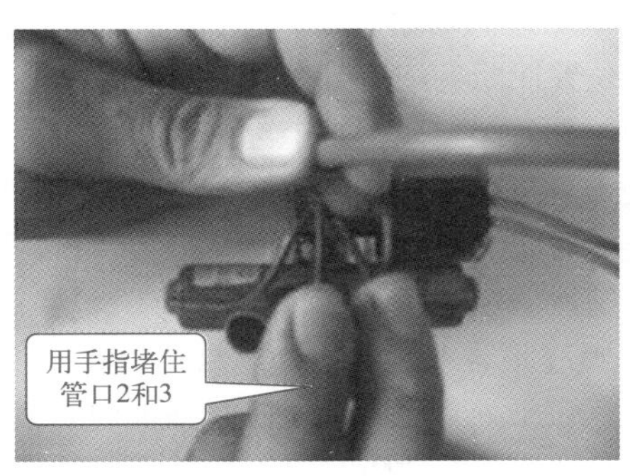

5.5 干燥过滤器、毛细管、单向阀的检测代换

5.5.1 干燥过滤器

干燥过滤器简称过滤器，干燥过滤器是制冷管路中的过滤部件，主要用于吸收制冷系统中残留的水分和灰尘、油垢、金属等异物，以避免制冷剂中的杂质和水分进入毛细管，产生冰堵或脏堵，导致制冷系统不能正常工作。另外，系统中的水分会使压缩机内的润滑油老化、制冷剂分解、金属和绝缘材料水解。而系统中的灰尘会磨损压缩机气缸的镜面，缩短压缩机的使用寿命。干燥过滤器的实物外形如下图所示。

(1) 结构与工作原理

下图所示为单入口干燥过滤器结构示意图，干燥过滤器内装有吸湿性优良的分子筛作为干燥剂，以吸收制冷剂中的水分，确保毛细管畅通和制冷系统的正常运作。

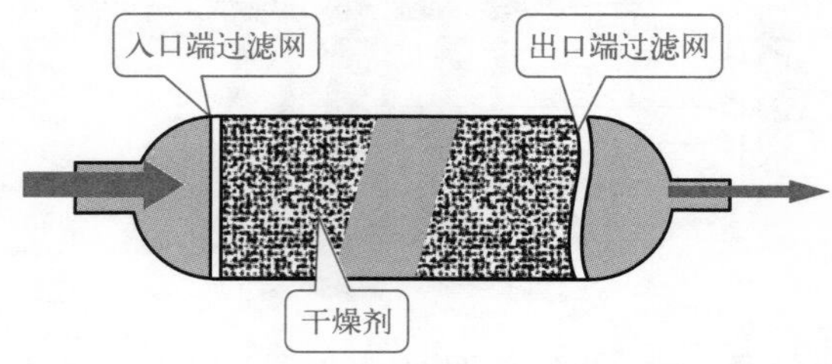

(2) 故障检修

干燥过滤器常见故障是堵塞，导致空调器不制冷或制冷效果差。干燥过滤器的脏堵和焊堵故障，均是由维修不当引起。若干燥过滤器结露、结霜，并且用手摸干燥过滤器表面温度较低，则干燥过滤器堵塞的可能性较大。压缩机正常运转后，用克丝钳在距干燥过滤器管口1cm处的位置掰断毛细管，如果干燥过滤器侧的毛细管无气体排出，说明干燥过滤器异常。

掰断毛细管时，应保证毛细管的管口畅通，以免误判。

当毛细管排出制冷剂时，要避免喷到手和脸等皮肤上，以免被冻伤。

若晃动干燥过滤器时，不能发出清脆的颗粒撞击声，则说明干燥剂失效；若能倒出干燥剂颗粒，则说明过滤网被捅漏。

对干燥过滤器进行活化处理时，可在拆下干燥过滤器后用气焊对它的外壳进行烘烤，对干燥剂进行烘干处理，晃动干燥过滤器时若发出正常的干燥剂撞击声，则说明活化处理完成。不过，维修“冰堵”故障时应更换新品，以免带来不必要的麻烦。

5.5.2　毛细管

在空调器系统中，制冷剂需保持一定的蒸发压力和冷凝压力，以便于汽化吸热、冷凝散热。蒸发压力要利用节流器控制流入蒸发器制冷剂的流量来保持。空调器的节流器件有毛细管和膨胀阀两种。空调器常用的毛细管一般是直径为 1 ～ 3mm、长度为 0.5 ～ 2m 的细紫铜管，如下图所示。

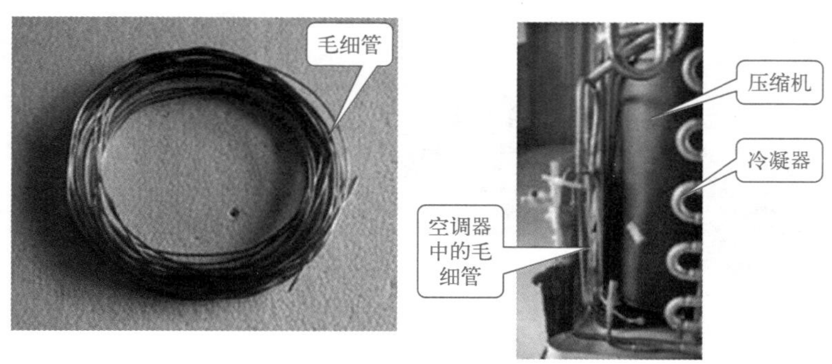

毛细管对制冷剂的阻力大小（即节流量的大小）取决于其长度和内径大小，也就是控制了冷凝器和蒸发器之间的压差比。而冷凝器和蒸发器之间的压差比既要保证制冷剂在蒸发器内完全汽化，又要保证压缩机停止运转后，低压部分与高压部分的压力保持平衡，确保压缩机能够再次启动运转。部分空调器使用的毛细管尺寸见下表。

品牌	内径 /mm	长度 /mm	品牌	内径 /mm	长度 /mm
科龙 KF（R）-26GW/Q	2.7	1700	科龙 KFR-71LW/RIY	1.4（制冷）	400(制冷）
科龙 KFR-71LW/RIY	1.7 （制热）	700（制热）	宝花 KFR-35GW	1.53	350
宝花 KFR-71LW	1.53	600	宝花 KC-25D	1.18	530

5.5.3　单向阀

单向阀又称为止逆阀，典型的单向阀如下图所示。单向阀的表面用箭头标注有制冷剂的流向，它在空调中的位置如图所示。

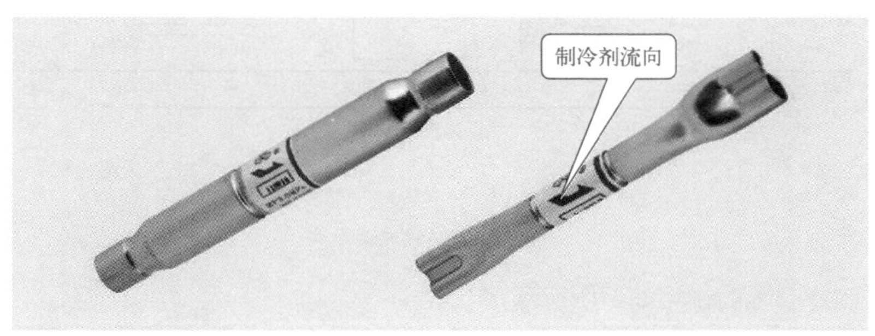

（1）结构与工作原理

单向阀有球形阀和针形阀两种，如下图所示。按阀体标注箭头正向流入制冷剂时，钢珠（或阀针）受制冷剂推动作用向左移动，使制冷剂通过；反之，当制冷剂按箭头反方向流入时，钢珠（或阀针）受制冷剂推动右移并顶住阀座（或阀体），使制冷剂无法通过，实现截止控制功能。

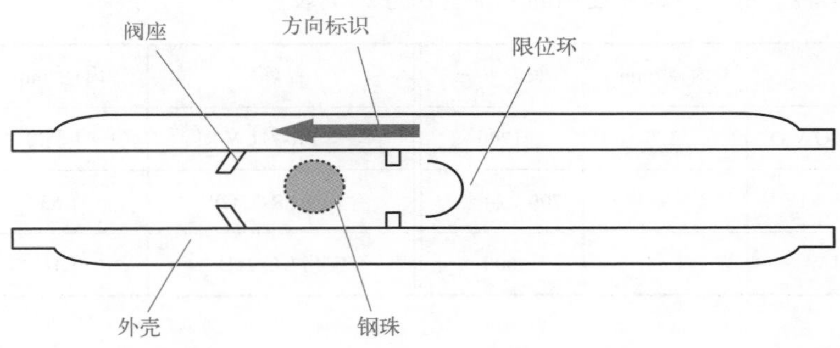

(a) 球形单向阀的内部结构

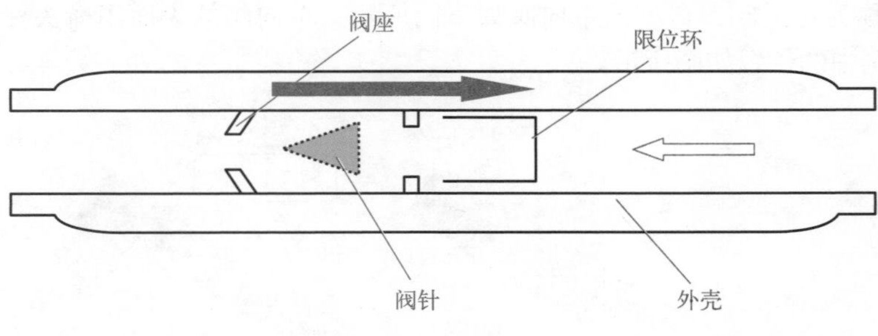

(b) 针形单向阀的内部结构

单向阀在制冷系统的作用如下图所示。

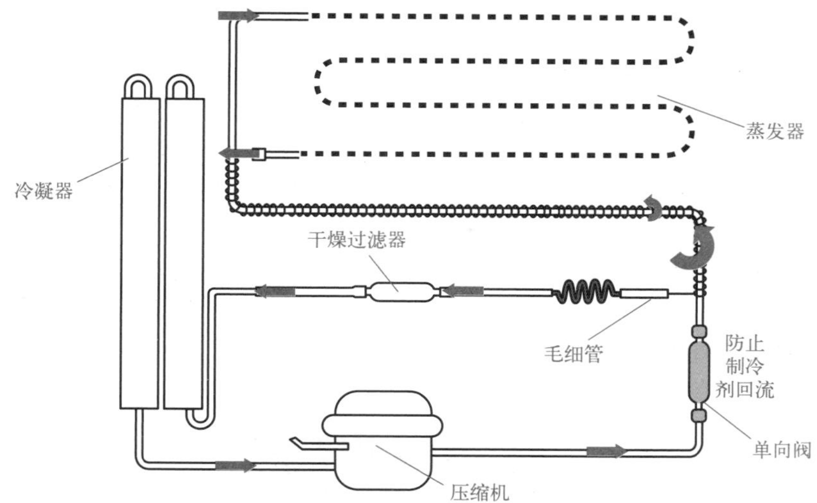

（2）故障检修

单向阀的故障率极低，它的故障表现主要是始终接通和始终关断两种。始终接通虽然不影响制冷，但制热效果差；始终关断则不影响制热，但制冷效果差。

单向阀异常多因其内部的挡块、阀针等损坏所致。单向阀正常时，用手晃动可以听到钢珠或阀针撞击阀体的声音。沿单向阀表面标注的箭头方向吹入气体，另一管口应有气体吹出，否则说明单向阀始终不能接通；如果沿箭头反方向吹入气体，另一管口应无气体吹出，否则说明单向阀始终接通或漏气。

5.6　电子膨胀阀的检测代换

5.6.1　电子膨胀阀的结构与工作原理

电子膨胀阀是一种新型节流控制器件，利用它可以实现对蒸发器正常供液。若电子膨胀阀故障，则会出差制冷效果差、压缩机时常停机等现象。电子膨胀阀一般安装在室外机上，其位置如下图所示。

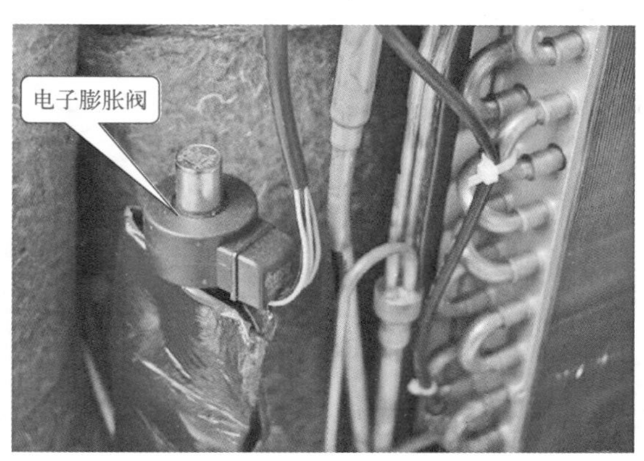

（1）电子膨胀阀的结构

电子膨胀阀的阀体主要由转子、阀杆、底座组成，这三部分和线圈一起构成电子膨胀阀的四大部件。

线圈：相当于定子，将电控系统输出的电信号转换为磁场，从而驱动转子转动。

转子：由永久磁铁构成，顶部连接阀杆，工作时在线圈的驱动下，做正转或反转的螺旋回转运动。

阀杆：通过中部的螺钉固定在底座上面，由转子驱动，工作时转子带动阀杆做上行或下行的直线运动。

底座：主要由黄铜制成，上方连接阀杆，下方引出 2 根管子连接制冷系统。

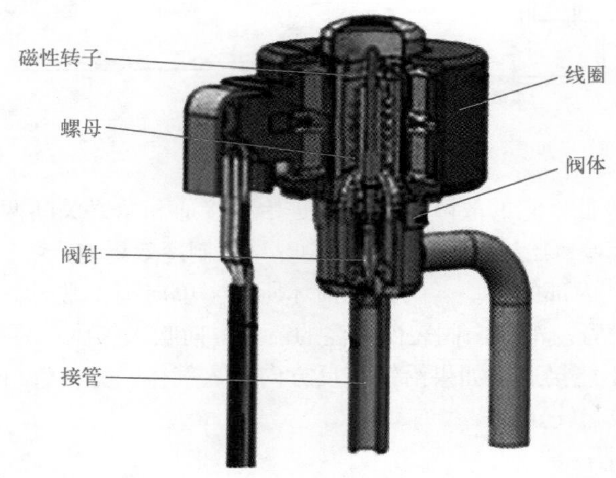

（2）电子膨胀阀的工作原理

① 驱动过程　CPU 需要控制电子膨胀阀工作时，输出 4 路驱动信号，经反相驱动器反相放大后，经插座送至线圈，线圈将电信号转换为磁场，带动阀体内转子螺旋转动，转子带动阀杆向上或向下垂直移动，阀针上下移动，改变阀孔的间隙，使阀体的流通截面积发生变化，改变制冷剂流过时的压力，从而改变节流压力和流量，使进入蒸发器的流量与压缩机运行速度相适应，达到精确调节制冷量的目的。

膨胀阀驱动流程：CPU→反相驱动器→线圈→转子→阀杆→阀针→阀孔开启或关闭。

② 阀杆位置　室外机 CPU 上电复位：控制电子膨胀阀时，首先是向上移动处于最大位置，然后再向下移动处于关闭位置，此时为待机状态。

遥控器开机：室外机运行，则阀杆向上移动，处于节流降压状态。

遥控器关机：室外机停止运行，延时过后，阀杆向下移动，处于关闭位置。

5.6.2　电子膨胀阀的检测

电子膨胀阀一般安装在变频空调器上，它的线圈有两种：

一种为 6 根引线，其中 2 根引线连在一起为公共端，接直流电源 12V，余下 4 根引线为接 CPU 的控制引线；

另一种为 5 根引线，见下图所示，其中 1 根为公共端，接直流电源 12V（红线），余下 4

根为接 CPU 的控制引线（白线、黄线、蓝线、橙线）。

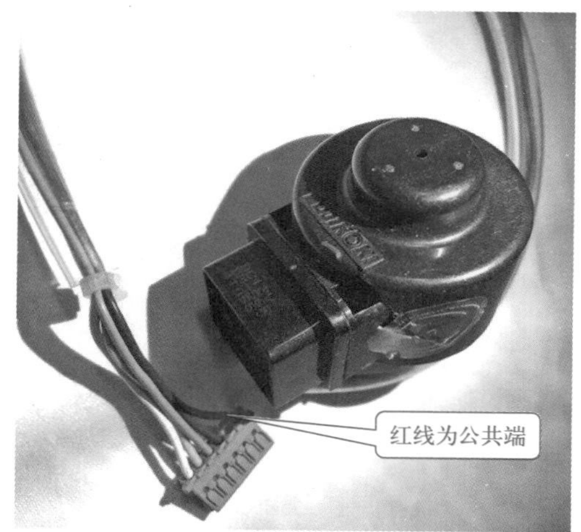

电子膨胀阀工作是否正常，可以通过测量电子膨胀阀线圈来判断。使用万用表电阻挡，将红表笔接公共端红线，黑表笔分别接 4 根控制引线测其阻值，均约为 47Ω。

也可以测量驱动线之间的电阻，其阻值应为公共端与驱动线阻值的 2 倍，即阻值为 94Ω。

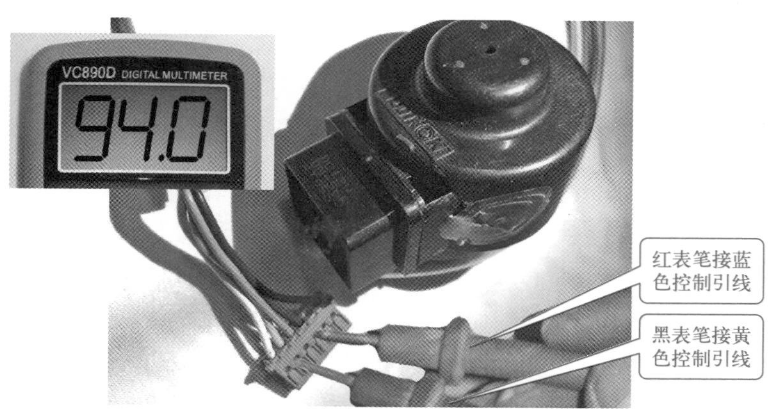

第 6 章

空调器制冷系统故障检修

6.1　元件损坏导致制冷效果差故障检修

6.2　缺氟导致制冷效果差故障检修

6.3　内部元件脏堵导致制冷效果差故障检修

6.1 元件损坏导致制冷效果差故障检修

6.1.1 空调器制冷效率低

故障现象：一台壁挂式空调器制冷效率低。

故障检修：经检查发现该机排气管温度偏低，吸气管温度偏高（正常时为15℃），低压压力为0.68MPa（正常时应为0.5MPa左右），如下图所示，对应蒸发器温度为14℃（正常时应为6℃左右）。

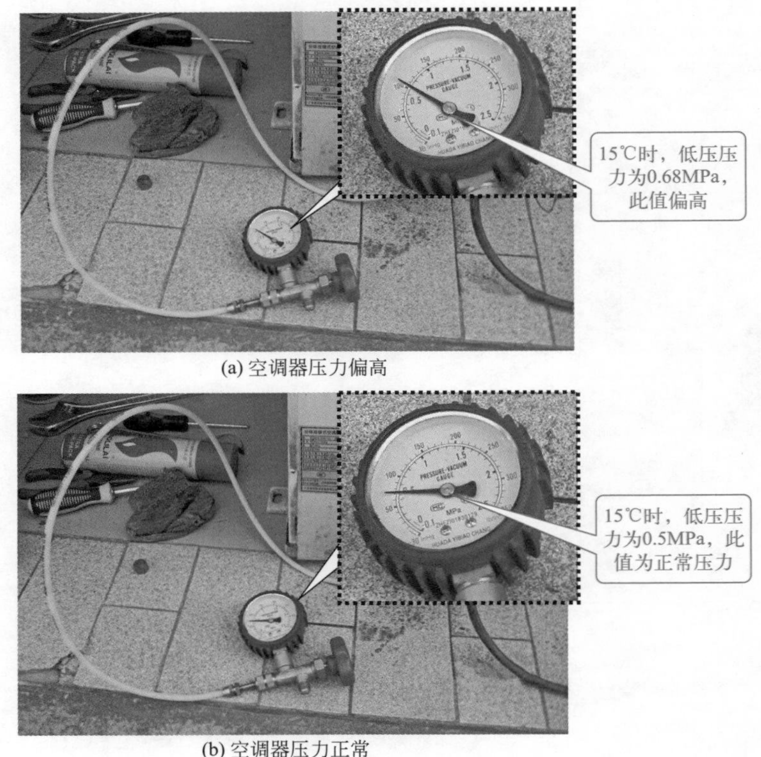

(a) 空调器压力偏高

(b) 空调器压力正常

① 如下图所示，将系统管路与压缩机排气管焊开。

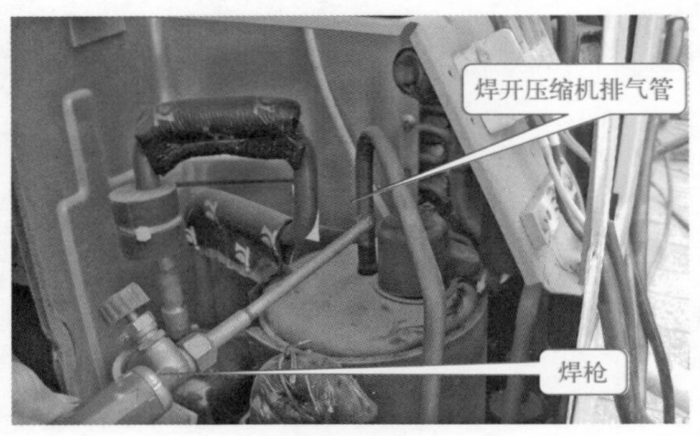

检查压缩机排气压力，正常。根据故障现象分析，可能是四通换向阀高、低压管路窜气引起的故障。

② 更换相同型号规格的四通换向阀，如下图所示，重新将压缩机与系统管路焊好，经抽真空、充注制冷剂的操作后通电试机，空调器工作正常。

6.1.2　空调器只能制冷而不能制热

故障现象：一台分体式壁挂空调器只能制冷而不能制热。

故障检修：空调器不制热时，应重点检查遥控器的温度设定是否正确，经检测遥控器没有问题；检查环温传感器是否短路或阻值偏小，因温度传感器在室内机机壳内，所以需要拆开室内机外壳，其步骤如下图所示。

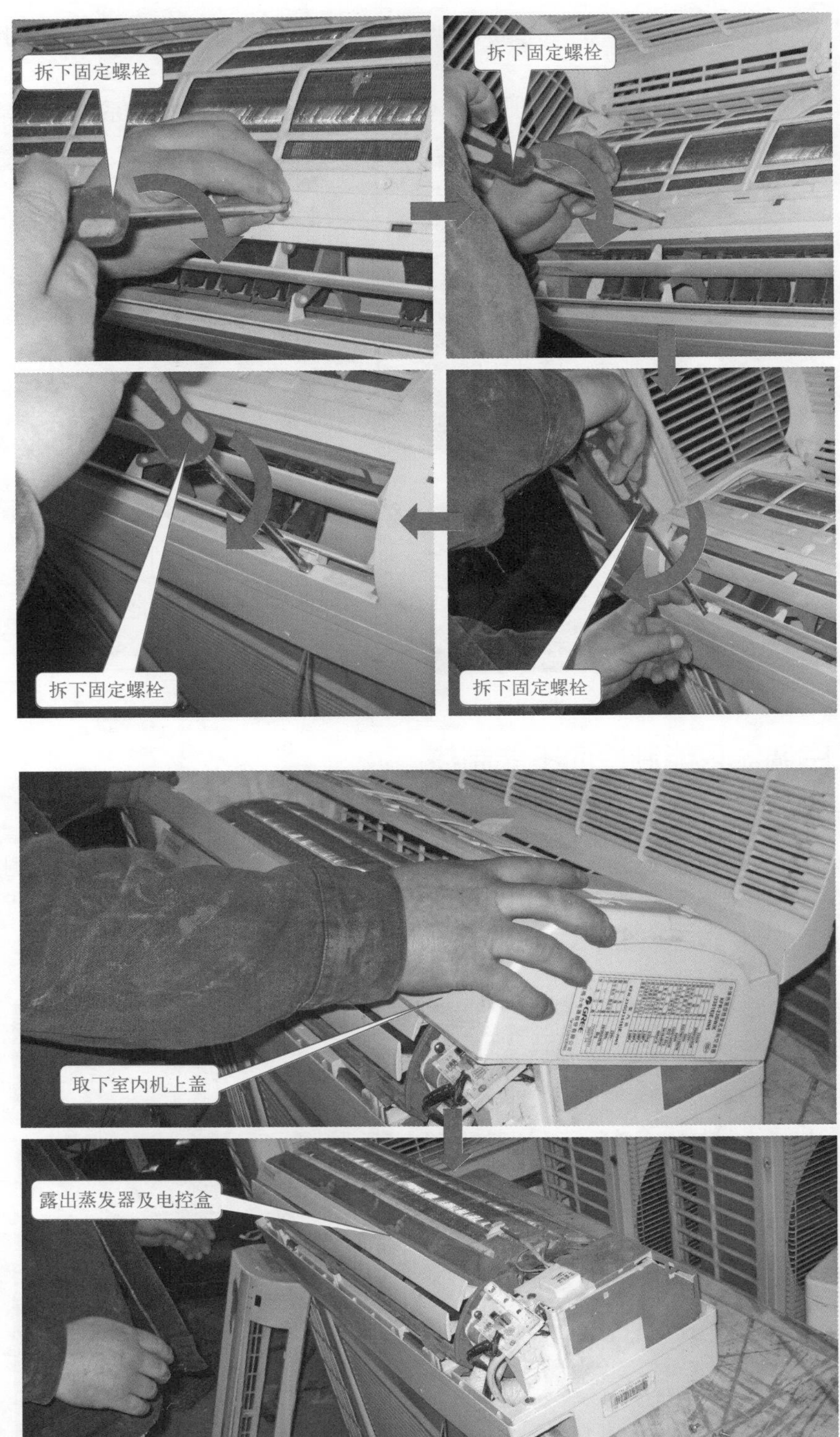

① 如下图所示，取出驱动电路板，然后拔掉环温传感器的接线端子，并测量其电阻值。

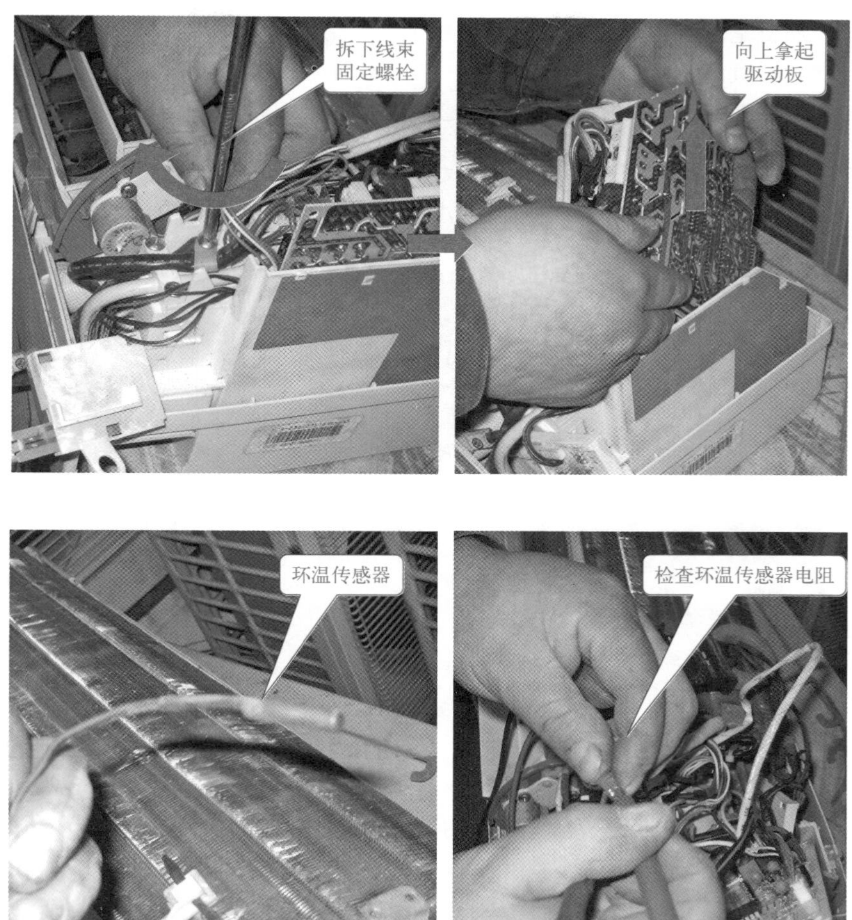

② 检查管温传感器的阻值是否偏大，如下图所示。阻值是否正常可参照本书附录 1 空调器常用温度传感器温度、阻值、电压对照表。

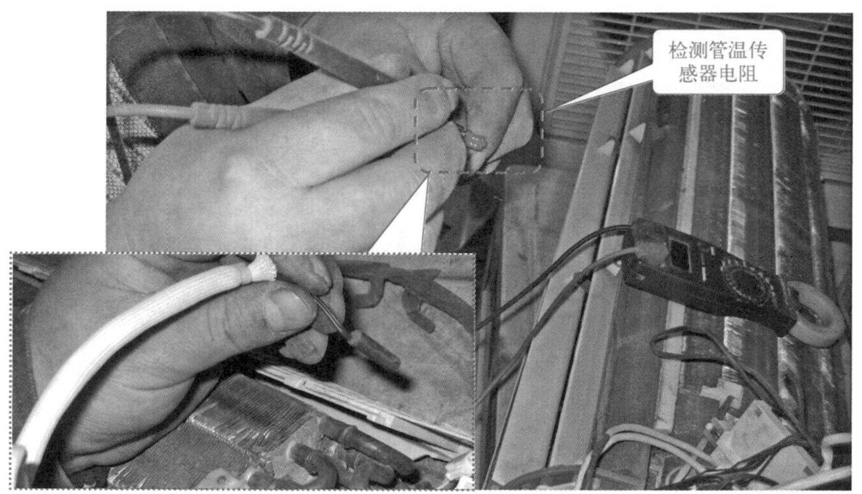

③ 检查压缩机是否启动，该压缩机正常运行。

④ 检查变频器直流供电电压是否正常（一般正常值为300V左右）。

⑤ 检查变频器U、V、W端子（其标识见下图所示）之间是否有对称的三相电压输出。

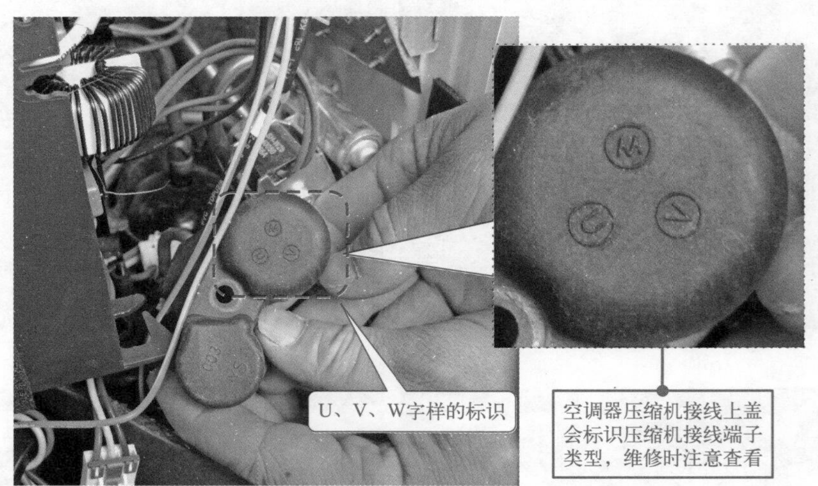

⑥ 经上述逐项排查，将空调器设定在制冷状态，用遥控器将制冷状态改为制热状态，四通阀无换向吸合动作。卸下室外机壳，经测量发现四通阀线圈断路，更换四通阀后，故障排除。

6.1.3 无论制冷或制热，室外风机均不转

故障现象：一台空调器不论是制冷还是制热，室外风机均不转

故障检修：制冷或制热时室外风机都不转，应将检测重点放在室外风机的驱动环节及室外风机本身。

① 按照由易到难的检查原则，首先打开室外机壳，检查室外风机插接端子与室外控制板、电容插接端子接触是否良好，如下图所示。

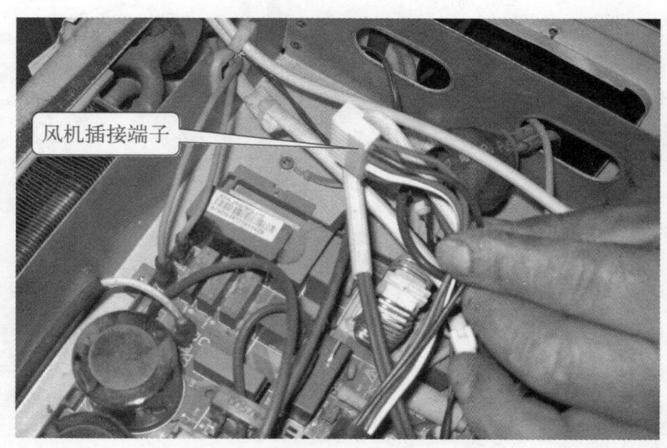

② 在确认以上正常后，用万用表检查室外主控板芯片1脚、2脚有无输出电平，即在开机状态下用万用表直流电压挡进行测量，如下图所示。当室外风机在高速挡时，1脚电压

U_1=H、2 脚电压 U_2=0；在中速挡时，U_1=L、U_2=H；在低速挡时，U_1=H、U_2=H（H 表示高电平，L 表示低电平）。如检测的电平不对，说明主芯片有问题，需更换主控板。

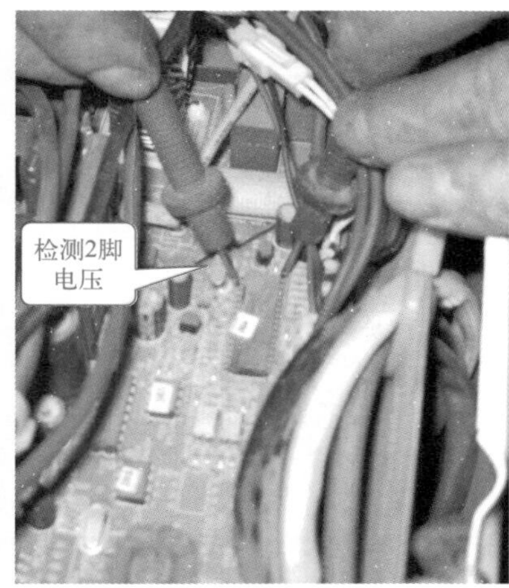

③ 如检测到芯片有输出信号，通过驱动芯片检测风扇继电器是否良好，即能否正常吸合。在确认以上都正常后，用万用表电阻挡检测风机插接端子棕白、棕紫、棕黄之间的静态电阻，如下图所示。正常情况下，棕白、棕紫、棕黄之间的电阻分别为 151.4Ω，206.7Ω、265.5Ω。

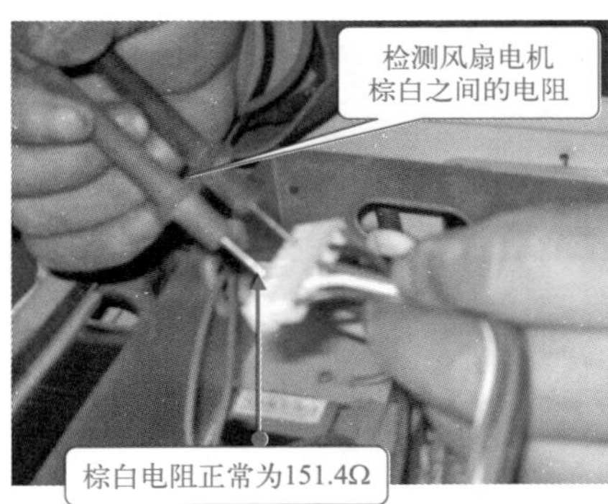

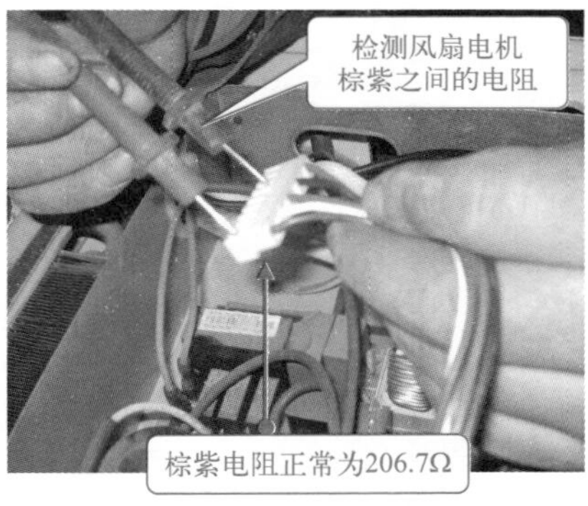

④ 通电状态下用手拨动风扇扇叶，发现风扇能启动，由于风扇能运转，分析可能是风机启动电容不良导致故障。用万用表检测风机启动电容是否良好，如下图所示，发现电容值偏小。更换电容，再次检测电容值，确认正常后开机试运行，故障消除。

6.2 缺氟导致制冷效果差故障检修

6.2.1 制冷剂不足，空调不制冷

故障现象：一台壁挂式空调器不制冷。

故障检修：首先检查空调器开机后室内、外风机是否工作，压缩机是否工作。

经检查发现压缩机和风机工作正常，继续检查压缩机工作电流和室外机低压部分的压力，发现压缩机工作电流较正常值小，低压部分压力降为零。由此判断，故障可能是压缩机制冷剂不足所致。

① 检查发现管路延长部分有油渍，进一步观察后发现有砂眼。补焊后，试压无泄漏，将系统抽真空，如下图所示，加制冷剂到额定值。

② 开机试验，制冷效果有所改善，但是压缩机很快严重发热。

由此判断，很可能是空调器经多次维修、多次充加制冷剂，导致压缩机润滑油缺失。

③ 排空制冷剂，如下图所示，定量补充润滑油，重新抽真空，然后充入制冷剂，开机运行。

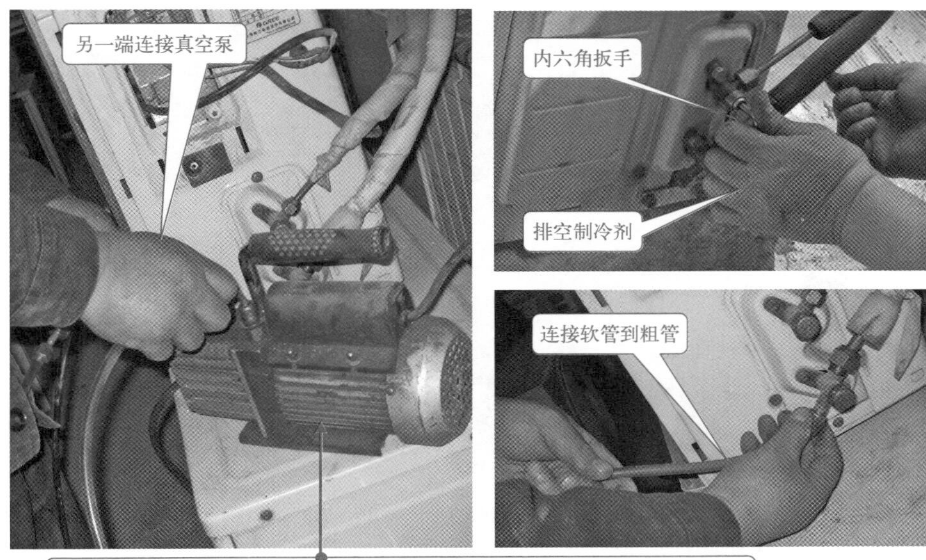

④ 用钳形表检测压缩机工作电流，继续充入制冷剂，如下图所示，直到压缩机工作电流达到额定值。开机运行一段时间，空调器制冷正常。

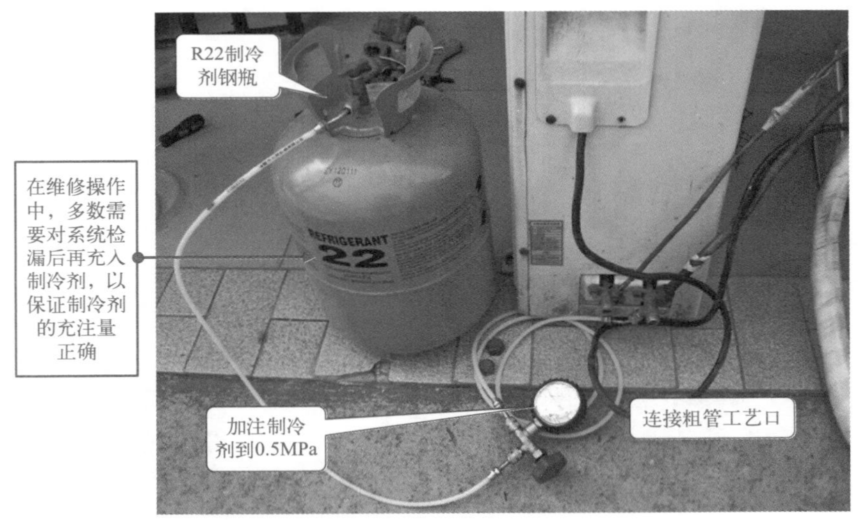

6.2.2　空调器制冷正常，但冷气不足

故障现象：一台分体壁挂式空调器冷气不足。

故障检修：开启空调器后，其输入电流小于额定输入电流，检查室内蒸发器，只有部分结霜，而不是正常时结满露。

① 怀疑制冷剂不足，于是将三通修理阀与气管三通截止阀修理口进行连接，如下图所示，经测量发现低压只有 0.3MPa（正常为 0.47 ～ 0.53MPa），基本可以确认是系统泄漏故障。

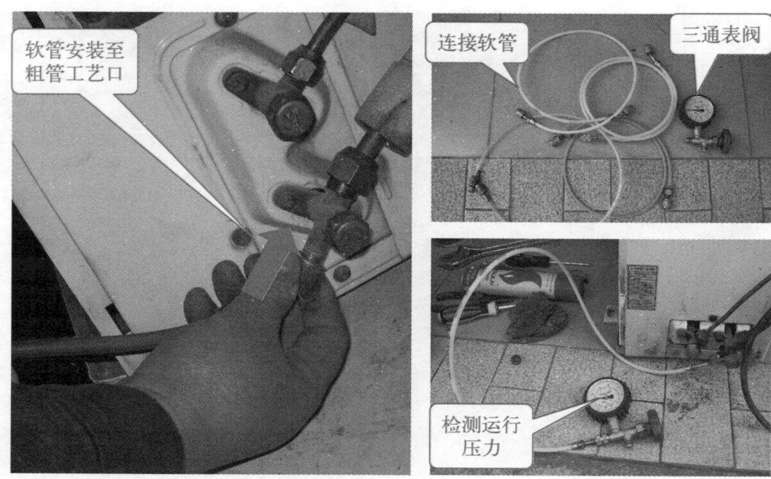

② 分体式空调器截止阀和配管接头最容易发生泄漏，如下图所示，检查室外机组配管及截止阀处没有油渍，说明此处没有泄漏。

若目测不明显，可使用肥皂水检测

③ 再检查压缩机与管路焊接处及干燥过滤器、毛细管等焊接处，也没有发现油渍。按下图所示方法，剥开配管与室内机组接头处的保温管，发现气管（粗铜管）接头焊接处有油渍。

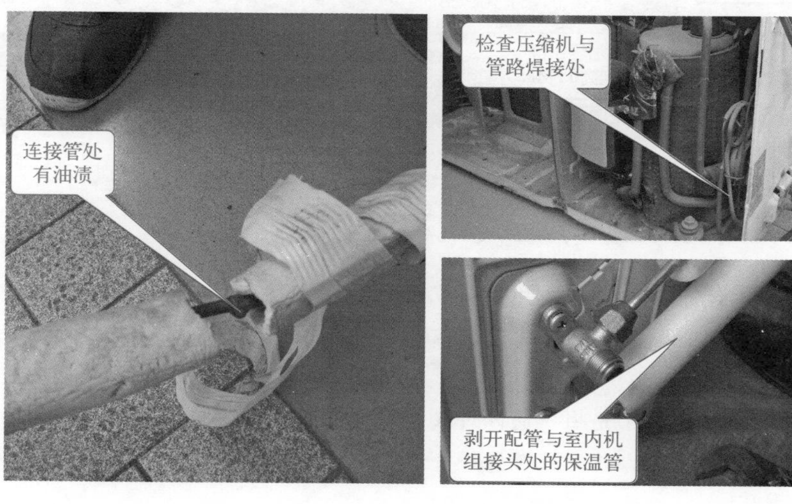

④ 用肥皂水涂抹气管接头处进行检漏，此时有气泡出现，说明气管接头处泄漏。该空调器可能由于多次装卸，将原先由螺母连接配管与室内机组改为焊接，由于焊接质量不高，产生泄漏现象。

⑤ 经过检查发现了泄漏的地方，将制冷剂收入室外机组，对泄漏处进行重新焊接，如下图所示。

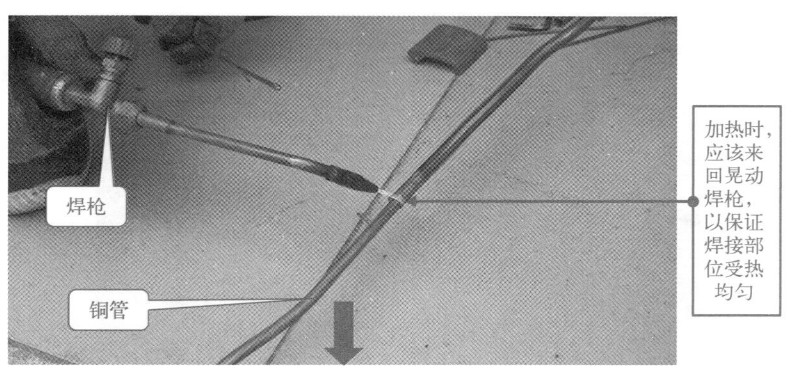

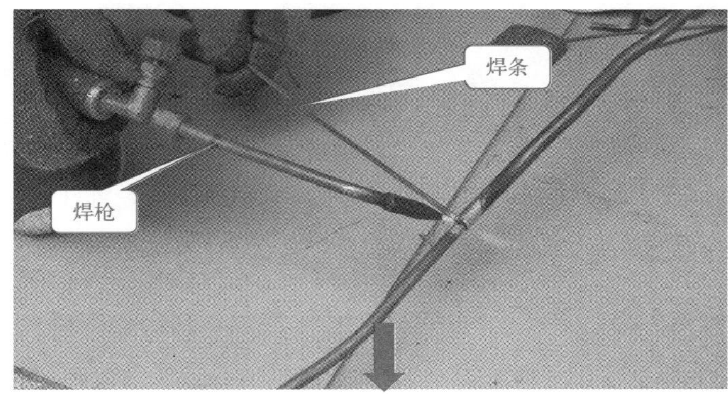

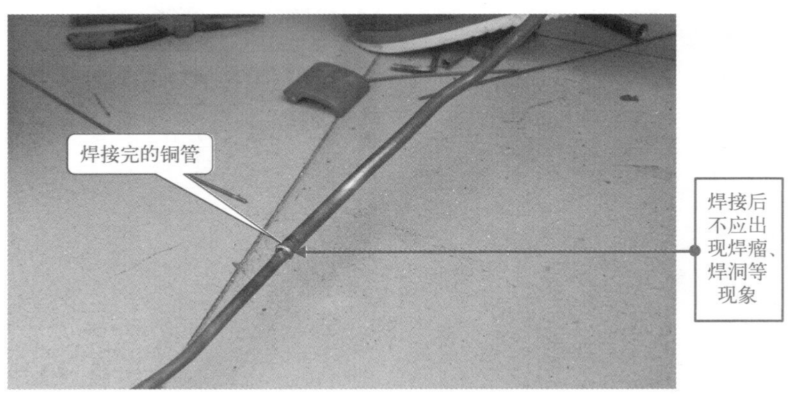

⑥ 焊接后，给系统充入氮气，并再次用肥皂水检漏，焊接处不再出现气泡。重新用胶带将保温层缠好，对室内机组及配管抽真空后，给系统补足制冷剂，空调器恢复正常。

6.2.3 柜式空调器制冷效果差，并且室内热交换器结冰

根据故障现象，怀疑故障由于通风系统异常、加注的制冷剂过多或过少、管路变形或堵塞等原因所致。

经询问用户得知，该机故障是移机后出现的，怀疑故障是由于安装不当，导致管路变形或焊接时产生焊堵所致。

① 检查管路时，发现低压管在穿墙孔附近被折瘪，如下图所示，影响制冷剂流动，从而产生该故障。

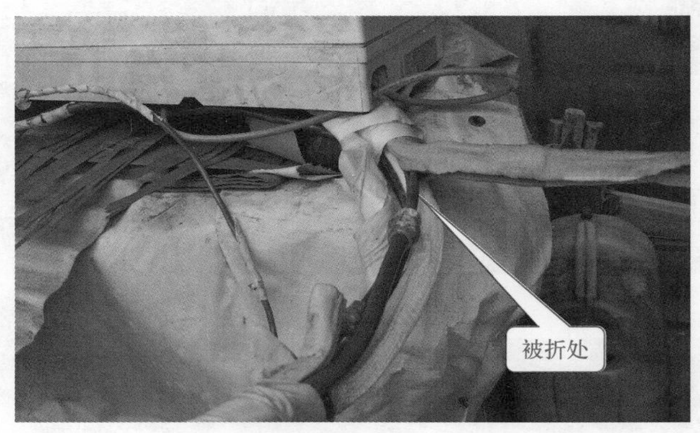

② 将制冷剂回收到室外机后，拆卸低压管，用割管器将折瘪处割掉，再用胀管的方法将铜管胀成杯形口，随后用气焊将对接好的铜管进行焊接，如下图所示，将低压管内的空气排空并与室外机连接好。

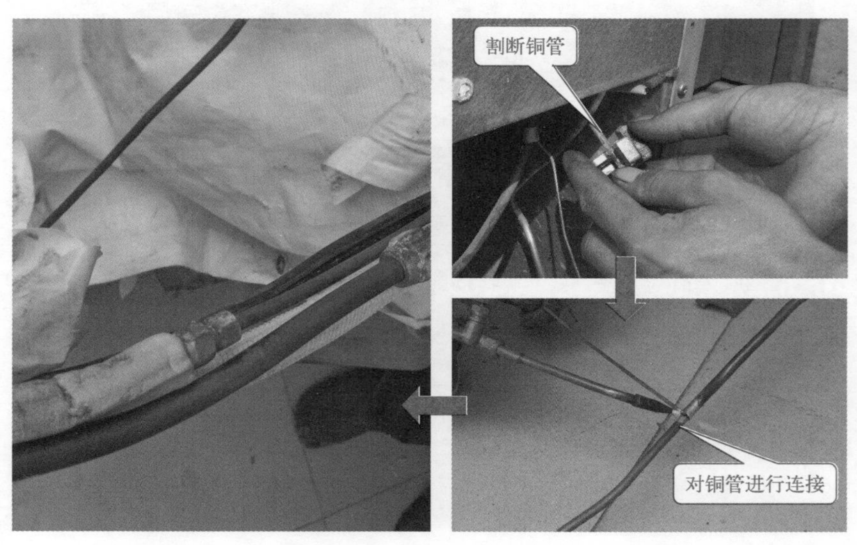

③ 如下图所示，打开截止阀，检测焊接处和连接处没有泄漏现象，试机制冷正常，故障排除。

6.3 内部元件脏堵导致制冷效果差故障检修

6.3.1 空调器运转正常，但无冷气吹出

故障现象：一台定频冷暖型空调器，开机运转正常，但无冷气吹出。

故障检修：空调器室内、外机运转正常但不制冷的主要原因可能有以下几点。

① 制冷系统内脏堵，维修焊接管路系统部件时有焊滴、焊渣进入系统内；

② 由于连接管封闭处理不好，安装时连接管内有异物或穿墙时管内进入沙土灰尘；

③ 系统内制冷剂泄漏，制冷、制热效果差；

④ 空气进入系统内，使冷冻油氧化变质，堵塞系统，造成系统运行不正常，不制冷或不制热，或制冷、制热效果差。堵塞部位不同，所表现的故障现象也不同。

故障检修步骤如下。

① 首先将空调器通电后用遥控器开机，设定制冷工作状态，室内、外机组均运转正常。检测发现压缩机工作电流正常，如下图所示，基本排除系统制冷剂泄漏的故障。

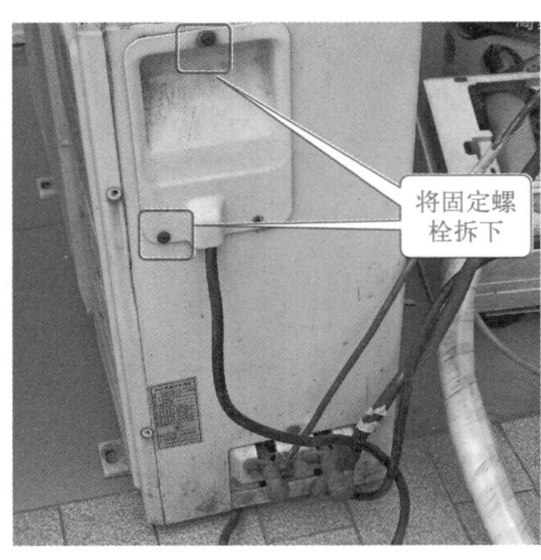

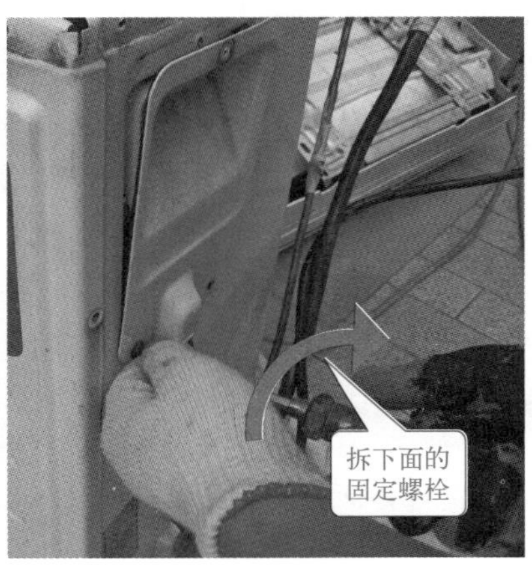

② 设定制热工作状态，测得压缩机工作电流正常，如下图所示，制热效果也不好。

③ 继而用连接软管连接压力表如下图所示（连接时要注意公、英制接口），测得系统低压压力偏低，怀疑是系统内堵塞引起。

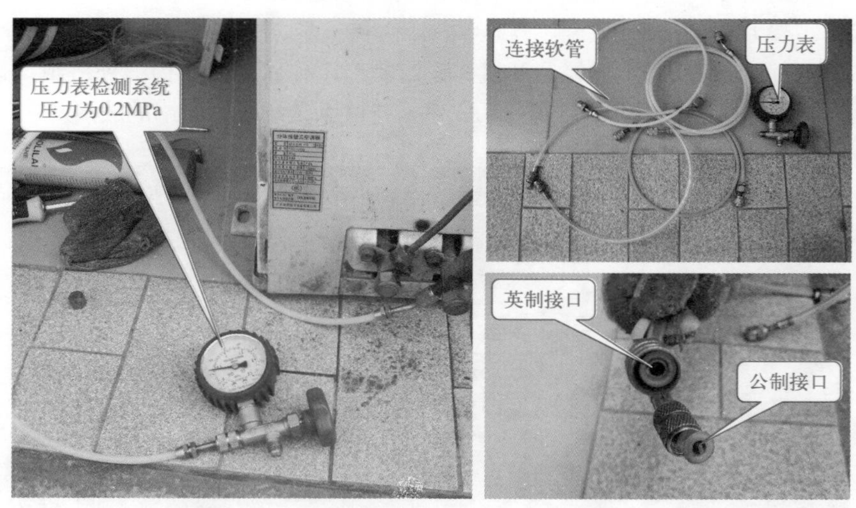

④ 拆开空调器室外机，如下图所示。将毛细管与过滤器连接处焊开，如下图所示，经检

查发现过滤器脏堵。

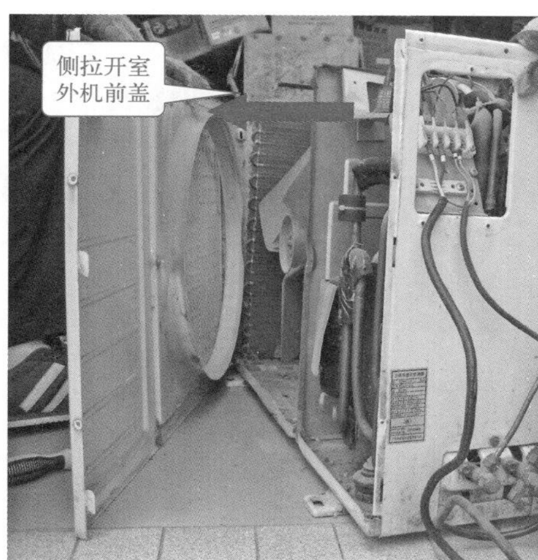

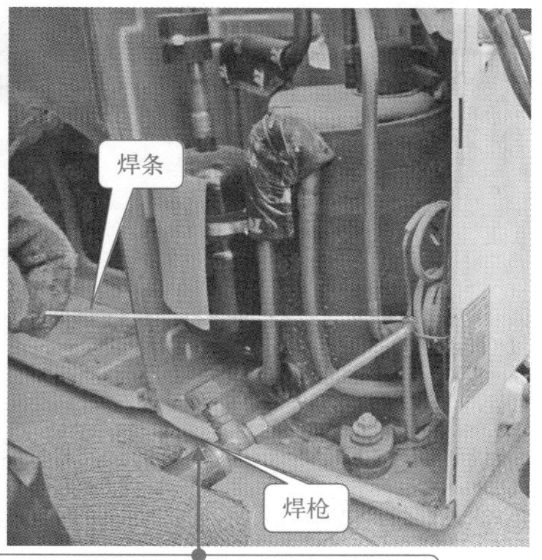

焊接时多使用中性焰进行加热，因其温度最高

⑤ 将新的过滤器与毛细管进行焊接，排出管内空气，充注制冷剂，开机试运行，故障排除。

6.3.2 室外机被堵，空调不启动

故障现象：一台壁挂式空调器制冷效果不好，再次试机后，室外机和压缩机均不启动。

故障检修：

① 根据故障现象，开始怀疑是制冷剂泄漏，查看室外机管路焊接处以及接头各连接点，没有明显的油污外漏。用肥皂水检漏，如下图所示，未见异常，系统压力也正常（检测方法见前文），否定了开始的判断。

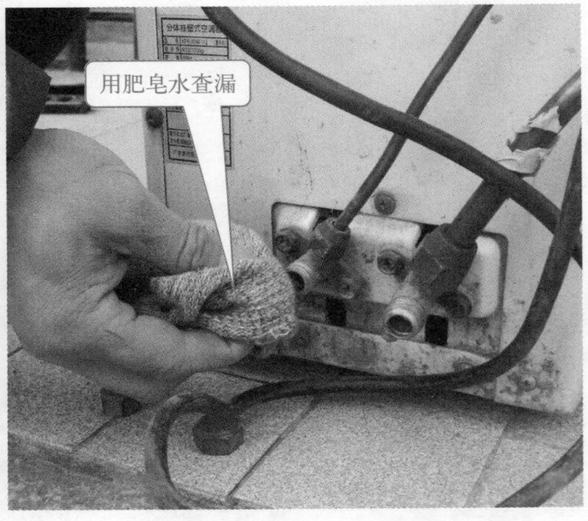

② 再次通电运行，测量工作电流，如下图所示，似乎压缩机运行，而室外风扇没有运转，过一会儿压缩机停机保护，判断应是室外风扇电机本身或控制电路故障。

③ 停机后打开室外机外壳，检查风扇电机，用手转动扇叶，感觉阻力很大，如下图所示。

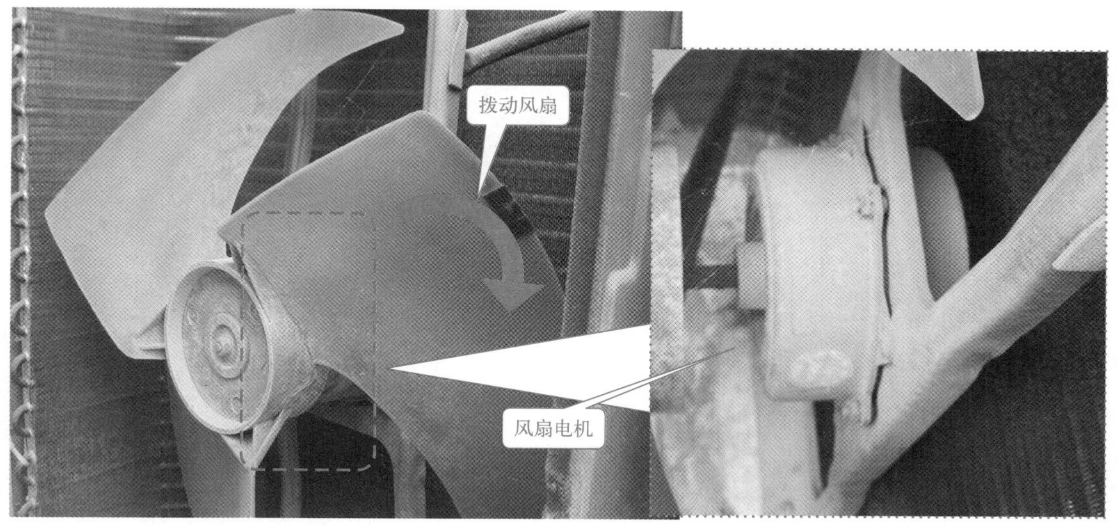

④ 仔细查看，发现风扇电机下面有一大团小树枝和草、纸屑等杂物，如下图所示。

⑤ 室外机下面的杂物阻碍了风扇电机的运行，压缩机运转一会儿，出现温度保护而停机。这是一种单冷式空调器，室外机下面有多个排水用的小孔，给小鸟筑巢提供了方便。为防止室外机再次出现类似故障，将室外机下面的小孔设法堵住，故障彻底排除。

6.3.3　空调器没有冷风

故障现象：一台分体壁挂式空调器制冷时没有冷风。

故障检修：

① 运行空调器，检查粗细管，发现压缩机排气管（粗管）不热，回气管（细管）不凉，毛细管出口端也听不到气流声。

② 将三通修理阀与气管三通截止阀进行连接，经检查发现低压侧为负压，基本可以确定制冷系统完全堵塞。

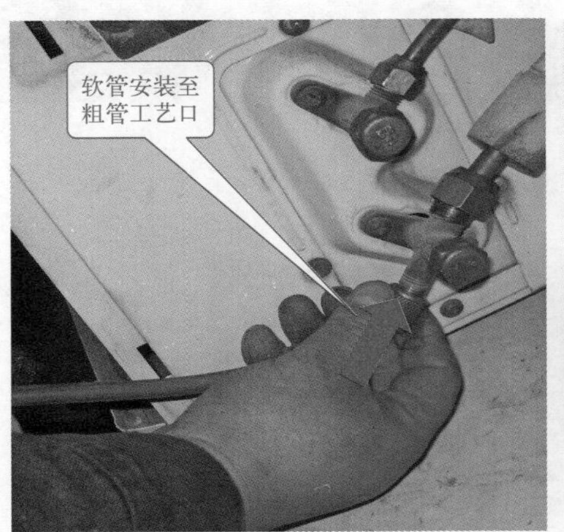

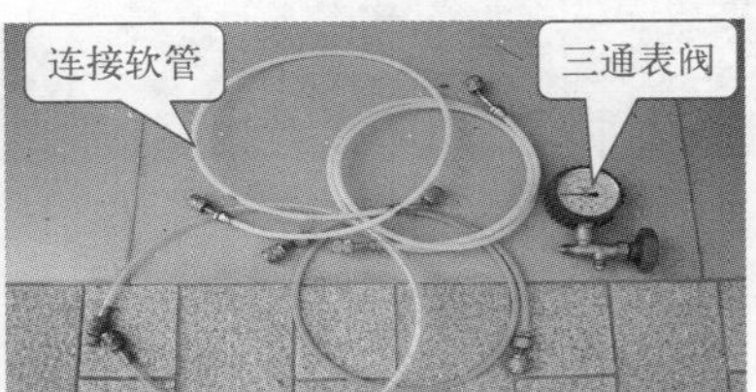

③ 堵塞部位最容易发生在干燥过滤器和毛细管处，可按下图所示方法，用割管刀在干燥过滤器与冷凝器连接处切割管路。

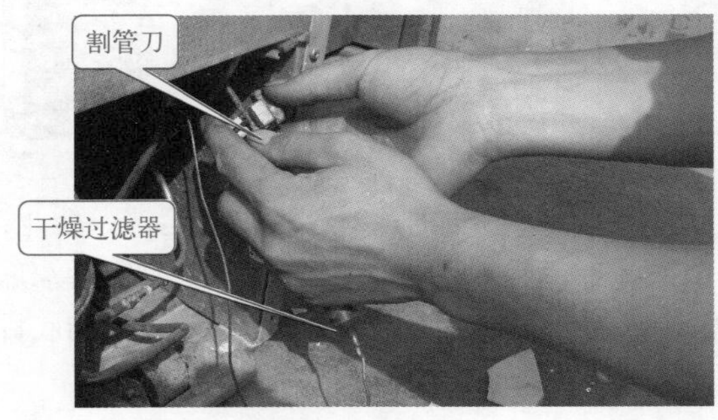

注意：在切割管路时一定要缓慢小心，防止由于割口太大而使大量制冷剂喷出，伤及皮肤、脸部等。本例在切割管路的过程中，发现有大量制冷剂喷出，证实干燥过滤器或毛细管堵塞。

④ 在排出制冷剂的同时，一部分冷冻机油随之排出。经检查，喷出的冷冻机油没有烧焦气味，机油的颜色呈无色透明状，说明冷冻机油没有变质，仍然可以继续使用。制冷剂放出后，将干燥过滤器连同毛细管从制冷系统中取下。

⑤ 将氮气瓶与三通修理阀连接在一起，然后关闭气管侧三通截止阀（此时气管与三通修理阀导通，与冷凝器断开），如下图所示。打开氮气瓶总阀门，将减压阀调至 0.6MPa，然后打

开三通修理阀，氮气经过室内热交换器、液管、液管截止阀，最后由毛细管断开端排出。如下图所示，用手对管口进行憋气、放气反复多次，对室内热交换器进行气洗。

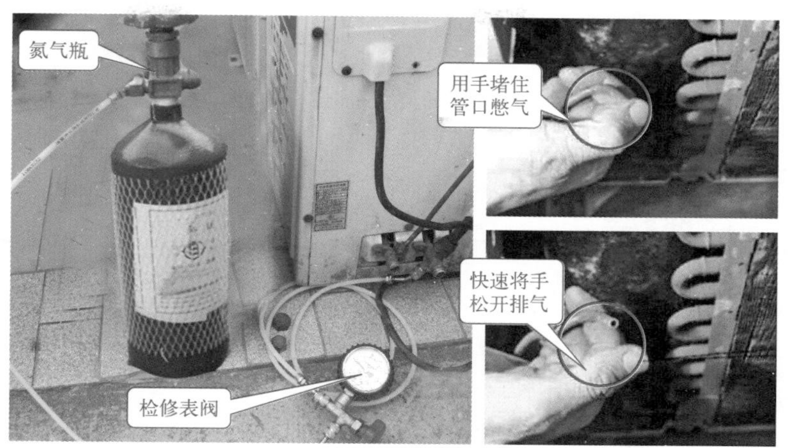

⑥ 如下图所示，将液管截止阀阀杆沿顺时针旋转到底，即关闭液管截止阀阀门（逆时针旋转气管截止阀阀杆，即打开气管截止阀）。

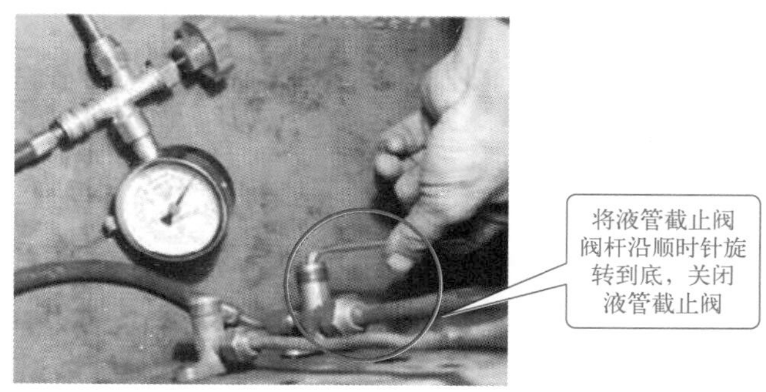

⑦ 然后开启压缩机，同时给系统充入氮气，使低压表压力保持在 0.05MPa 以下，氮气经过室外热交换器，从冷凝器出口处（即从干燥过滤器断开处）排出。采用步骤⑤所示方法，用手对冷凝器出口进行憋气、放气反复多次，对冷凝器进行气洗。

⑧ 最后换上新干燥过滤器以及同样内径和长度的毛细管，如下图所示。

⑨ 重新打开液管截止阀（将截止阀阀杆沿逆时针旋到底，如步骤⑥所示），给系统抽真空，充入定量的制冷剂后，故障排除。

第 7 章

空调器漏水、噪声大故障检修

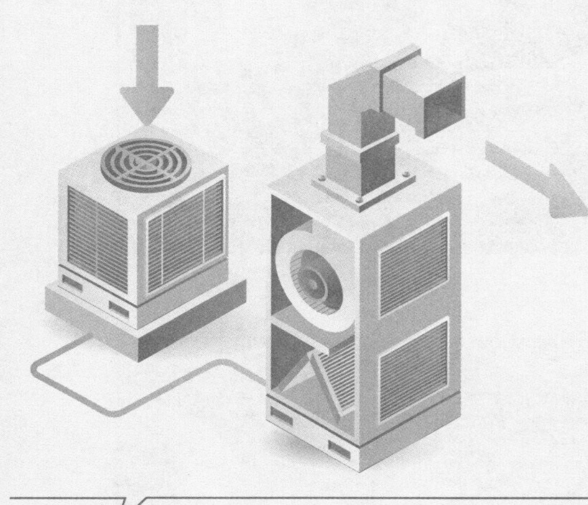

7.1　空调器漏水故障检修
7.2　空调器噪声大故障检修

7.1 空调器漏水故障检修

7.1.1 空调器室内机管路在穿墙孔处漏水

故障现象：壁挂式空调器室内机管路在穿墙孔处漏水。

故障检修：通过故障现象分析，引起该故障的主要原因，一是室内机的接水槽损坏，二是排水管堵塞、压瘪或破损。

检查排水管正常，说明故障发生在室内机，拆开室内机，发现接水槽内有大量的污物，清理污物后，故障排除。

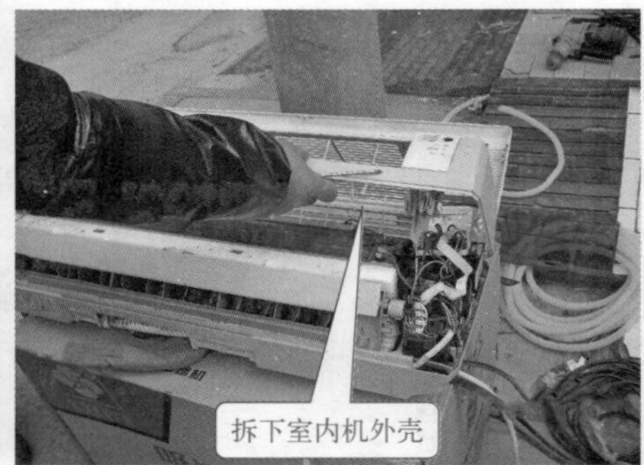

7.1.2 空调器制冷 3h 左右开始漏水

故障现象：壁挂式空调器制冷 3h 左右开始漏水。

故障检修：通过故障现象分析，引起该故障的主要原因，一是室内机的接水槽损坏，二是排水管堵塞、压瘪或破损。

① 检查排水管排水正常，发现该机在制冷不到 10min 时，蒸发器的下部就开始结霜，怀疑系统制冷剂不足，在室外机的低压截止阀上安装维修阀和压力表，其操作如下图所示。

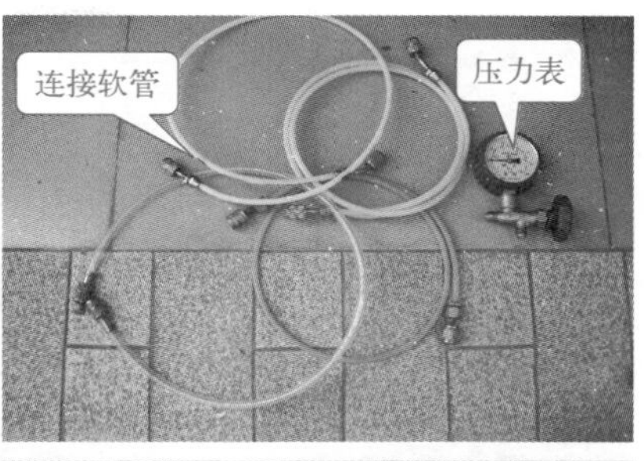

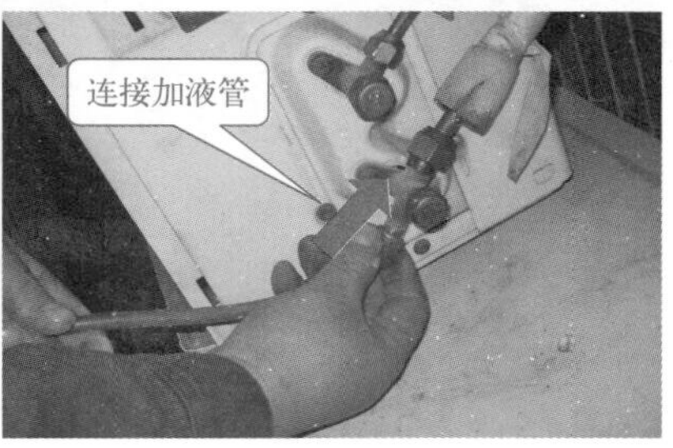

发现压力不足 0.25MPa，说明制冷剂的确有泄漏。

② 检查发现配管与截止阀连接松动，拆下配管检查，发现管口异常，割掉管口并重新扩口，连接后抽真空并加注适量制冷剂，故障排除。

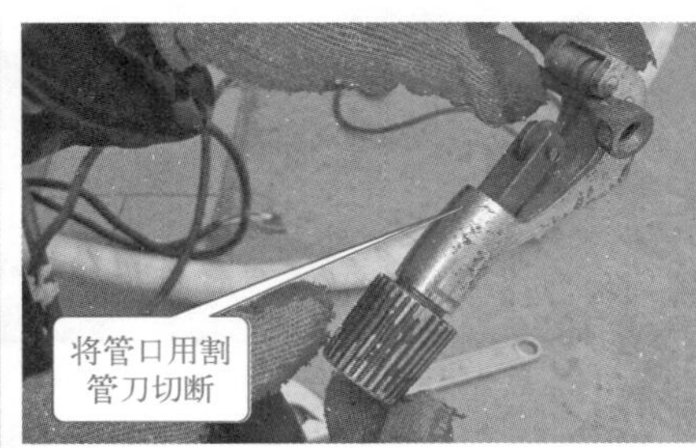

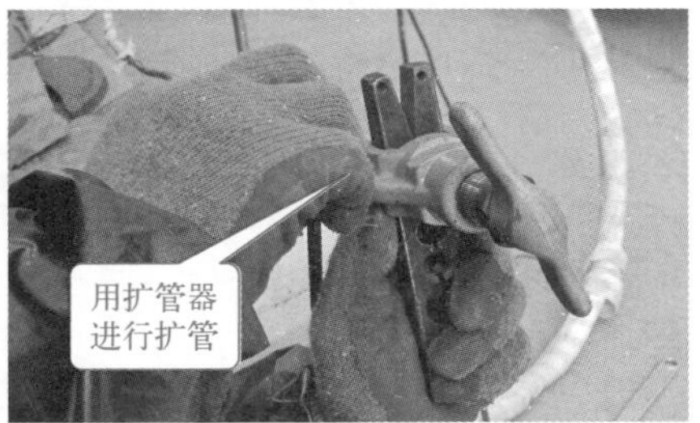

此机是由于制冷剂不足，蒸发器结霜，压缩机停转后，蒸发器开始化霜，导致室内机漏水。

7.1.3　室内机漏水，排水管不排水

故障现象：壁挂式空调器室内机漏水。

故障检修：上门检查，用户介绍，空调器一开机室内机就漏水，室外排水管不排水。

① 取下室内机进风格栅，如下图所示，观察室内机，托水盘向下滴水。

② 拔下加长水管，排水软管没有向下排水，托水盘堵塞。取下托水盘，里面已经被泥土堵死，将托水盘软管接在水龙头上，用手捏紧，打开水龙头，利用水管压力反向清洗托水盘及排水软管，清洗干净并安装后试机正常，室内机不再滴水，故障排除。

> 提示：
> 托水盘内泥土过多的原因与空调器使用场所以及没有定期清洗过滤网有关。

7.1.4 室内机两侧漏水

故障现象：一台壁挂式空调器室内机两侧漏水。

故障检修：有的壁挂机有两个积水槽，一个是蒸发器下边的主积水槽，负责导出蒸发器正面的冷凝水，而蒸发器两侧铜管接头处的冷凝水是靠两个导水条经过两个小孔先流到背后的第二积水槽，再流回第一个积水槽，从排水管排出。

① 如下图所示，检查排水管，有水流出，流量还可以。

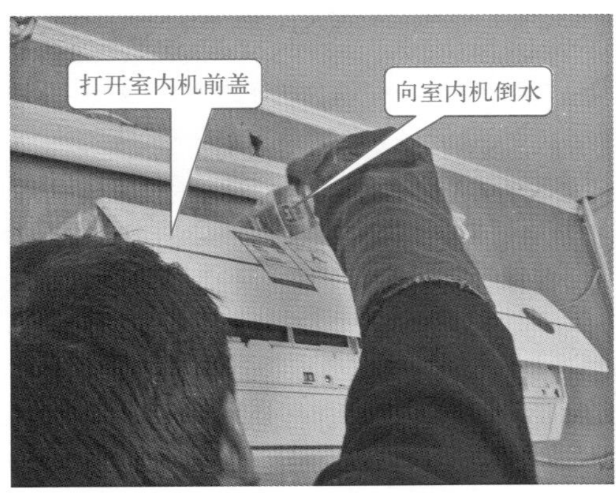

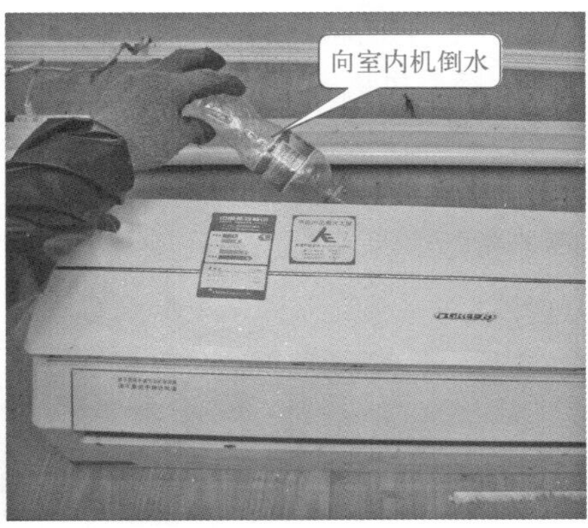

② 摘下室内机，如下图所示，发现连接管接头处没有包扎，怀疑是此处滴水。经包扎处理后试机，故障依旧。

③ 进一步检查，发现室内机底座背后还有一个积水槽，又窄又浅，已被泥土挡住，清理后试机正常。

7.2　空调器噪声大故障检修

7.2.1　壁挂式空调器室内机刚启动时噪声大

故障现象：一台壁挂式空调器室内机噪声大，尤其是刚启动时室内机有很大的“嗡嗡”声。

故障检修：上门检查，遥控制冷开机，室内风机开始运行，在室内机右侧发出较大的“嗡嗡”声，随着风机转速平稳，噪声逐渐变小，连续几次试机，在出现响声时用手按住右侧面板噪声就会减小，判断为共振。

① 取下室内机外壳和电控盒外罩，仔细观察电路控制盒，发现室内机主板上变压器与电控盒距离非常近，是不是风机在刚开始启动时外壳振动较大，引起变压器与电控盒相碰产生“嗡嗡”声呢？

② 在变压器与电控盒之间垫上一层报纸，如下图所示，使其紧紧相靠，再上电试机噪声消失。

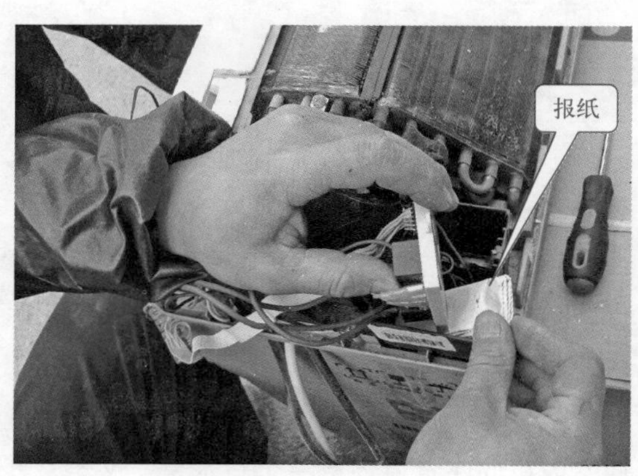

③ 在运行中变压器与电控盒之间产生噪声在实际维修中很常见，后期生产的空调器在变压器与电控盒之间，出厂时已经垫上一层厚厚的绝缘垫片，用以解决此类问题。

7.2.2 室内机轴承噪声大

故障现象：壁挂式空调器开机运行，室内机噪声大。

故障检修：上门检查，遥控开机，室内机运行便发出刺耳的“吱吱”声，怀疑室内风机轴承缺油或轴承组件缺油。

① 取下室内机外壳，听声音由左侧的轴承组件发出，判断为轴承组件缺油，拆下蒸发器左侧固定螺钉，如下图所示。

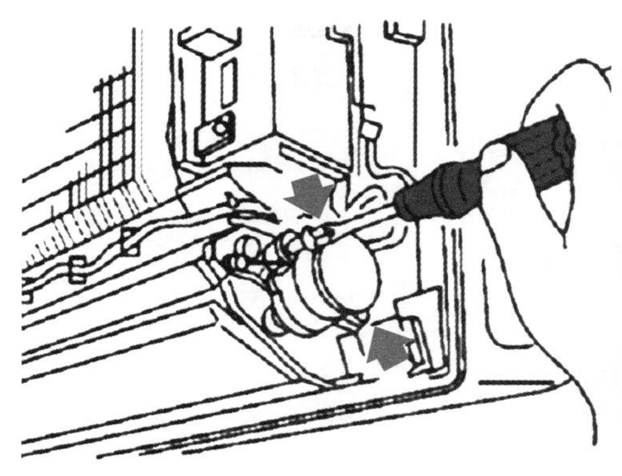

② 将蒸发器下面的轴承组件取下，把内部清洗干净，并加注高温润滑油，同时将贯流风扇左侧支承清洗干净，再滴上几滴润滑油，安装后试机噪声消除，制冷正常。

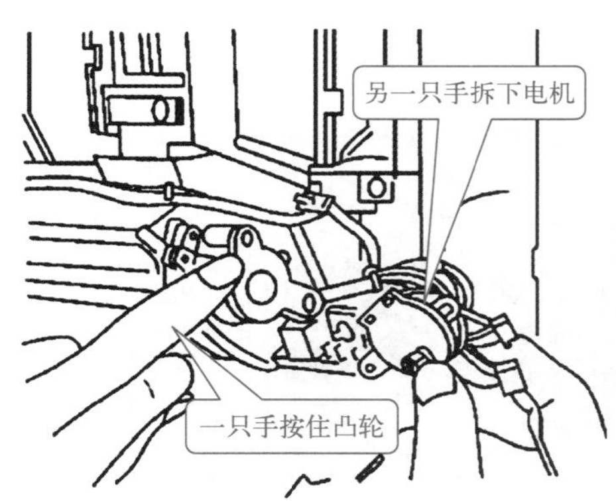

7.2.3　空调器室内机噪声较大

故障现象：一台壁挂式空调器室内机噪声较大。

故障检修：

① 首先拆开室内机接线盒，检测室内机供电电压是否在正常范围内，如下图所示。

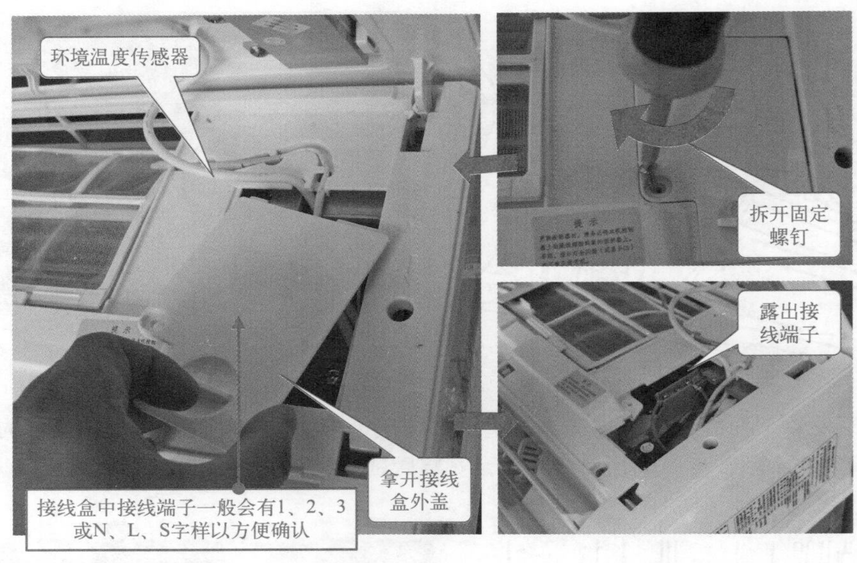

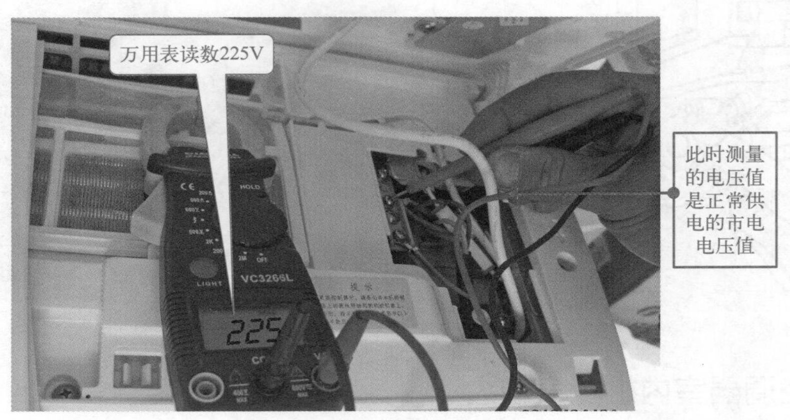

② 然后对室内机进行全面检查，发现室内风扇电机运转平稳，送风正常。

③ 经仔细辨别，似乎是室外机噪声沿着穿墙管进入室内。用水平仪测量室外机安装支架，发现室外机向一边倾斜，压缩机由于减振弹簧受力不均匀引起较大的振动噪声。

> 提示：
> 如果室外机长期严重倾斜，会对压缩机本身造成较大的损坏，如电机吊簧脱钩、碰壳、卡壳等。

④ 把室外机固定螺钉卸下，用橡胶垫调整平衡度，如下图所示，并上紧室外机螺钉，开机试运行，故障排除。

7.2.4　柜式空调器导风板不工作

故障现象：一台柜式变频空调器室内导风板不工作。

故障分析：根据此类空调器控制电路的特点，室内导风板不工作的可能原因有如下几点。

① 室内机送风同步电机接插件接触不良；

② 同步电机绕组出现断路或短路故障；

③ 同步电机驱动继电器不正常，接点有虚焊现象；

④ 微处理器控制板控制端无高电平输出。

故障检修步骤如下。

① 逐步排查，需要拆开室内机进行检测，拆解过程如下图所示。

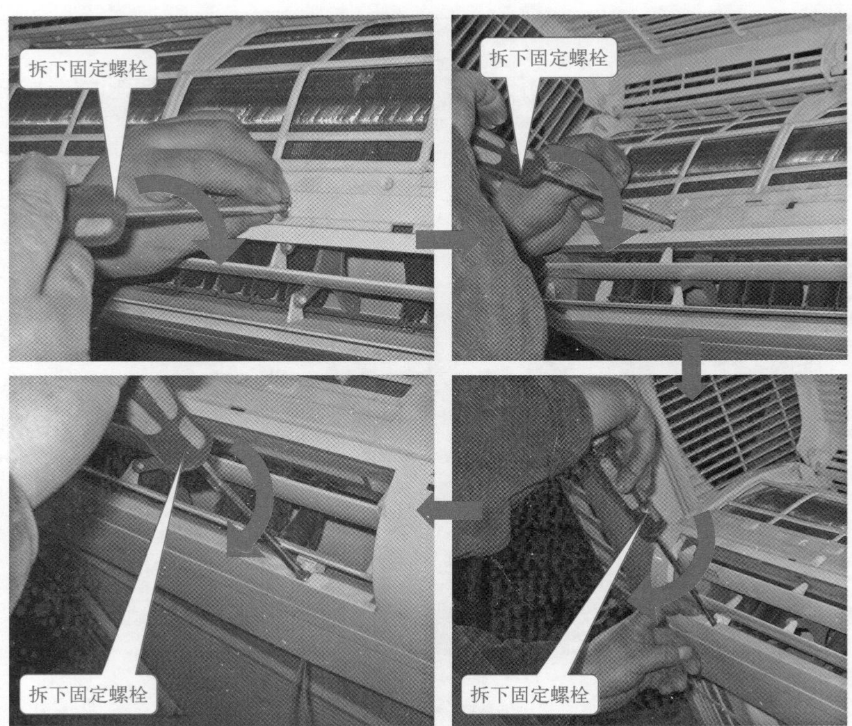
拆下固定螺栓
拆下固定螺栓
拆下固定螺栓
拆下固定螺栓

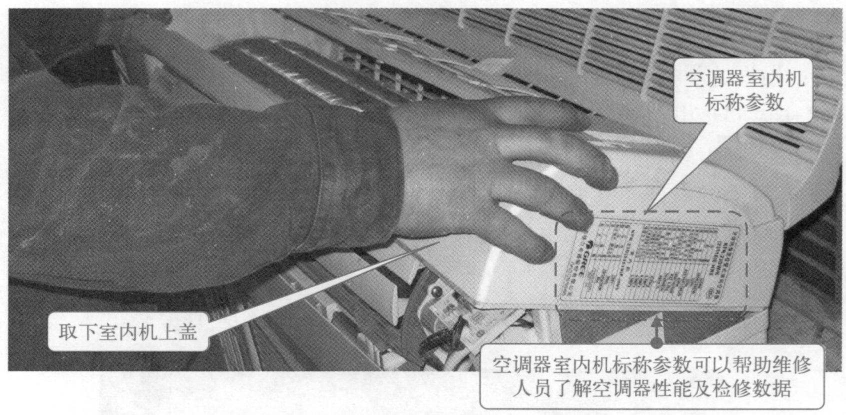
空调器室内机
标称参数
取下室内机上盖
空调器室内机标称参数可以帮助维修
人员了解空调器性能及检修数据

露出蒸发器
及电控盒
驱动电路板
拆开室内机壳后就可以找到室内风机
的接插件，然后将其拔下

② 经测试，送风同步电机接插件接触良好，如下图所示，同步电机绕组断路。

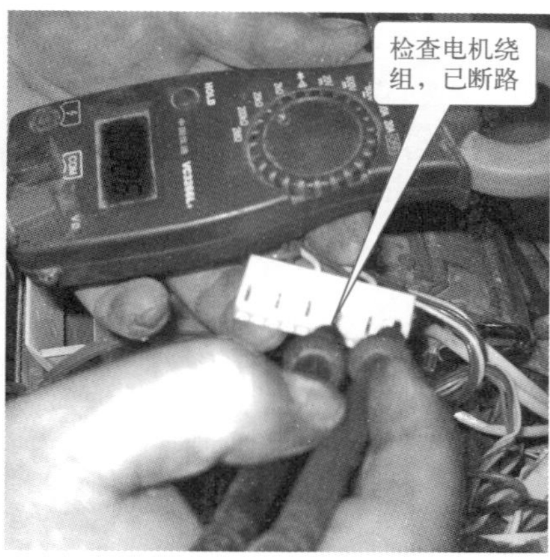

③ 风扇电机正常，这说明导风板工作不正常，更换同型号电机后，导风板工作正常。

第 8 章
空调器电控系统故障检修

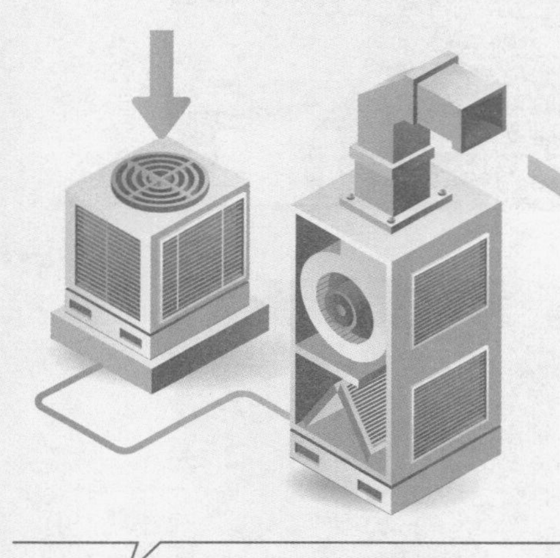

8.1 室内机电控系统故障检修

8.2 室外机电控系统故障检修

8.1 室内机电控系统故障检修

8.1.1 变压器损坏，整机不工作

故障现象：接通空调电源，按动制冷键后，室内、外机组均不工作。

故障检修：拆开室内机控制箱检查，电源变压器线圈外表面烧糊。询问用户得知，此空调器已经换过两次电源变压器，但工作几天就又烧坏。

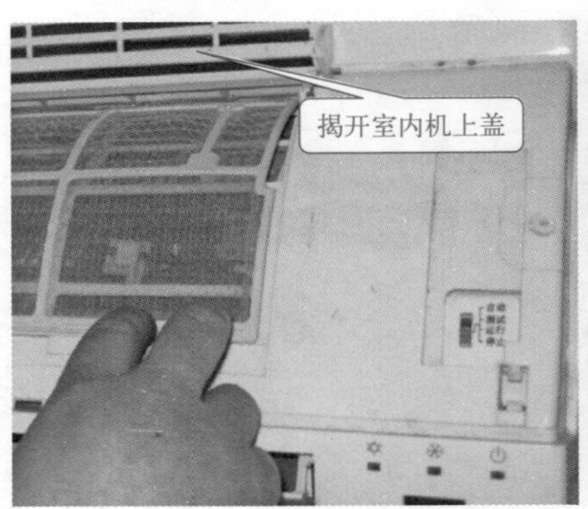

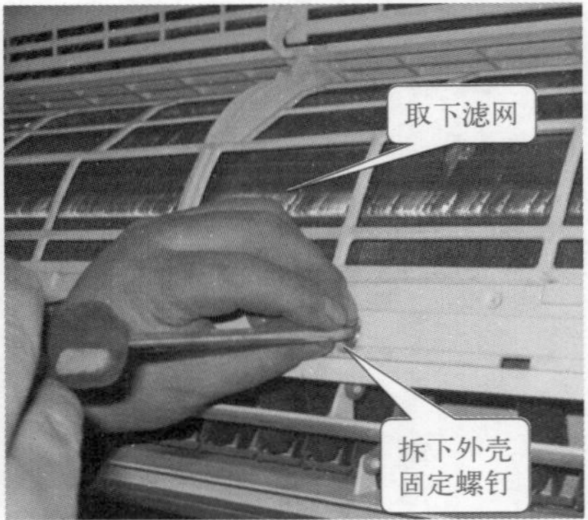

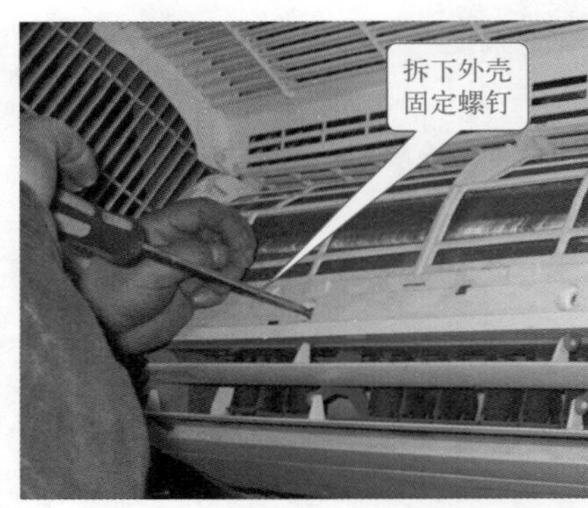

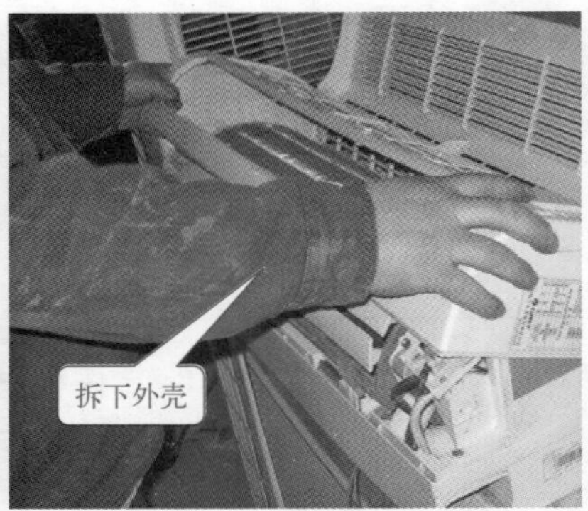

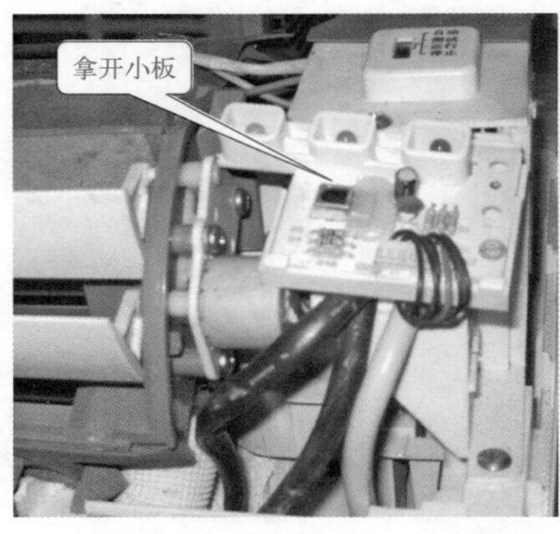

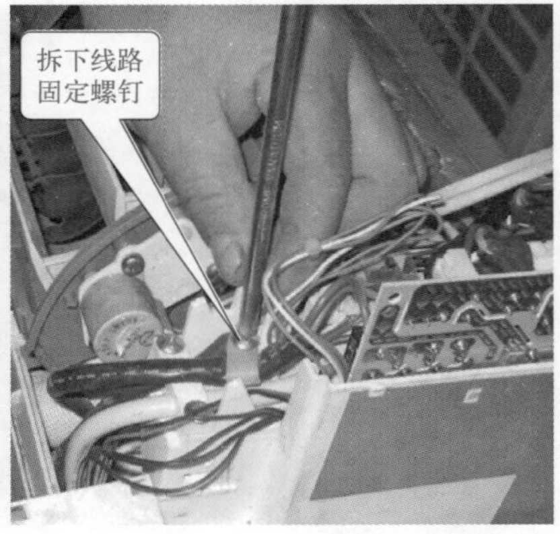

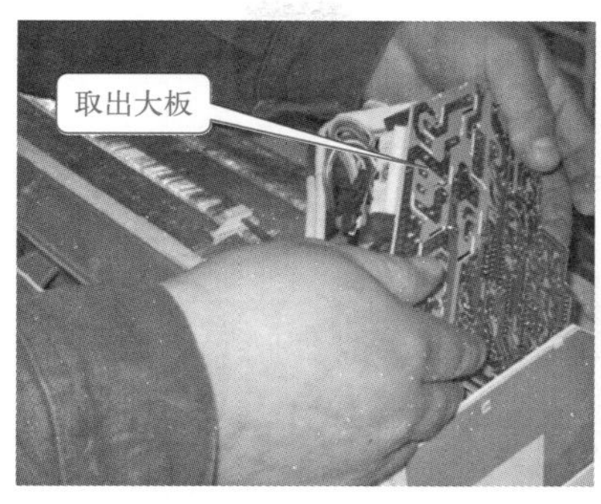

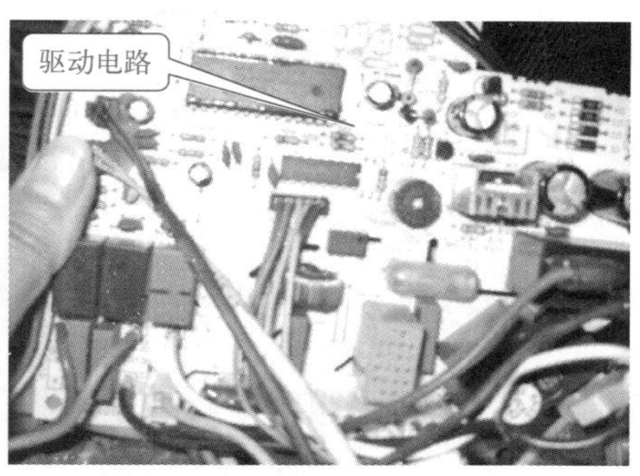

电源变压器是电源部分的易损件，尤其是非正规厂家产品，因铁芯、漆包线等材料规格、质量不能保证，更容易损坏。维修人员在发现变压器损坏后，应继续查找烧坏原因，只简单换用新件的做法是欠妥当的。

该故障柜机由交流 380V 供电，电源电路如下图所示。

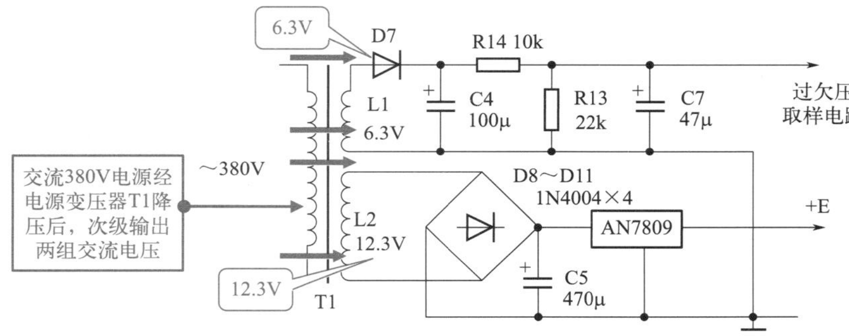

电源变压器次级输出两组交流电压：

第 1 组 6.3V 电压供过压和欠压保护电路，作为检测取样信号；

第 2 组 12.3V 电压经全波整流、滤波和稳压后，由三端稳压器 AN7809 输出 9V 直流电压，为控制继电器等电路供电。电源变压器屡次被烧坏，主要原因应是线圈过流造成，所以应重点检查 12.3V 电源负载有无短路。

故障维修：

① 检查机内控制柜下部 AP2 主板，很容易看到全波整流电路中有一只二极管外表面颜色变黑，如下图所示。

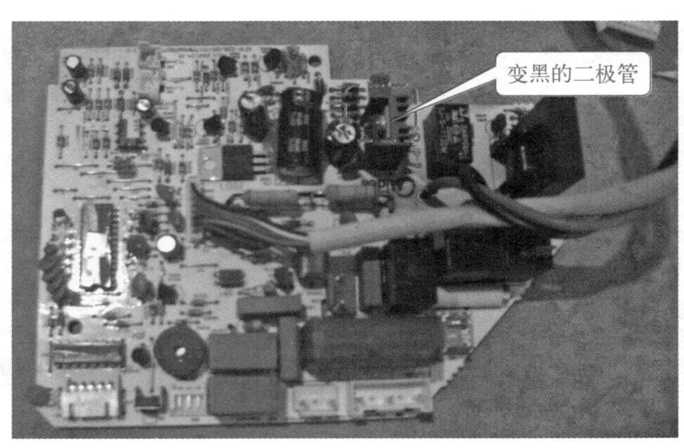

② 由于将二极管焊下检查比较麻烦，又不知道它的正常在路正反向阻值，必须将整流电路中 4 只二极管正反向阻值都测量一遍。

经相互比较，这只可疑管的测量结果与其他 3 只明显不同，果断地用尖嘴钳将它剪下，经测量其内部已经短路。

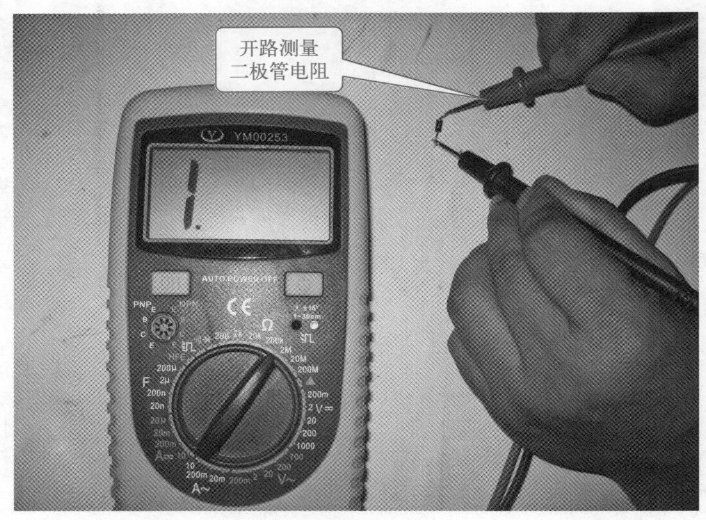

按照原型号更换一只 1N4004 二极管，并检查其他相关元件无异常后，通电试机正常，故障完全排除。

检查过程中，对可疑故障元件不一定要焊下单独检测判断。即使不能事先认定正常测量数据，如果运用数据对比的方法，对相同部位同类元件的在路检测结果进行比较，则能很快发现异常元件。

8.1.2　整机不工作

故障现象：整机不工作。

故障检修：根据故障现象，怀疑可能是市电供电系统、电脑板上的电源电路或微处理器电路工作异常。

① 如下图所示，检测空调器有 220V 交流供电，说明市电正常。

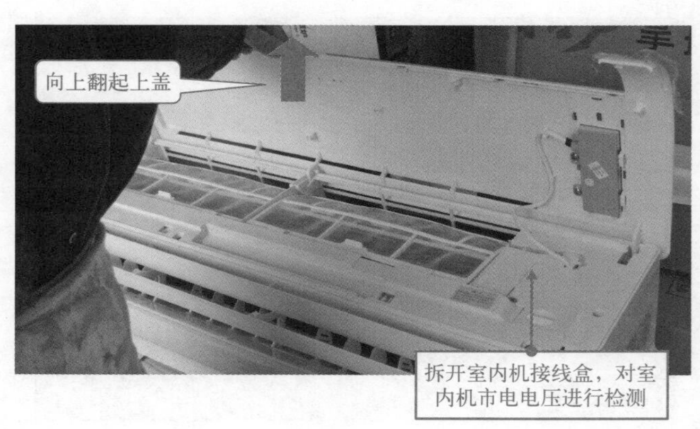

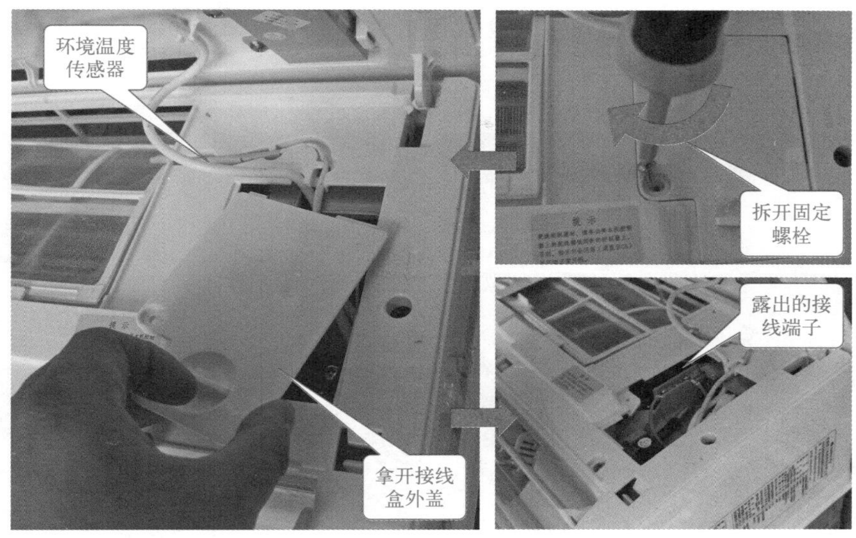

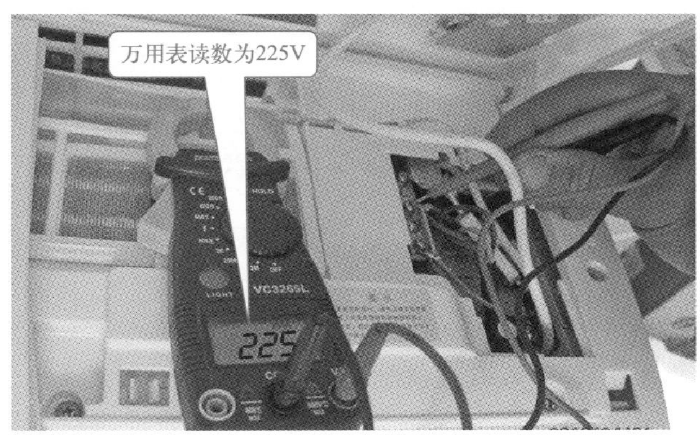

② 查看电脑板上的熔断器 FS3 熔断，如下图所示，说明电源电路或负载有元件击穿，导致 FS3 过流损坏。

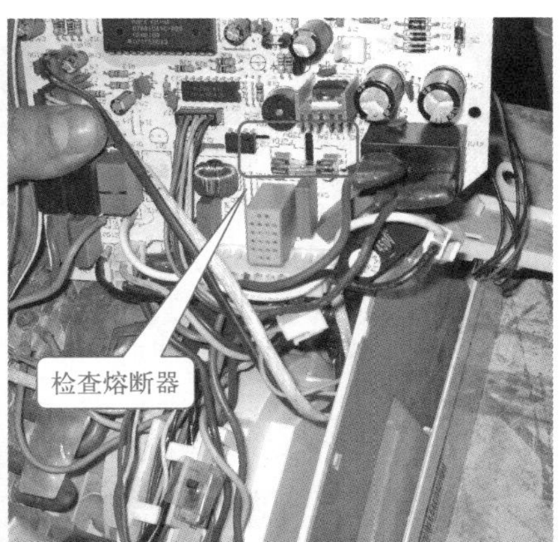

③ 检查发现市电输入回路的压敏电阻 ZNR 击穿，如下图所示，检查其他元件正常，并且市电电压也正常。

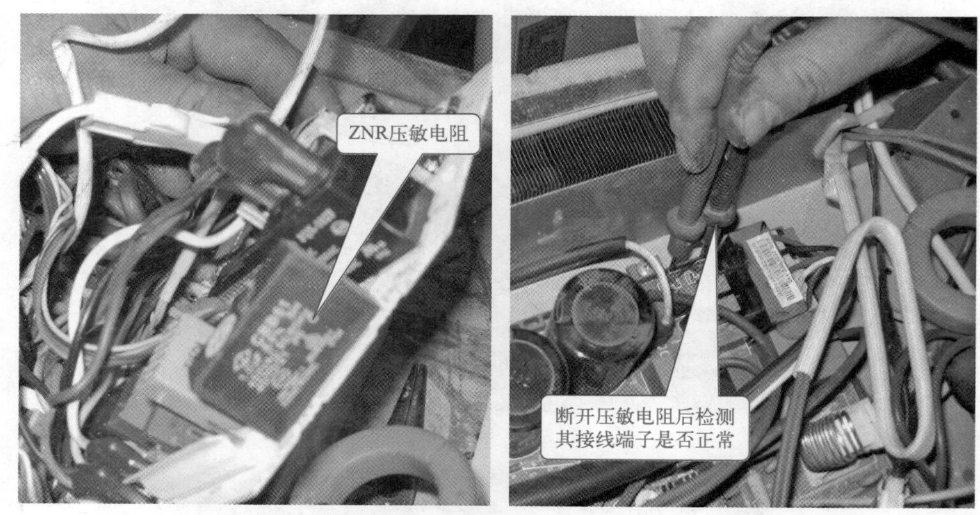

压敏电阻被击穿，万用表显示0，或接近0的数值

④ 更换 FS3 和 ZNR 后，电源电路输出电压正常，故障排除。

8.1.3 空调器不停机

故障现象：一台变频空调器使用一年后出现不停机现象。

故障检修：用户使用面积为 14m^2，遥控器设置在“制冷”模式，设定温度 27℃。室内温度开始为 30℃，1h 后室温降至 24℃，此时室外机未停机。将设定温度调高至 30℃后室外机仍不停机。

① 起初怀疑室温传感器参数改变，于是拆开室内机找到环境温度传感器，如下图所示，测量阻值在正常范围内。

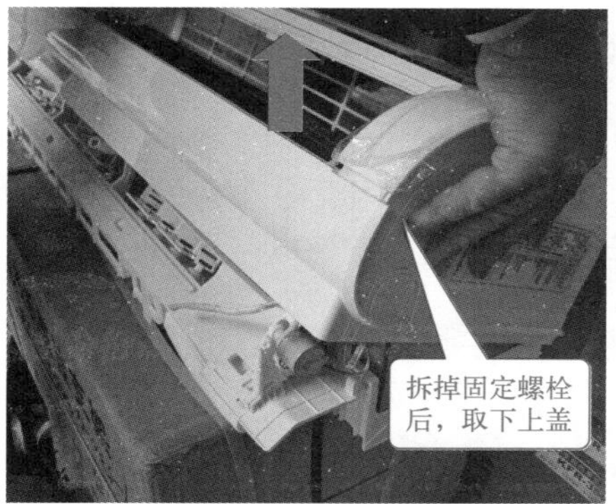

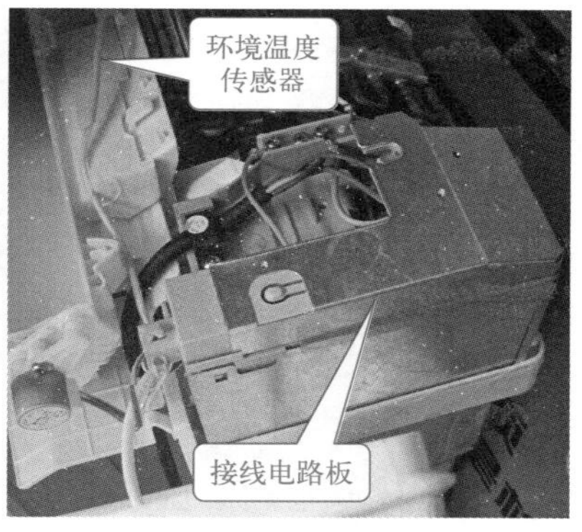

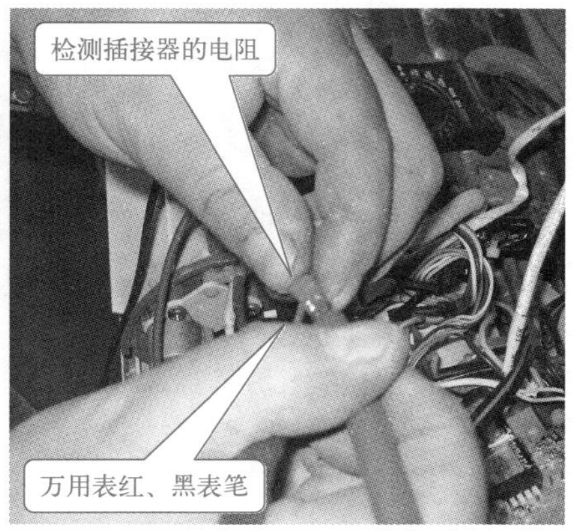

② 为快速找到故障点，更换一只新的室温传感器，室外机仍不停。此时怀疑遥控器发射信号有误，更换一只新遥控器试机，开、停机正常，故障排除。

提示：

空调器不停机故障一般为用户房间过大、密封不良或室温传感器阻值变小所致，但此例故障不同，需注意区别。

8.1.4 滤波电容器损坏，空调器保护性停机并闪烁报警

故障现象：空调器开机就保护性停机，运行指示灯快速闪烁。

故障检修：通过故障现象分析，怀疑微处理器没有检测到室内风扇电机转速信号所致。

① 检查微处理器 33 脚电压不足 1V，低于正常值，说明测速电路异常。

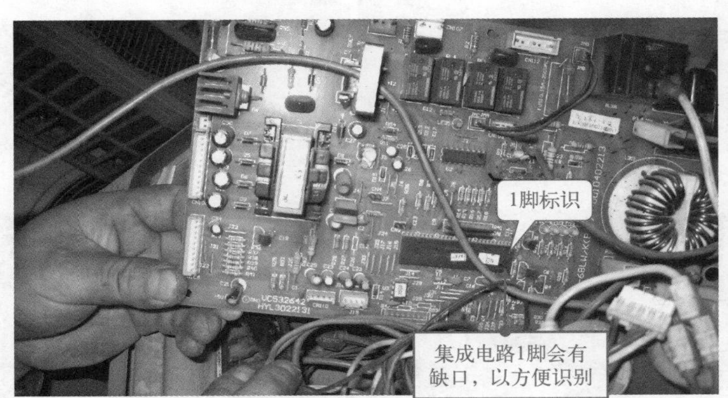

② 检查连接器 CZ1 的 2 脚电压为 3.6V，如下图所示，说明故障发生在 CZ1 的 2 脚与微处理器之间电路。

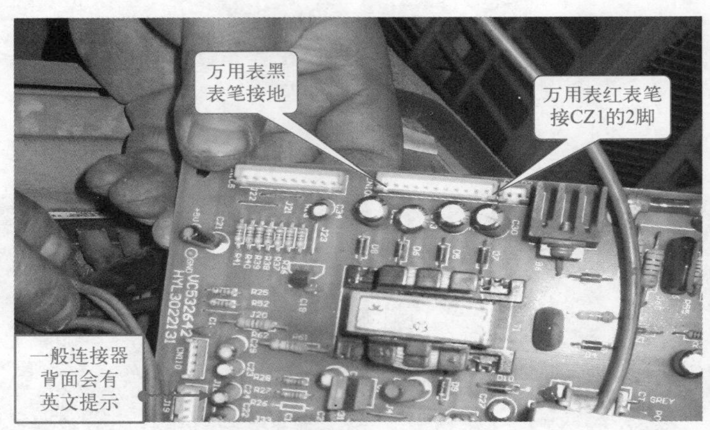

检查这部分电路时，发现滤波电容 C23 漏电，用同规格、同容量电容更换后，故障排除。

8.1.5 整流二极管损坏，空调器时而运行，时而停机

故障现象：空调器有时正常，有时整机不工作。

故障检修：通过故障现象分析，怀疑市电供电系统、电脑板上的电源电路或微处理器电路工作异常。

① 根据 8.1.2 节所示的办法，检测空调器有 220V 交流供电，说明市电正常。

② 如下图所示测 5V 电源，检测发现有时正常，有时下降到 3 ～ 4V，说明电源带载能力差。

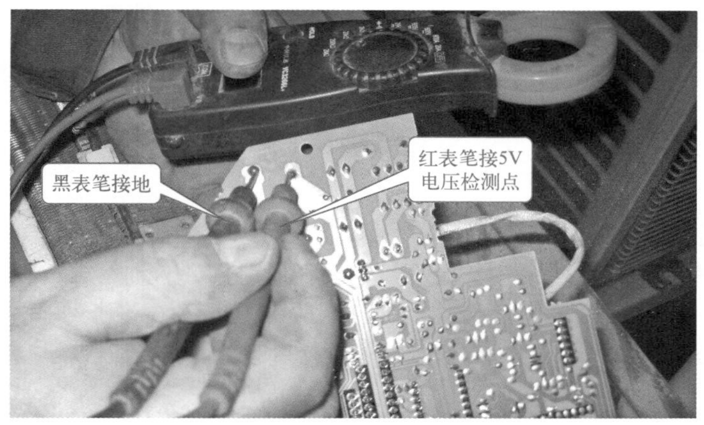

③ 接着检查 5V 稳压器 7805 的输入端电压，如下图所示，发现其电压也较低，正常时为 11V 左右，说明整流、滤波电路异常。

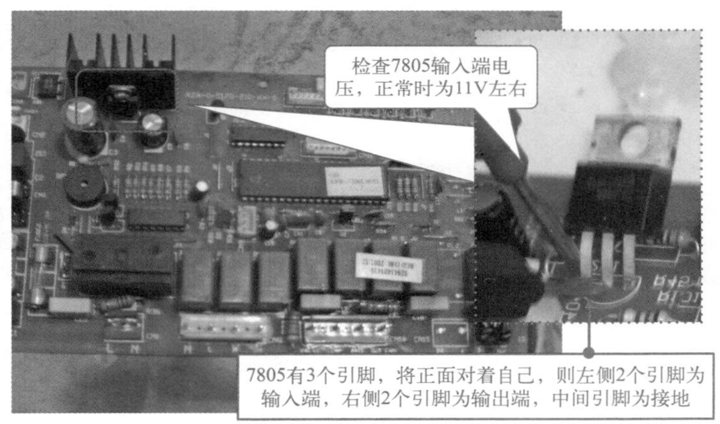

④ 如下图所示，在路检查发现整流堆内的一个二极管导通电阻大，用同规格的整流堆更换后，电源输出电压正常，故障排除。

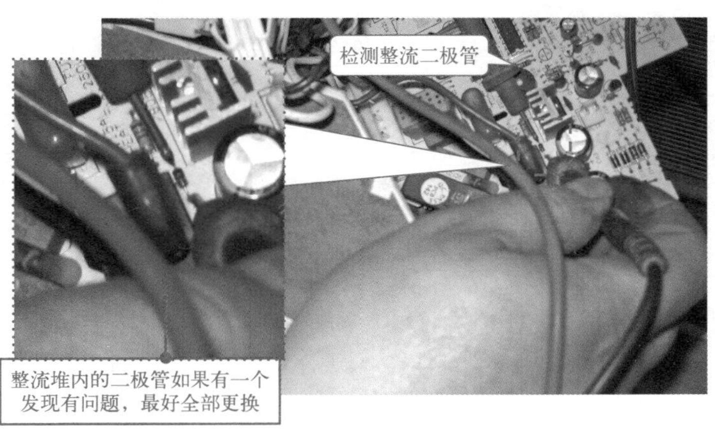

8.2 室外机电控系统故障检修

8.2.1 空调器在制热模式时不制热

故障现象：空调器在制热模式时不制热。

故障检修：由于该机设有控温保护电路，所以遇到不制热故障时，应先检查遥控器设定的温度是否高于室温。若设定温度低于室温，只要把温度设定为高于室内温度即可执行制热功能。

① 若遥控器的温度设定正常，则检查室外机是否运转，若不运转，检查主控板输出电压是否正常，如下图所示。

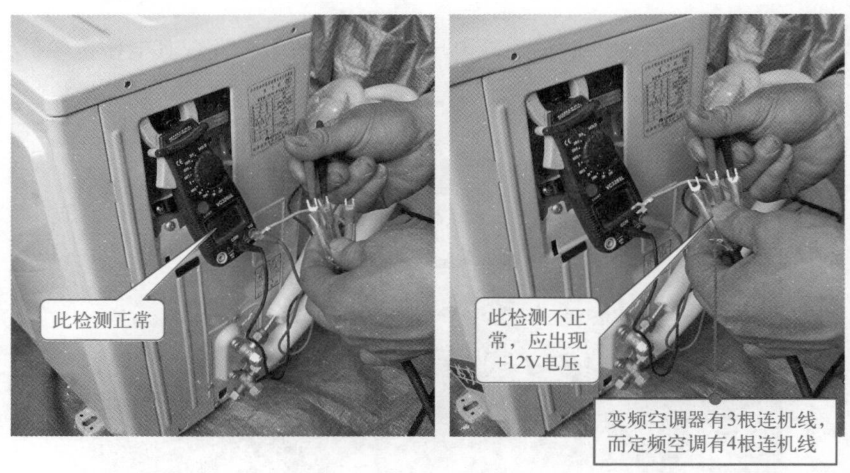

② 若正常，检查室内机电路中继电器 RL1 控制端是否有 +16V 电压，参见下图，若有，且 IC3（主控继电器）有低电平，则可能是 RL1 有损坏。

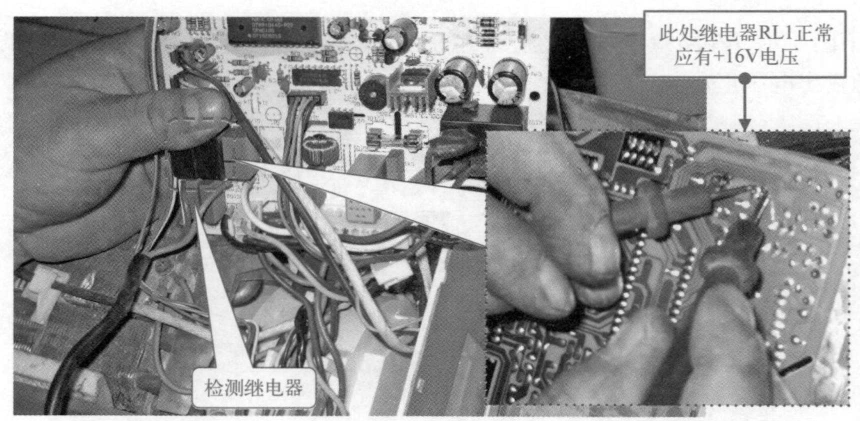

③ 如果室外机运转，则检查 IC1（CPU）的 4 脚是否输出高电平，如 4 脚无高电平，则多是 IC1 损坏。若有高电平输出，可检查换向阀是否损坏而未换向（检测换向阀线圈，参见下图所示，正常阻值为 1.5kΩ）。如果以上均正常，可用手触摸室内机盘管，温度与室温相近，

或者略高于室温，则机器可能是缺氟、压缩机排气不良或换向阀窜气等。

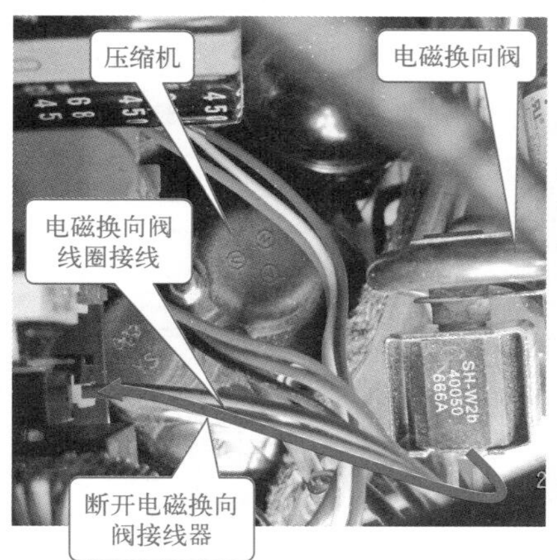

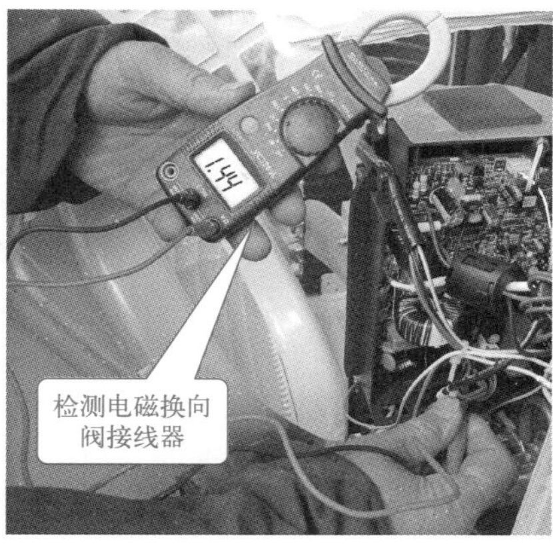

④ 先检测机器内平衡压力值（正常 0℃时约 0.4MPa，10℃时约 0.6MPa，30℃时约 1.1MPa），若压力值偏小，则机器缺氟，应先检漏后再充氟，其步骤如下图所示。

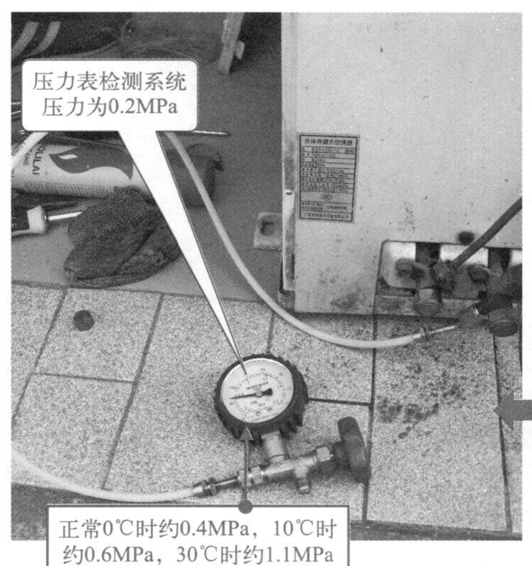

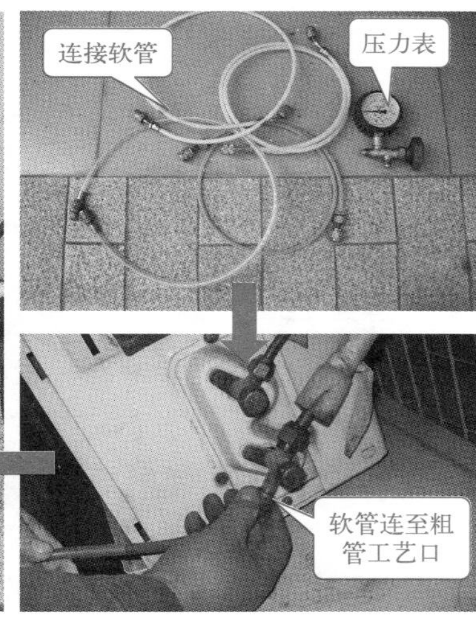

待压力平衡正常时，再检测工作压力（正常制热时为1.6～2.35MPa），工作压力偏低，也有可能是缺氟，或单向阀关不严、换向阀窜气、压缩机排气不良等故障。工作压力过高，则可能为氟多、管路堵塞、室内机通风不良等。

在本例故障中，检测IC1的4脚有高电平输出，检测换向阀线圈阻值不在正常范围内，判定换向阀损坏，更换后试机工作正常。

8.2.2 连接线进水，空调器运行不定

故障现象：制冷时却吹热风，工作一段时间变为吹冷风。

故障检修：询问用户得知，前几天使用一直正常，近几天下雨后才出现此故障。根据用户所反映分析，下雨前机器正常，故障可能与下雨有关，应重点查找线路是否有短路、漏电处。

当查至离室外机1m处发现电源线有一接头，只用一层黑胶布包裹，未做防水处理，且未按工艺要求进行交叉处理，现已遭雨水浸湿，如下图所示。经重新交叉接线并用防水胶布处理后，试机正常。

此类机型具备室外机自检功能。由于电线接头遭雨水浸湿，等效于短路1、3端子，使室外机进入制热自检状态，故空调在制冷时吹出了热风。当制热一段时间后，电线接头处绝缘性能好转，制热自检消除，进入制冷运转。

> 提示：
>
> 在此提醒空调安装人员，空调器连接线需加长时，接头应尽量留在室内，若条件限制也一定要交叉接线并做防水处理，以免日后发生故障。

8.2.3 电阻损坏，压缩机不运行

故障现象：交流变频空调器室外压缩机不运转。

故障检修：

① 卸开室外机外壳（其操作如前文所述），测量端子板1、2端有20V交流电压输出，如

下图所示。

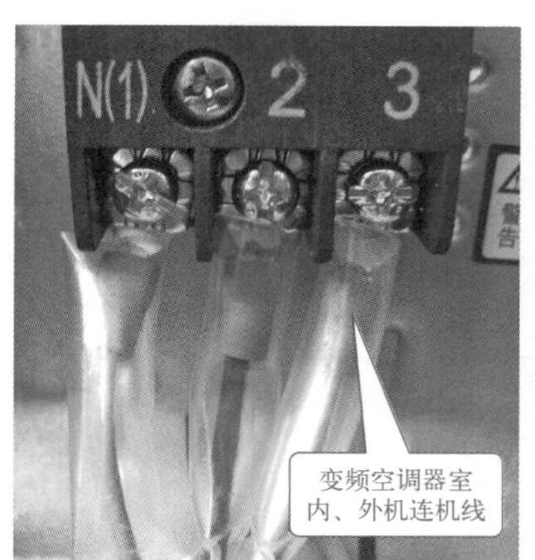

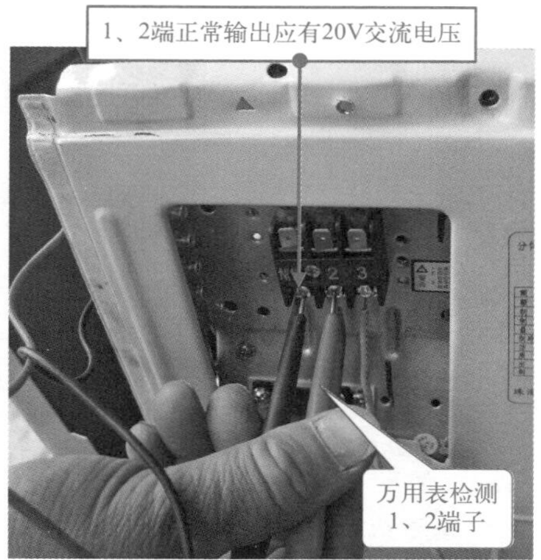

② 拆开机箱，如下图所示测量功率模块 N、P 端有 310V 直流电压输出，说明功率模块良好。

③ 用尖嘴钳将电控板从固定塑料夹取下，用万用表 $R\times1\text{k}$ 挡测量电控板 R203 电阻开路。更换一个 R203（78kΩ）电阻后，通电试机，室外机不运转故障排除，恢复制冷。

8.2.4　风扇和压缩机时而运转、时而不转

故障现象：风扇电机和压缩机有时运转正常，有时不运转。

故障检修：检查风扇电机及压缩机本身良好，测量电源电压基本正常，说明控制电路有问题。

电脑芯片是控制电路核心，所以检修时应从它的工作保证电路入手，依次检查电脑芯片的电源供电、复位信号、时钟振荡信号是否正常。此机的电脑芯片相关电路如下图所示。

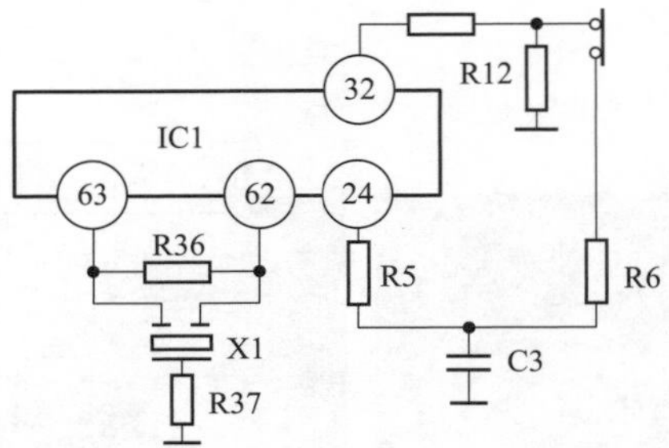

① 如下图所示，拆开室外机机壳。

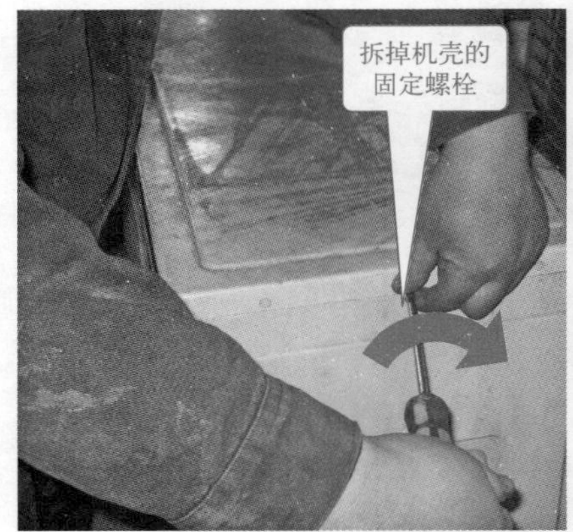

室外机因工作环境恶劣，所以容易产生故障

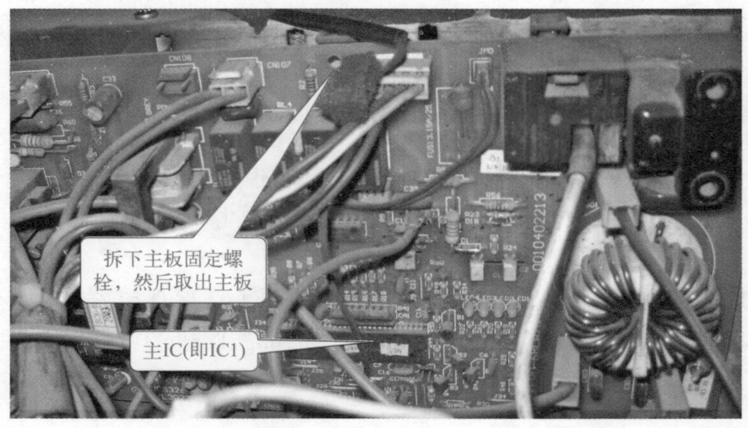

② 然后用万用表测量芯片 IC1 各引脚直流工作电压，如下图所示，引脚电压基本正常。

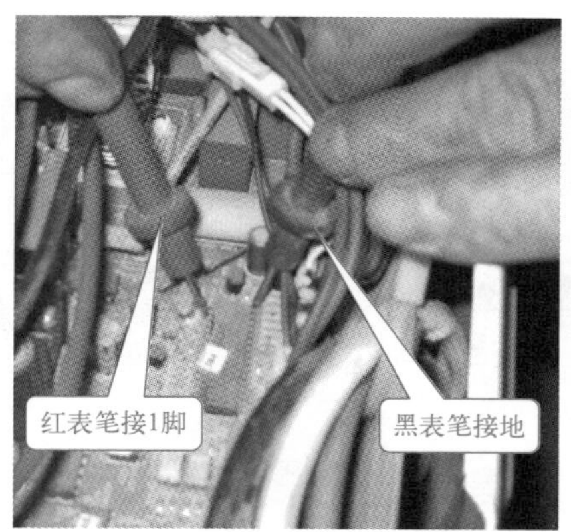

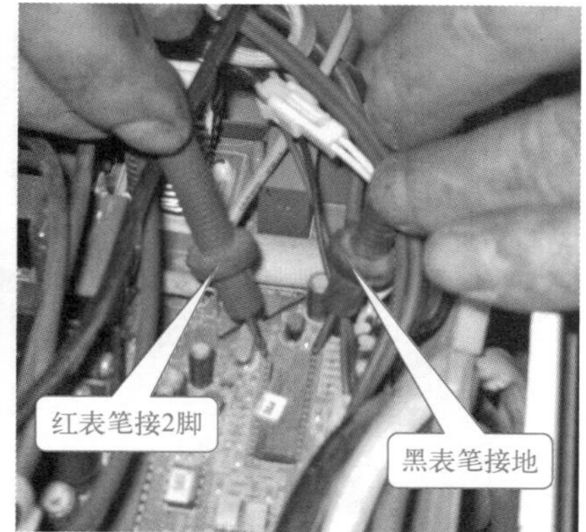

③ 如下图所示，用示波器观察 IC1 的 52 脚、53 脚时钟振荡信号时，发现没有正常的振荡脉冲。

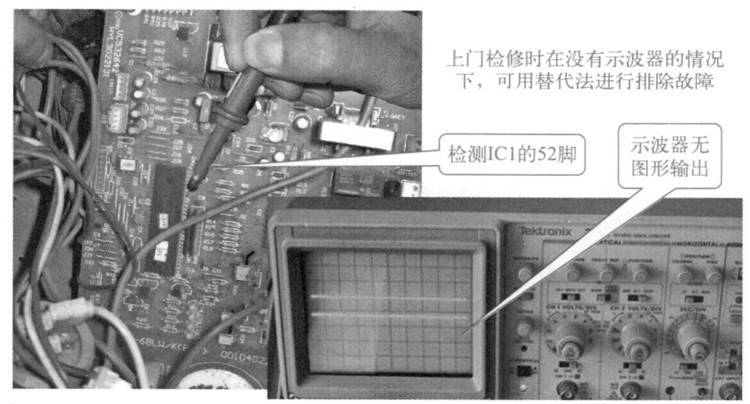

④ 检查这两引脚外接元件 R36、R37 正常，凭经验试换石英晶体（晶振）X1 后，空调器恢复正常运行。

> 提示：
>
> 石英晶体（晶振）是控制系统中的易损元件，而且没有简单易行的可靠检测方法，若是上门检修更不可能用示波器检查波形，检修中采用替换法，是排除石英晶体造成故障的捷径。

8.2.5　空调器保护性停机并显示 E1

故障现象：空调器保护性停机，并且显示屏显示 E1 故障代码。

故障检修：显示 E1，说明空调器进入系统高压保护。故障原因主要是通风系统异常、热交换器太脏、制冷剂过量及压力检测电路、压缩机异常等。

① 首先，如下图所示，查看该空调器的室外机热交换器比较干净。

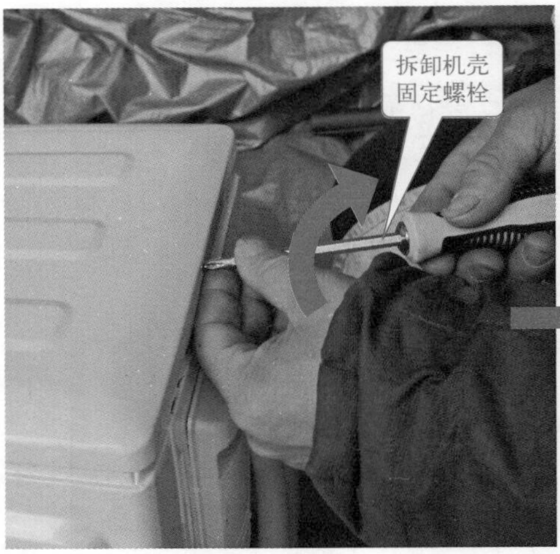

② 测微处理器 OVC 端子电压，如下图所示，发现电压为低电平，正常时为高电平，说明微处理器有高压保护信号输入。

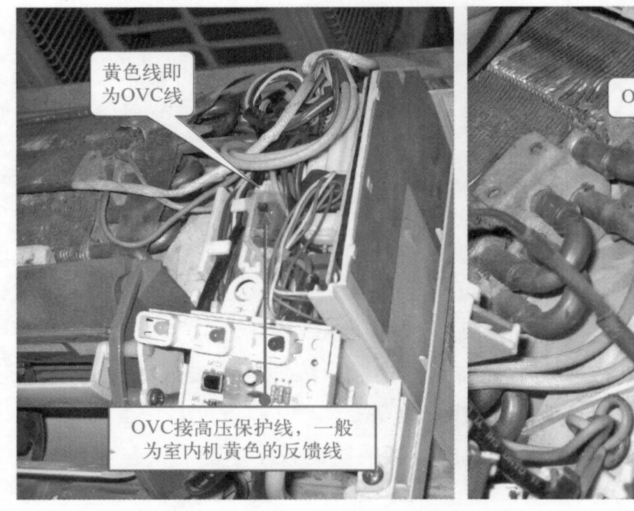

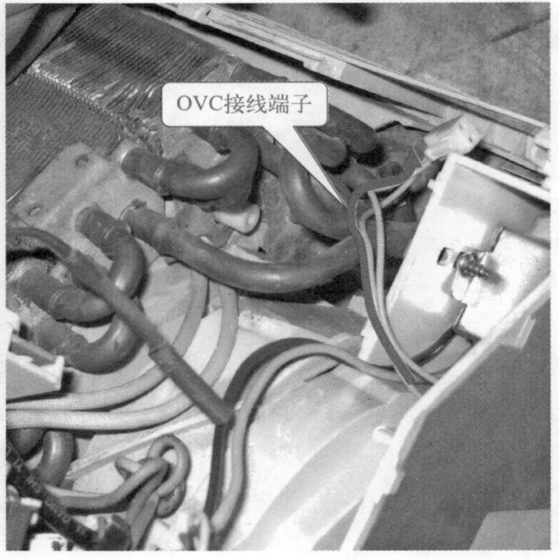

③ 随后检查压力开关却为接通状态，接着测光电耦合器的 1、2 脚有 1.1V 导通电压，如下图所示，说明光电耦合器或其供电电路异常，检查其他元件正常，怀疑光电耦合器损坏，更换后，故障排除。

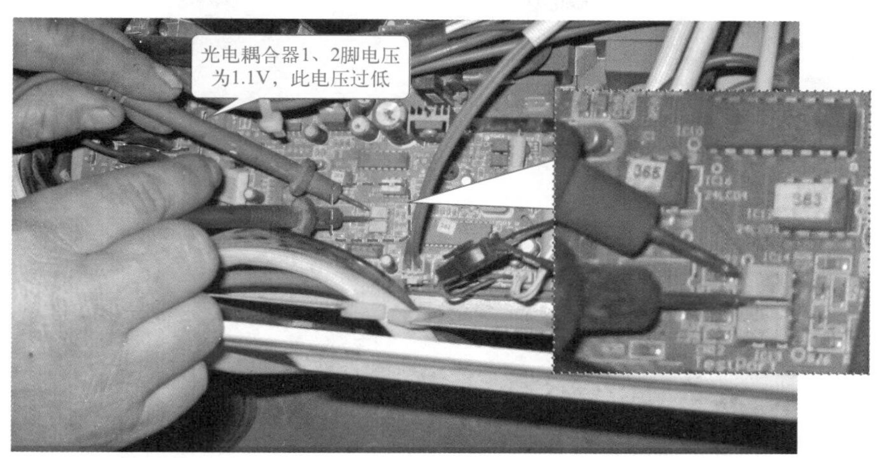

8.2.6　交流接触器触点炭化，压缩机不运行

故障现象：柜式交流变频空调器，用遥控器开机后，室内风机运行，但室外风机和压缩机均不运行，一段时间后室内机显示“通信故障”的代码。

故障检修：使用万用表直流电压挡，在室内机接线端子处测量通信电压，待机状态和开机状态实测均为直流 24V，初步判断故障在室外机。

① 使用万用表交流电压挡，使用前文所述的方法测量室外机接线端子 1（L 端）和 2（N 端）电压，实测为 220V，说明室内机主板已向室外机供电。

② 取下室外机外壳，见下图，使用万用表直流电压挡测量滤波电容上的直流电压，正常为 300V，实测为 0V，说明室外机电控系统有故障。

③ 如下图所示，用手摸室外机主板上的 PTC 电阻，感觉烫手，判断电控系统有短路故障。

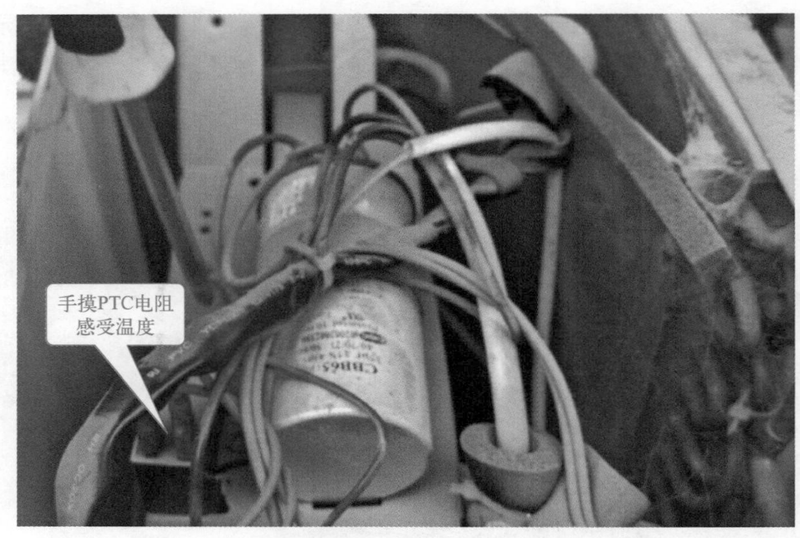

④ 断开空调器电源，使用万用表直流电压挡，测量滤波电容电压仍为0V（测量方法同步骤②）。使用万用表电阻挡，测量滤波电容2个端子阻值，实测约为0Ω，确定电控系统存在短路故障。

⑤ 如下图所示，拔下室外机主板上直流300V的正、负极引线及压缩机线圈3条引线，使用万用表二极管挡，测量正极输入（P）、负极输入（N）、U、V、W共5个端子，符合正向导通、反向截止的二极管特性，判断模块正常。由于模块和开关电源电路共同设计在一块电路板上，且模块P、N端子和开关电源集成电路并联，如果集成电路击穿，则测量模块P和N端子时应为击穿值，这也间接说明开关电源电路正常。

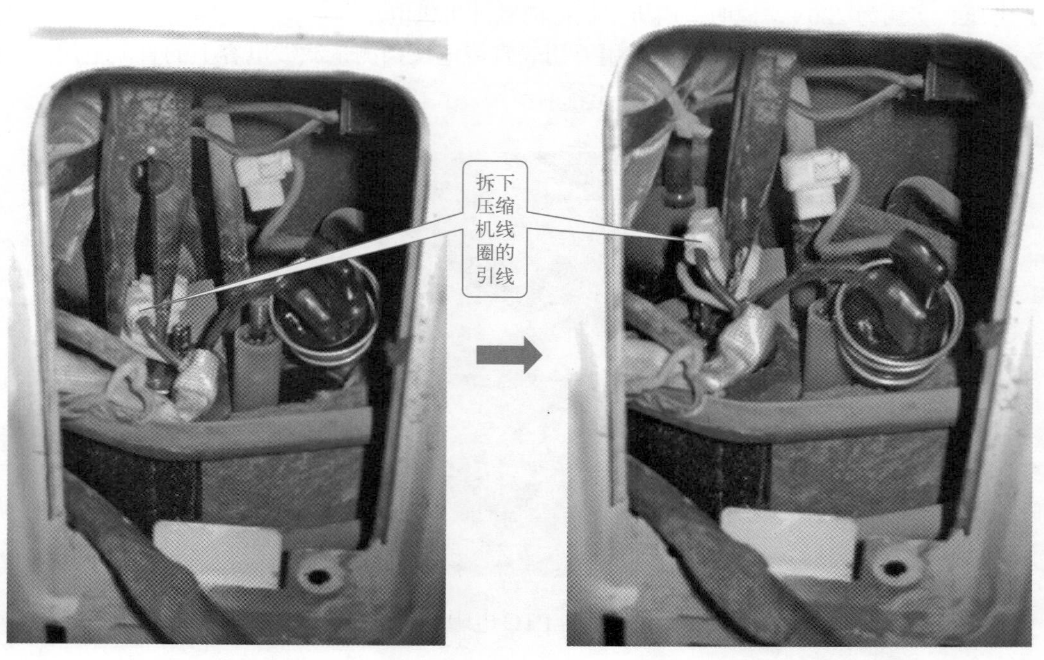

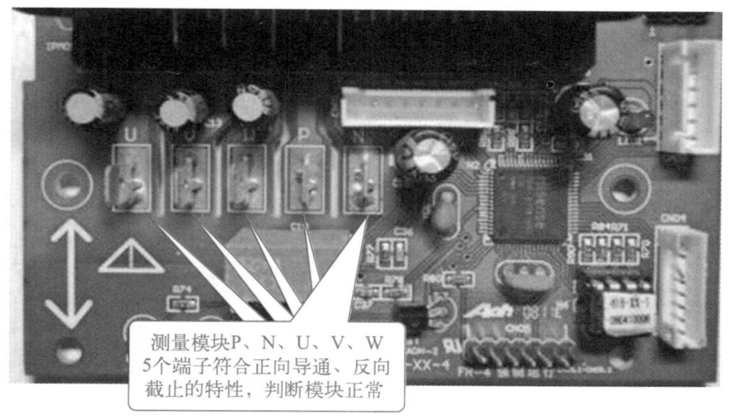

⑥ 拔下 PFC 板上的所有引线，见下图，使用万用表二极管挡，黑表笔接 CN06 端子（DC OUT_-，连接滤波电容负极），红表笔接 CN05（DC OUT_+，连接滤波电容正极），正常值应为无穷大，实测结果为 0，判断 PFC 板上的 IGBT 管短路损坏。

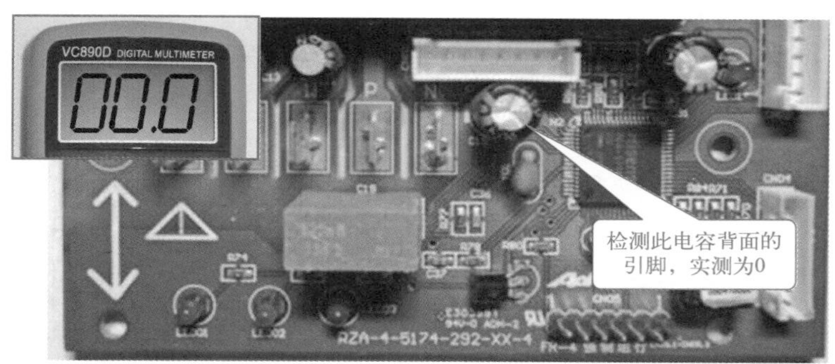

⑦ 更换 PFC 板，将空调通电用遥控器开机试机，空调工作正常，指示灯点亮，风机运行正常，故障排除。

附录 1

不同品牌温度传感器温度、阻值和电压对照表

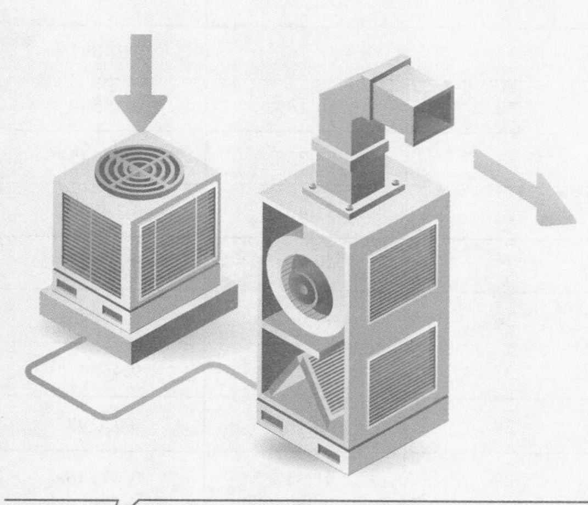

在维修空调时，面对无标识的温度传感器，可通过以下方法快速判断其状态。

电压检测：首先在线测量传感器两端的电压，通常电压值如下表所示（以 25℃为标准环境）。若电压显著偏离此范围，则可能是传感器已损坏。

电阻检测：进一步确认时，拔掉传感器插头，使用万用表测量插座上两插针间的电阻。根据常见阻值（见下表，这个电阻值视为传感器在 25℃时的标称阻值，常见的阻值有 5kΩ、10kΩ、15kΩ、20kΩ 和 50kΩ 等），判断其是否在正常范围内。同时，注意这些传感器具有负温度系数特性，即温度升高时电阻值减小。

注意：由于不同品牌和型号的空调可能采用不同规格的温度传感器，因此在实际操作中，应查阅具体的维修手册或联系厂家获取准确的参数信息。

1. 传感器

温度、阻值和电压对照表

（1）5kΩ

温度 /℃	阻值 /kΩ	电压值 /V	温度 /℃	阻值 /kΩ	电压值 /V
0	161.020	0.13005	21	58.766	0.34091
1	153.000	0.13668	22	56.189	0.35544
2	145.420	0.14360	23	53.738	0.37045
3	138.260	0.15081	24	51.408	0.38594
4	131.500	0.15832	25	49.191	0.40194
5	126.170	0.16479	26	47.082	0.41843
6	119.080	0.17426	27	45.074	0.43545
7	113.370	0.18271	28	43.163	0.45298
8	107.960	0.19152	29	41.313	0.47136
9	102.850	0.20065	30	39.610	0.48964
10	98.006	0.21015	31	37.958	0.50878
11	93.420	0.22002	32	36.384	0.52846
12	89.075	0.23025	33	34.883	0.54871
13	84.956	0.24088	34	33.453	0.56949
14	81.052	0.25190	35	32.088	0.59085
15	77.349	0.26332	36	30.787	0.61276
16	73.896	0.27495	37	29.544	0.63527
17	70.503	0.28742	38	28.359	0.65832
18	67.338	0.30012	39	27.227	0.68196
19	64.333	0.31326	40	26.147	0.70615
20	61.478	0.32686			

（2）10kΩ

温度 /℃	阻值 /kΩ	电压值 /V	温度 /℃	阻值 /kΩ	电压值 /V
0	30.343	1.0535	21	11.327	2.03384
1	28.928	1.09376	22	11.327	2.08472
2	27.587	1.13486	23	10.864	2.1356
3	26.317	1.17674	24	10.422	2.1865
4	25.112	1.21943	25	10	2.23756
5	23.97	1.26286	26	9.598	2.28842
6	22.886	1.30704	27	9.214	2.33916
7	21.857	1.35193	28	8.847	2.3897
8	20.881	1.3974	29	8.498	2.4401
9	19.954	1.44364	30	8.163	2.4902
10	19.073	1.49045	31	7.84	2.54014
11	18.236	1.53781	32	7.539	2.58969
12	17.44	1.58574	33	7.247	2.6389
13	16.684	1.63411	34	6.969	2.6877
14	15.965	1.68294	35	6.702	2.73611
15	15.281	1.73217	36	6.447	2.78407
16	14.63	1.78178	37	6.203	2.83155
17	14.01	1.83175	38	5.97	2.87854
18	13.42	1.88197	39	5.746	2.92499
19	12.858	1.93243	40	5.532	2.97088
20	12.323	1.98305	41	5.328	3.01618

（3）15kΩ

温度 /℃	阻值 /kΩ	电压值 /V	温度 /℃	阻值 /kΩ	电压值 /V
0	49.020	1.1715	12	27.180	1.7781
1	46.800	1.2136	13	25.920	1.8328
2	44.310	1.2645	14	24.730	1.8877
3	42.140	1.3126	15	23.600	1.9430
4	40.090	1.3614	16	22.530	1.9984
5	38.150	1.4111	17	21.510	2.0542
6	36.320	1.4614	18	20.540	2.1103
7	34.580	1.5127	19	19.630	2.1658
8	32.940	1.5645	20	18.750	2.2222
9	31.380	1.6171	21	17.930	2.2776
10	39.900	1.6704	22	17.140	2.3335
11	28.510	1.7237	23	16.390	2.3893

续表

温度 /℃	阻值 /kΩ	电压值 /V	温度 /℃	阻值 /kΩ	电压值 /V
24	15.680	2.4446	33	10.630	2.9263
25	15.000	2.5000	34	10.200	2.9762
26	14.360	2.5545	35	9.779	3.0268
27	13.740	2.6096	36	9.382	3.0760
28	13.160	2.6634	37	9.003	3.1246
29	12.600	2.7174	38	8.642	3.1723
30	12.070	2.7706	39	8.297	3.2193
31	11.570	2.8227	40	7.967	3.2656
32	11.090	2.8747			

（4）20kΩ

温度 /℃	阻值 /kΩ	电压值 /V	温度 /℃	阻值 /kΩ	电压值 /V
0	65.37	1.1715	21	23.90	2.2776
1	62.13	1.2136	22	22.85	2.3335
2	59.08	1.2645	23	21.85	2.3893
3	56.19	1.3126	24	20.90	2.4446
4	53.46	1.3614	25	20.00	2.5000
5	50.87	1.4111	26	19.14	2.5545
6	48.42	1.4614	27	18.32	2.6096
7	46.11	1.5127	28	17.55	2.6634
8	43.92	1.5645	29	16.80	2.7174
9	41.84	1.6171	30	16.10	2.7706
10	39.87	1.6704	31	15.43	2.8227
11	38.01	1.7237	32	14.79	2.8747
12	36.24	1.7781	33	14.18	2.9263
13	34.57	1.8328	34	13.59	2.9762
14	32.98	1.8877	35	13.04	3.0268
15	31.47	1.9430	36	12.51	3.0760
16	30.04	1.9984	37	12.00	3.1246
17	28.68	2.0542	38	11.52	3.1723
18	27.39	2.1103	39	11.06	3.2193
19	26.17	2.1658	40	10.62	3.2656
20	25.01	2.2222			

（5）50kΩ

温度 /℃	阻值 /kΩ	电压值 /V	温度 /℃	阻值 /kΩ	电压值 /V
0	161.020	0.13005	21	58.766	0.34091
1	153.000	0.13668	22	56.189	0.35544
2	145.420	0.14360	23	53.738	0.37045
3	138.260	0.15081	24	51.408	0.38594
4	131.500	0.15832	25	49.191	0.40194
5	126.170	0.16479	26	47.082	0.41843
6	119.080	0.17426	27	45.074	0.43545
7	113.370	0.18271	28	43.163	0.45298
8	107.960	0.19152	29	41.313	0.47136
9	102.850	0.20065	30	39.610	0.48964
10	98.006	0.21015	31	37.958	0.50878
11	93.420	0.22002	32	36.384	0.52846
12	89.075	0.23025	33	34.883	0.54871
13	84.956	0.24088	34	33.453	0.56949
14	81.052	0.25190	35	32.088	0.59085
15	77.349	0.26332	36	30.787	0.61276
16	73.896	0.27495	37	29.544	0.63527
17	70.503	0.28742	38	28.359	0.65832
18	67.338	0.30012	39	27.227	0.68196
19	64.333	0.31326	40	26.147	0.70615
20	61.478	0.32686	41	25.114	0.73094

2. 常见空调传感器阻值、品牌对照表

传感器阻值	封装形式	使用部位	适用品牌
5kΩ	环氧树脂封装	室温	春兰、格力、东宝、三菱、海尔、日立、志高
5kΩ	铜管封装	管温	科龙、TCL、乐声、东芝、大金、星星、海信、波尔卡、长虹、松下等
10kΩ	环氧树脂封装	室温	华宝、美的、海尔、新科、华凌、长虹、三星、新飞、日立、飞歌、松下等
15kΩ	铜管封装	管温	松下、格力大柜机等
50kΩ	铜管封装	管温	
50kΩ	铜管封装	管温	海尔、飞歌、华宝大柜机等
20kΩ	铜管封装	管温	
50kΩ	铜管封装	管温	飞歌、长虹、格力等

附录 2

典型空调器故障代码

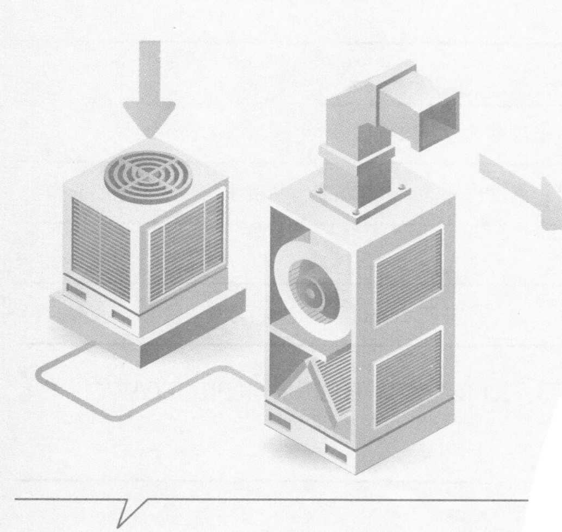

1. 海尔空调器

（1）海尔 KFR-33GW/M（F）、KF（R）-25/35GW/HB（F）、KFR-28GW/C（BPF）、KF（R）-25/33GW/K（F）空调器

故障代码			故障原因
运行灯	制热灯	制冷灯	
灭	亮	闪	室内风扇电机异常
闪	灭	灭	室内环境温度传感器或其阻抗信号 / 电压信号变换电路异常
闪	亮	亮	室内盘管温度传感器或其阻抗信号 / 电压信号变换电路异常
闪	闪	亮	存储器（E^2PROM）异常

（2）海尔 KFR23/26/33/35GW 空调器

故障代码	故障原因	备 注
E1	室温传感器异常	室温传感器或其阻抗信号 / 电压信号变换电路异常
E2	室内盘管温度传感器异常	室内盘管温度传感器或其阻抗信号 / 电压信号变换电路异常
E4	E^2PROM 异常	
E14	室内风扇电机故障	开机 2min 后，压缩机停转

（3）海尔 KFR-26GW/B（JF）、KFR-26GW/C（JF）、KFR-36GW/B（JF）、KFR-36GW/C（F）、KFR-40GW/A（JF）空调器

故障代码	故障原因
E1	室内环境温度传感器断路、短路、接触不良或其阻抗信号 / 电压信号变换电路异常
E2	室内盘管温度传感器断路、短路、接触不良或其阻抗信号 / 电压信号变换电路异常
E21	除霜温度传感器异常
E4	单片机读入 E^2PROM 数据错误
E8	面板和主控板间通信故障
E14	室内风扇电机故障
E16	电离子集尘故障
E24	压缩机运行电流异常

（4）海尔 KFRD-52LW/JXF、KFRD-62LW/F、KFRD-62LW/JXF、KFRD-71LW/F、KFRD-71LW/SDF、KFRD-71LW/JXF、KFRD-120LW/F 空调器

故障代码	故障原因
E1	室内环境温度传感器或其阻抗信号 / 电压信号变换电路异常
E2	室内盘管温度传感器或其阻抗信号 / 电压信号变换电路异常
E3	室外环境温度传感器或其阻抗信号 / 电压信号变换电路异常
E4	室外盘管温度传感器或其阻抗信号 / 电压信号变换电路异常
E5	压缩机运行电流过大
E6	系统压力异常
E7	室外机供电电压低
E8	室内机的操作板（面板）与主板通信异常
E9	室内机、室外机通信异常

2. 海信空调器

（1）海信 KF-2301GW、KF-2501GW、KF-25GW、KFR-2301GW、KFR-25GW、KFR-2801GW、KFR-28GW 空调器

故障代码				故障原因
高效灯	运行灯	定时灯	电源灯	
灭	灭	灭	亮	室内环境温度传感器或其阻抗信号 / 电压信号变换电路异常
灭	灭	亮	灭	盘管（热交换器）温度传感器或其阻抗信号 / 电压信号变换电路异常
灭	灭	亮	亮	蒸发器（室内热交换器）冻结
灭	亮	灭	灭	制冷过载
灭	亮	灭	亮	制热过载
灭	亮	亮	灭	瞬间断电
灭	亮	亮	亮	电流过大
亮	灭	灭	灭	室内风扇电机或其供电电路或 PG 信号形成电路异常
亮	亮	灭	灭	室内机电脑板的 E^2PROM 异常

注：空调器进入保护状态后，维修人员可按下遥控器上的传感器切换键，室内机操作板上的指示灯会显示故障内容，按压传感器切换键的时间超过 5s，电脑板进入故障检测和显示状态。

（2）海信 KF-2510GW、KFR-2510GW 空调器

故障代码（黄色指示灯）	故障原因	备注
闪 2 次停 1 次	室内环境温度传感器或其阻抗信号 / 电压信号变换电路异常	不停机显示
闪 3 次停 1 次	室内盘管温度传感器或其阻抗信号 / 电压信号变换电路异常	
闪 7 次停 1 次	室外化霜传感器或其阻抗信号 / 电压信号变换电路异常	
闪 8 次停 1 次	室内风扇电机或其供电电路或 PG 信号形成电路异常	停机显示
闪 5 次停 5 次	室外机异常	

注：闪烁是指指示灯亮 0.5s，灭 0.5s。

（3）海信 KFR-2508GW、KFR-2518GW、KFR-3201GW、KFR-3208GW/A、KFR-3218GW、KFR-2318GW/A、KF-3218GW/A、KFR-2501GW/D、KFR-3301GW、KFR-3301GW/D、KFR-2501GW、KF-25GW/58、KFR-23GW/58、KF-4802GW、KFR-5008GW、KFR-35GW/58、KFR-2308GW、KF-23GW/56、KF-23GW/56D、KFR-25GW/56D 空调器

故障代码				故障原因
高效灯	运行灯	定时灯	电源灯	
			闪烁	室内环境温度传感器或其阻抗信号 / 电压信号变换电路异常
		闪烁		室内盘管温度传感器或其阻抗信号 / 电压信号变换电路异常
		闪烁	闪烁	制冷时室内热交换器、蒸发器冻结
	闪烁			制热时室内热交换器过热
	闪烁	闪烁		瞬间停电
	闪烁	闪烁	闪烁	压缩机运行电流过大
闪烁				风扇电机堵转
闪烁	闪烁		闪烁	室内机电脑板的 E^2PROM 异常

注：空调器进入保护状态后，维修人员可按下遥控器上的传感器切换键，室内机操作板上的指示灯会显示故障内容，只有切断市电后故障代码才会消失。

（4）海信 KFR-50LW/AD、KFR-50LW、KF-50LW、KFR-5001LW 空调器

故障代码	故障原因
E1	室内环境温度传感器或其阻抗信号 / 电压信号变换电路异常

续表

故障代码	故障原因
E2	室内盘管温度传感器或其阻抗信号 / 电压信号变换电路异常
E3	室外环境温度传感器或其阻抗信号 / 电压信号变换电路异常
E4	室外盘管温度传感器或其阻抗信号 / 电压信号变换电路异常
E5	市电过压、欠压保护
E6	室内热交换器冻结
E7	室内热交换器过热
E8	室外环境温度过低保护
E9	压缩机运行电流过大

3. 美的空调器

（1）美的 S 系列、K2 系列、F2 系列、H1 系列空调器（柜机）

故障代码	故障原因
定时灯以 5Hz 频率闪烁	室内环境温度传感器 T1 或其阻抗信号 / 电压信号变换电路异常
运行灯以 5Hz 频率闪烁	室内盘管温度传感器 T2 或其阻抗信号 / 电压信号变换电路异常
化霜灯以 5Hz 频率闪烁	室外盘管温度传感器 T3 或其阻抗信号 / 电压信号变换电路异常
3 个灯以 5Hz 频率闪烁	室外机异常

注：当室外机保护和温度传感器检测口异常同时发生时，优先指示室外机保护故障；强制制冷期间发生室外机保护，故障排除后恢复到强制制冷状态。

（2）美的 E 系列空调器（柜机）

故障代码	故障原因
P02	压缩机过载
P03	室内热交换器制冷时过冷（冻结）
P04	制热时室内热交换器过热
P05	制热时室内机出风口温度过高
E01	温度传感器或其阻抗信号 / 电压信号变换电路异常
E02	压缩机过流
E03	压缩机欠流，第一次通电时检查

续表

故障代码	故障原因
E04	室外机保护
E05	温度传感器或其阻抗信号 / 电压信号变换电路异常

注：故障期间指示灯 LED 以 2Hz 的频率闪烁，而保护期间 LED 发光。

（3）美的 S1 系列、S2 系列、S3 系列、S6 系列、Q 系列、R 系列、U1 系列空调器（柜机）

故障代码	故障原因	空调器状态
P3	高、低电压保护（变频空调器使用）	
P4	室内蒸发器过热或过冷	压缩机停转
P5	室外热交换器过热	压缩机停转
P7	压缩机排气温度过高（变频空调器使用）	压缩机停转
P8	压缩机顶部过热（变频空调器使用）	
P9	化霜异常或过冷	关风机
E1	温度传感器或其阻抗信号 / 电压信号变换电路异常	
E2	温度传感器或其阻抗信号 / 电压信号变换电路异常	
E3	温度传感器或其阻抗信号 / 电压信号变换电路异常	
E4	温度传感器或其阻抗信号 / 电压信号变换电路异常（变频空调器使用）	
E5	通信异常	
E6	室外机故障	
E7	加速器异常	
E8	静电除尘电路异常	
E9	自动门异常	
PAU	进风格栅异常	

（4）美的 Q1 系列、Q2 系列、U 系列、V 系列空调器

故障代码	故障原因
E1	通电时读 E^2PROM 数据出错
E2	市电过零检测信号异常
E3	风扇电机速度失控
E4	4 次电流过大

续表

故障代码	故障原因
E5	室内环境温度传感器或其阻抗信号 / 电压信号变换电路异常
E6	室内盘管温度传感器或其阻抗信号 / 电压信号变换电路异常

（5）美的全健康 Q1 系列空调器

故障代码	故障原因
E1	通电时读 E^2PROM 数据出错
E2	市电过零检测信号（同步信号）异常
E3	风扇电机转速异常
E4	4 次电流异常
E5	室内环境温度传感器或其阻抗信号 / 电压信号变换电路异常
E6	室内盘管温度传感器或其阻抗信号 / 电压信号变换电路异常

4. 格力空调器

格力 LF-70LW/ED、LF-12WAK 空调器（柜机）

故障代码	故障原因
E1	室外热交换器前有异物、室内温度传感器及其信号变换电路异常、三相供电缺相、压缩机电流大使保护器动作或管路高压使高压开关动作
E2	室内风扇电机不转或风口有杂物、室内温度低于 18℃、室内盘管温度传感器开路或其信号变换电路异常、电容 C7 漏电
E3	供电电压低（欠压）
E4	压缩机排气温度过高
E5	压缩机过载（堵转过流）
E6	静电除尘电路异常（LF-70LW/ED 空调器无此故障代码）

5. 长虹空调器

（1）长虹 KFR-48LW、KFR-60LW、KF（R）-51LW、KFR-71LW/FS 系列空调器

故障代码	故障原因
E1	通信异常（E0 表示通信正常）

续表

故障代码	故障原因
P1	制冷过载
P2	制热过载
P3	系统异常
P4	自动模式下室内温度传感器或其阻抗信号 / 电压信号变换电路异常
F1	高压开关保护（信号线接错或断裂，控制板上光电耦合器或 R205 损坏）
F2	室外风扇电机热保护（热保护器坏，控制板上光电耦合器或 R201 损坏）
F3	室内风扇电机热保护（热保护器坏，控制板上光电耦合器或 R209 损坏）
F7	温度传感器或其阻抗信号 / 电压信号变换电路异常
F8	系统异常保护

（2）长虹 KF（R）-33GW/J 空调器

故障代码	故障原因	备注
待机灯快速闪烁	导风电机工作异常	导风电机不工作
待机灯闪烁	室内温度传感器或其信号变换电路异常	以 24℃温度运行
定时灯快速闪烁	室内风扇电机异常、市电过零检测信号异常	空调器保护性停机
定时灯闪烁	室内盘管温度传感器或其信号变换电路异常	不能制热
运行灯闪烁	室外盘管温度传感器或其信号变换电路异常	不能制热

（3）长虹 KFR-25（35）GW/EQ 空调器

故障代码	故障原因	备注
待机灯闪烁	室内温度传感器或其信号变换电路异常	空调器保护性停机
定时灯闪烁	室内盘管温度传感器或其信号变换电路异常	空调器保护性停机
定时灯快速闪烁	室内风扇电机异常、市电过零检测信号异常	空调器保护性停机
运行灯闪烁	室外盘管温度传感器或其信号变换电路异常	
空清灯闪烁	空气清新电路反馈信号异常	

（4）长虹 KFR-25（35）GW/DC2（3）空调器

故障代码	故障原因	备注
待机灯闪烁	室内温度传感器或其信号变换电路异常	按 24℃温度运行
定时灯闪烁	室内盘管温度传感器或其信号变换电路异常	不能制热
运行灯闪烁	室内风扇电机异常	空调器保护性停机

（5）长虹 KFR-26（36）GW/H（D）空调器

故障代码	故障原因	备注
待机灯闪烁	室内温度传感器或其信号变换电路异常	按 24℃温度运行
定时灯闪烁	室内盘管温度传感器或其信号变换电路异常	不能制热
运行灯闪烁	室外盘管温度传感器或其信号变换电路异常	不能制热

（6）长虹 KF（R）-25（30/34）GW/WCS 空调器

故障代码	故障原因	备注
待机灯闪烁	室内温度传感器或其信号变换电路异常	以 24℃温度运行
定时灯快速闪烁	室内风扇电机异常、市电过零检测信号异常	空调器保护性停机
定时灯闪烁	室内盘管温度传感器或其信号变换电路异常	空调器保护性停机
运行灯闪烁	室外盘管温度传感器或其信号变换电路异常	空调器保护性停机
3 个指示灯闪烁	存储器数据错误	空调器不工作

（7）长虹小清快系列空调器

故障代码	故障原因
00	室内机电路板保护电路动作
01	连接线及串行信号系统保护电路动作
02	室外控制板保护电路动作
03	其他保护电路动作（如压缩机过流）

6. 春兰空调器

（1）春兰 KFR-70td、KFR-70Tds、KFR-70H2d、KFR-70H2ds、KFR-50H2d、KFR-50Vd、KFR-72vd、KFR-120vds 空调器（柜机）

故障代码	故障原因
E1	压缩机排气温度过高
E2	压缩机过流
E3	三相供电相序错误
E4	系统压力过高
E5	系统压力过低
E6	制冷时室内热交换器冻结

（2）春兰 V 系列空调器

故障代码	故障原因
E1	压缩机排气管过热
E2	压缩机过流
E3	三相供电相序错误
E4	系统压力过高
E5	系统压力过低
E9	室内热交换器制冷期间冻结

（3）春兰 KFR-40LW/BdS、KFR-50LW/BdS、KFR-70LW/BdS、KFR-100LW/BdS、KFR-140LW/BdS 空调器

故障代码	故障原因
E1	室内机、室外机通信异常（CMM 对地电压在 6 ～ 7V 摆动）
E2	压缩机过流
E3	供电异常

续表

故障代码	故障原因
E4	系统压力过高、传感器 RT5 或其阻抗信号 / 电压信号变换电路异常
E5	室外环境温度过低
E6	制冷时室内热交换器冻结、传感器 RT2 或其阻抗信号 / 电压信号变换电路异常
E7	传感器 RT1、RT2、RT3 开路或其阻抗信号 / 电压信号变换电路异常
E8	传感器 RT1、RT2、RT3 短路或其阻抗信号 / 电压信号变换电路异常